はじめに

「ものづくり」の重要性が指摘〔　　　〕，日本が世界で生きていくためには技術立国を目指さなければならないことは誰もが認めるところである．設計し，ものをつくる能力を身に付けるということは楽しく，充実した気持を感じさせてくれるものであり，自分で描いた図を基に品物が製作されると，非常に感激する．設計した機械が製作され，動けば，技術者としてこの上ない喜びとなる．

機械を設計・製作する場合，機械全体を表わす組立図が必要であるが，構成されている部品を図面に表わすことも必要不可欠である．機械図面は加工するため，加工してもらうための図である，と

が基本になっていることを常に意識する〔　〕．図面を，他人に見やすく奇麗に描く〔　〕とは当然であるが，図面のなかには加工〔　〕に必要な情報が数多く盛り込まれている．

技術者が図面を描いて，計画し，製作するために利用したことは，科学技術の起源として注目されるギリシャ時代に遡る．日本でも，江戸時代に隆盛を極めたからくりの製作において「機巧図彙」（細川半蔵）として図面が残されている．

機械図面の描きかたは，JIS-B-0001「機械製図」で規定されている．規則に従って描くことにより，北アメリカ，アジア圏，ヨーロッパ諸国どこでも機械技術者が会話でき，ものが製作されることになる．図面は，グローバルな時代に活躍する技術者のための言語である．

本書の内容は，機械図面を描くための JIS 規格

機械図面を描くための基本概念

図面作成

JIS 規格

・機械製図（JIS B 0001）
・ねじ製図（JIS B 0002）
・歯車製図（JIS B 0003）
・ばね製図（JIS B 0004）
・転がり軸受製図（JIS B 0005）

その他関連規格

・加工に関する記述

加　工

工作機械

旋盤
マシニングセンタ

機械設計，生産設計

加工方法

ハンドブック利用

図面作成に必要なデータ

を習得することが基本となっている．機械図面を描く場合の大きな特徴の1つが，線の種類や太さを変えることにより形状を表わすことである．機械には数多くの機械要素部品が用いられるが，歯車，ねじなどの機械要素部品の形状を，線の種類や太さなどを変えることで表現している．したがって，線の種類，太さについては意識し，十分注意する必要がある．

また，「ねじ製図」「歯車製図」「転がり軸受製図」「ばね製図」など各要素部品の描きかた，表わしかたなどについても規格で規定されている．この他に形状を表わす規則だけでなく，加工するための情報も規格で規定されており，図面にどのように描くかを学ぶことになる．

現在，数多くのCADソフトが市販されるようになり，図面を描くという点では楽になった面もあるが，機械図面は描くという作業だけでなく，加工，工作機械，機械設計，材料などの幅広い知識も必要であり，図面を描くという作業を通して技術的な知識を習得していくことも重要である．

著者らは長く製図教育に関係してきているが，機械図面を描くという授業が変遷してきているなかで，この本を読んで図面の面白さ，重要性を認識し，少しでもものづくりに興味を持ち，機械図面を描き，製品ができ上がっていく喜びを感じて

くれる人たちが増えていくことを期待している．

最後に，明治大学機械情報工学科の製図教育に尽力くださり，精密万力の課題を提供いただいた原田政志氏（元・東芝）に謝意を表します．

2012 年 4 月　小泉忠由

第3版によせて

製図に関する本は数多く出版され，それぞれに工夫が凝らされている．機械製図は「ものをつくるための図」ということで，ものづくりの現場で重要な役割を担っている．

機械技術者は図面を描くための規則である JIS 規格の利用の習熟，描かれた図面の部品形状をどのように加工・製作するか，材料の知識，組付けや取付けの考慮，はめあいの選択，表面の仕上げ状態の決定など，幅広い技術的な知識を必要とする．

第3版では，図面を描くときによく利用する JIS 規格類を追加・修正して図面を描くための便をはかるようにし，また挿入した図面などをわかりやすくした．

本書が，ものづくりに興味を持ち，機械図面を描くことを楽しむ学生や機械技術者に役立つことを願っている．

2016 年 9 月　小泉忠由

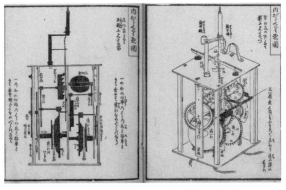

機巧図彙「内からくり惣図」（提供：九州大学附属図書館）

毎年度出版される JIS ハンドブックの例

目　次

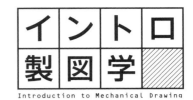

4 寸法記入方法

5 ねじ

6 歯車

7 ばね製図 (JIS B 0004)

8 転がり軸受

9 寸法公差・はめあい

10 幾何偏差と幾何公差

11 表面性状の図示方法

12 溶接記号

13 スケッチ

14 材料

図面の折りかた —— 138

演習課題 —— 143

表紙デザイン・本文レイアウト：CAVACH（大谷孝久）

本文図版：明治大学理工学部機械情報工学科製図室，CAVACH

1　規格について

日本の工業の発達と技術の進歩を推進するために,「日本工業規格」(JIS = Japanese Industrial Standards) が制定されている. この規格の内容は次に示すが, 時代の要求をにらみ, 常に審議, 改正されていることを理解しておく必要がある. また,「ものづくり」と関連して必要となる図面作成に必要な事項も, 数多く規格として制定されている.

1.1　日本工業規格

JIS は,「工業標準化法」に基づいて日本工業標準調査会が調査審議し, 政府が制定する日本の国家規格である.

JIS は全体を 19 の部門に分け, 各部門を A から Z のアルファベット記号で表わし, また, 各部門を 10 程度に区分けした番号(1630 件)で表示している. この規格番号は 4 桁の数字で表示されている.

国際規格(ISO)では 5 桁の数字で表示しているものもあり, ハンドブックなどでは 4 桁の JIS 規格番号と 5 桁の ISO 規格番号が併記されているものもある.

ねじ製図の規格のように大きな規格は,「第 1 部」,「第 2 部」のように「部」(part)に分けられ, 部ごとに制定, 改正が行なわれる.

工業標準化についての代表的な国際機関として,「国際標準化機構」(ISO),「国際電気標準会議」(IEC)がある. これは, 関係各国の利害を話合いで調整し, 国際的に統一した規格をつくり, 各国がその実施の促進をはかることで, 国際間の通商を容易にすると同時に, 科学や経済など諸般の部門にわたる国際協力を推進することを目的としている.

JIS の部門記号と部門を表 1.1 に示す.

1.2　機械図面作成に関連した製図規格

1.2.1　JIS Z 8310　製図総則

工業の各分野で使用する, 設計者・製作者間, 発注者・受注者間などで必要な情報を伝える図面を作成するにあたっての要求事項は, 総括的に規定されている.

図面の目的は, 図面使用者に要求事項を確実に伝達することにある. さらに, その図面に示す情報の保存, 検索, 利用を確実に行なうことができるように, 図面を管理した状態にしておかなければならない. 要求事項を達成するために, 次の要

表1.1　JISの部門記号と部門

A	B	C	D	E	F	G	H	K	L
土木および建築	一般機械	電子機器および電気機械	自動車	鉄道	船舶	鉄鋼	非鉄金属	化学	繊維
M	P	Q	R	S	T	W	X	Z	
鉱山	パルプおよび紙	管理システム	窯業	日用品	医療・安全用具	航空	情報処理	その他	

B 一般機械	00〜09	10〜19	20〜29	30〜39	40〜49	50〜59	60〜69	70〜79	80〜89	90〜99
	機械基本	機械部品類		FA共通工具およびジグ類			工作用機械	光学機械・精密機械	機械一般	

件を満たしていなければならない.

①要求される情報を含む.製作図の場合は,対象物の図形とともに,必要とする大きさ・形状・姿勢・位置・質量の情報を含む.必要に応じて,さらに材料,加工方法,表面性状,表面処理方法,検証方法,図面履歴,引用規格・文書,図面管理などの情報を含む.

②表題欄を設ける.

③①の情報を,明確かつ理解しやすい方法で表現する.

④曖昧な解釈が生じないように,表現・解釈の一義性を持つ.

⑤複数の技術分野との交流の立場から,できるだけ広い分野にわたる整合性・普遍性を持つ.

⑥貿易および技術の国際交流の立場から,国際性を保持する.

⑦複写および図面の保存・検索・利用が確実にできる内容と様式を備える.

1.2.2 機械製図の関連規格

「機械製図」(JIS B 0001)は,この総則に基づいて,機械工業分野で使用する機械製作図に関する事項をさらに明確に定めるもので,これと関連のある「製図用語」,「ねじ」「歯車」「ばね」「転がり軸受」の製図,「寸法公差及びはめあい」,「普通許容差」,「表面粗さの定義と表示」,「表面うねり」,「形状および位置の精度の許容値の図示方法」,「溶接記号」などについては,別の規格で定められている.

また,鉄および鋼,非鉄金属,非金属の記号,熱処理加工記号やボルト,ナット,座金,ピン,小ねじ,その他の部品の呼びかたについても,JISに規定があればそれに従う.関連規格の一部を次に示す.

JIS B 0001　機械製図

JIS B 0002-1, -2　ねじ製図

JIS B 0003　歯車製図

JIS B 0004　ばね製図

JIS B 0005-1, -2　転がり軸受製図

JIS B 0401　寸法公差及びはめあい

JIS B 0404 ～ 0414　寸法の普通許容差

JIS B 0601　表面粗さの定義と表示

JIS B 0621　幾何偏差の定義及び表示

JIS B 0021　幾何公差の図示方法

JIS B 0022　幾何公差のためのデータム

JIS Z 8114　製図用語

1.3　機械図面の特徴とは

機械図面の特徴は,機械要素部品などを線の種類や太さ(太い実線,細い実線,一点鎖線,隠れ線など)を変えることによって描き,形状を表わすことである.図面を見るだけで,形状を瞬時に理解することができる(図1.1).

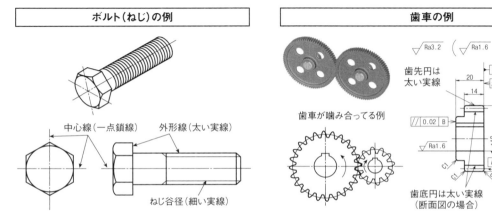

図1.1　機械図面の特徴

2 機械製図(JIS B 0001-2010)

日本工業規格(JIS)の機械の部門Bの最初に規定されているのが,「機械製図」(JIS B 0001)である.機械工業の分野で使用する,主として部品図および組立図の製図について規定している.

機械製図で用いられる用語および定義は,「機械用語(JIS Z 8113)」,「CAD用語(JIS B 3401)」で規定されている他,表2.1の項目について定義されている.

①部品図(図2.1(a))は,品物を製作するときの図面.

②組立図(図2.1(b))は,機械全体を表わし,組み立てるときに必要な図面.

ここで,機械製図(JIS B 0001)に規定されている事項を説明する.

2.1 図面の大きさ

図面の大きさは,A列サイズを用いて描くことになっている.

(a)原図には,対象物の必要とする明瞭さおよび適切な大きさを保つことができる最小の用紙を用いるのがよい.

(b)図面に用いる用紙のサイズは,表2.2および表2.3,表2.4に示すシリーズから,この順に選ぶ.

2.2 図面の様式

(a)図面は長辺を横方向に用いるが,A4については縦方向で用いてもよい.

(b)図面には,表2.5の寸法によって線の太さが最小0.5mmの輪郭線を設ける(図2.2).

(c)図面にはその右下隅に表題欄を設け,図面番号,図名,企業(団体)名,責任者の署名,図面作成年月日,尺度,投影法などを記入する(図2.3).

(d)図面に設ける中心マーク,方向マーク,比較目盛,格子参照方式および裁断マークは,JIS Z 8311(製図—製図用紙のサイズ及び図面の様式)による(図2.4).

(e)複写した図面を折り畳む場合には,その大きさを原則として210 × 297mm(A4サイズ)とするのがよい.

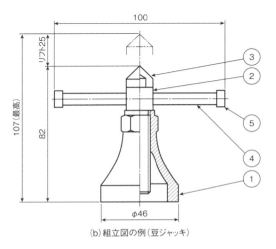

(a)部品図の例(先がね)　　　(b)組立図の例(豆ジャッキ)

図2.1　機械図面の例

表2.1　規格で用いる用語および定義

用　語	定　義
粗材寸法	鋳放し寸法，熱間圧延鋼板の板厚，磨き丸棒の直径など，対象物の最初の幾何形状を示す寸法
工具サイズ	ドリル径，リーマ径，フライスカッタ径，カッタ幅など，部品を加工するときの工具のサイズを示す寸法
角度サイズ	形体の実体の，二つの平面または直線のなす角度寸法．斜めに交差するような穴の軸線どうしの角度は含まない
コントロール半径，CR	直線部と半径曲線部との接続部が滑らかにつながり，最大許容半径と最小許容半径との間（二つの曲面に接する公差域）に半径が存在するように規制する半径 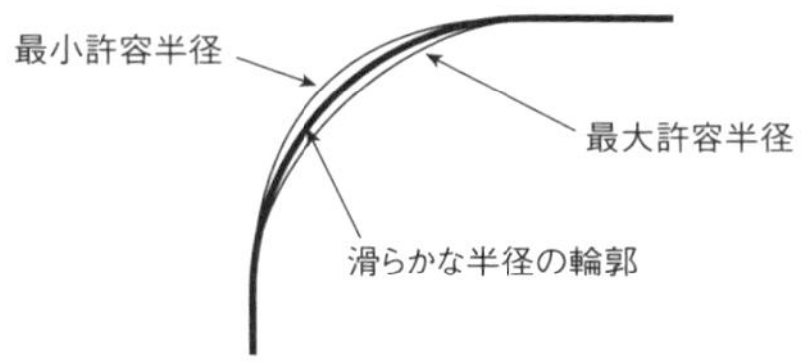

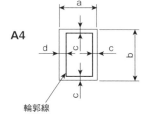
最小許容半径　最大許容半径　滑らかな半径の輪郭

表2.2　A列サイズ（第一優先）

呼び方	寸法a×b
A0	841×1189mm
A1	594×841mm
A2	420×594mm
A3	297×420mm
A4	210×297mm

表2.3　特別延長サイズ（第2優先）

呼び方	寸法a×b
A3×3	420×891mm
A3×4	420×1189mm
A4×3	297×630mm
A4×4	297×841mm
A4×5	297×1051mm

表2.4　例外延長サイズ（第3優先）

呼び方	寸法a×b
A0×2[2]	1189×1682mm
A0×3	1189×2523mm[3]
A1×3	841×1783mm
A1×4	841×2378mm[3]
A2×3	594×1261mm
A2×4	594×1682mm
A2×5	594×2102mm
A3×5	420×1486mm
A3×6	420×1738mm
A3×7	420×2080mm
A4×6	297×1261mm
A4×7	297×1471mm
A4×8	297×1682mm
A4×9	297×1892mm

注2）このサイズはA列の2A0に等しい．
注3）このサイズは取扱い上の理由で使用を推奨できない．

A0～A4
輪郭線

A4
輪郭線

備考：dの部分は，図面を閉じるために折り畳んだとき，表題欄の左側になる側に設ける．A4を横置きで使用する場合には，上側になる．

図2.2　輪郭線

表2.5　（図面の）輪郭の幅

用紙サイズ	c（最小）	d（最小）	
		とじない場合	とじる場合
A0	20	20	20
A1			
A2	10	10	
A3			
A4			

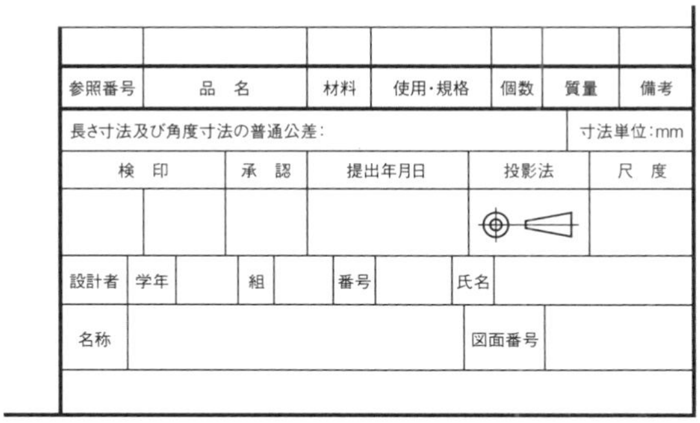

参照番号		品　名	材料	使用・規格	個数	質量	備考

長さ寸法及び角度寸法の普通公差：　　　　　　寸法単位：mm

| 検　印 | | 承　認 | 提出年月日 | 投影法 | 尺　度 |

| 設計者 | 学年 | 組 | 番号 | 氏名 |

名称　　　　　　　　　　　　図面番号

図2.3　表題欄の例

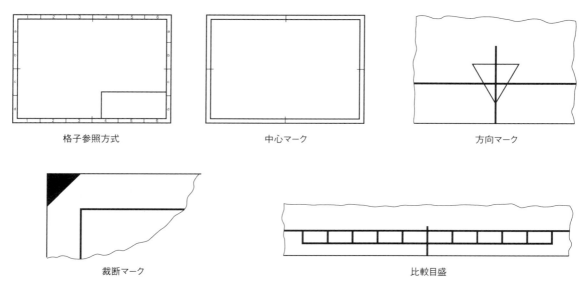

格子参照方式　　　　　　　　　中心マーク　　　　　　　　　方向マーク

裁断マーク　　　　　　　　　　　　　　比較目盛

図2.4　JIS Z 8311による記述方式

備考1：原図は折り畳まないのが普通である．原図を巻いて保管する場合は，その内径は40mm以上にするのがよい．
備考2：図面を折り畳む場合の折りかたは，JIS Z 8311によるのがよい（134ページ「付属書」参照）．

2.3　線

　機械図面の大きな特徴は，線の太さ，線の種類を変えることにより形状を表わすことである．図面を見ただけで「歯車」を表わしている，「丸い軸」である，どのように「部品が組み合わされている」か，などを知ることができる．

　JIS Z 8312には15種類の線種が規定されているが，機械図面では「実線」，「破線」，「一点鎖線」，「二点鎖線」の4種類が用いられている．線の太さの基準は，0.13mm，0.18mm，0.25mm，0.35mm，0.5mm，0.7mm，1mm，1.4mmおよび2mmとなっているが，「極太線」，「太線」，「細線」の3種類に分けて描いている．

　線の種類および用途については，**表2.6**のように規定されている（細線，太線および極太線の線の太さの比率は，1：2：4とする）．

　なお，この表によらない線を用いた場合は，その線の用途を図面中に注記することになっている．図面で2種類以上の線が同じ場所に重なる場合は，線の優先順位が決められ，次に示す順位に従って優先する種類の線で描く（**図2.5**参照）．

　①外形線
　②かくれ線
　③切断線
　④中心線
　⑤重心線
　⑥寸法補助線

　表2.6に示した線の種類，用途と，関連するいくつかの図例を**図2.6**に示す．**表2.6**右欄の照合番号は，図2.6の照合番号と対応している．

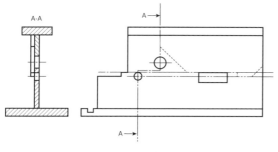

図2.5　線の優先順位

2.4　文字および文章

　図面に用いる文字の種類および大きさは，次のように規定されている．

表2.6　線の種類および用途

用途による名称	線の種類[c]		線の用途	図2.6の照合番号
外形線	太い実線	———————	対象物の見える部分の形状を表わすのに用いる.	1.1
寸法線	細い実線	———————	寸法記入に用いる.	2.1
寸法補助線			寸法を記入するために図形から引き出すのに用いる.	2.2
引出線（参照線を含む）			記述・記号などを示すために引き出すのに用いる.	2.3
回転断面線			図形内にその部分の切り口を90°回転して表わすのに用いる.	2.4
中心線			図形に中心線(4.1)を簡略化して表わすのに用いる.	2.5
水準面線[a]			水面，液面などの位置を表わすのに用いる.	2.6
かくれ線	細い破線または太い破線	- - - - - - - - - -	対象物の見えない部分を表わすのに用いる.	3.1
ミシン目線	跳び破線	— — — — — —	布，皮，シート材の縫い目を表わすのに用いる.	3.2
連結線	点線	· · · · · · · · · · ·	制御機器の内部リンク，開閉機器の連動動作などを表わすのに用いる.	3.3
中心線	細い一点鎖線	—— · —— · ——	a)図形の中心を表わすのに用いる. b)中心が移動する中心軌跡を表わすのに用いる.	4.1 4.2
基準線			とくに位置決定のよりどころであることを明示するのに用いる.	4.3
ピッチ線			繰返し図形のピッチを取る基準を表わすのに用いる.	4.4
特殊指定線	太い一点鎖線	—— · —— · ——	特殊な加工を施す部分など特別な要求事項を適用すべき範囲を表わすのに用いる.	5.1
想像線[b]	細い二点鎖線	—— ·· —— ·· ——	a)隣接部分を参考に表わすのに用いる. b)工具，ジグなどの位置を参考に示すのに用いる. c)可動部分を，移動中の特定の位置または移動の限界の位置で表わすのに用いる. d)加工前または加工後の形状を表わすのに用いる. e)繰返しを示すのに用いる. f)図示された断面の手前にある部分を表わすのに用いる.	6.1 6.2 6.3 6.4 6.5 6.6
重心線			断面の重心を連ねた線を表わすのに用いる.	6.7
光軸線			レンズを通過する光軸を示す線を表わすのに用いる.	6.8

パイプライン, 配線, 囲い込み線	一点短鎖線	— · — · — · — · —	水，油，蒸気，上・下水道などの配管経路を表わすのに用いる．	6.9
	二点短鎖線	— · · — · · — · · —		
	三点短鎖線	— · · · — · · · —		
	一点長鎖線	—— · —— · —— ·	水，油，蒸気，電源部，増幅部などを区別するのに，線で囲い込んで，ある機能を示すのに用いる．	6.10
	二点長鎖線	—— · · —— · · ——		
	三点長鎖線	—— · · · —— · · ·		
	一点二短鎖線	— — · — — · — — ·		
	二点二短鎖線	— — · · — — · · —	水，油，蒸気などの配管経路を表わすのに用いる．	6.11
	三点二短鎖線	— — · · · — — · · ·		
破断線	不規則な波形の細い実線 または ジグザグ線	〜〜〜〜〜 ——∿——	対象物の一部を破った境界，または一部を取り去った境界を表わすのに用いる．	7.1
切断線	細い一点鎖線で，端部および方向の変わる部分を太くした線d)	⌐_⌐	断面図を描く場合，その断面位置を対応する図に表わすのに用いる．	8.1
ハッチング	細い実線で，規則的に並べたもの	///////	図形の限定された特定の部分を他の部分と区別するのに用いる．たとえば，断面図の切り口を示す．	9.1
特殊な用途の線	細い実線	——————	a)外形線およびかくれ線の延長を表わすのに用いる． b)平面であることをX字状の2本の線で示すのに用いる． c)位置を明示または説明するのに用いる．	10.1 10.2 10.3
	極太の実線	▬▬▬▬▬	薄肉部の単線図示を明示するのに用いる．	11.1

注　a) JIS Z 8316には，規定されていない．
　　b) 想像線は，投影法上では図形に現われないが，便宜上必要な形状を示すのに用いる．また，機能上・加工上の理解を助けるために，図形を補助的に示すためにも用いる（たとえば，継電器による断続関係付け）．
　　c) その他の線の種類は，JIS Z 8312 または JIS Z 8321 によるのがよい．
　　d) 他の用途と混用のおそれがない場合には，端部および方向の変わる部分を太い線にする必要はない．

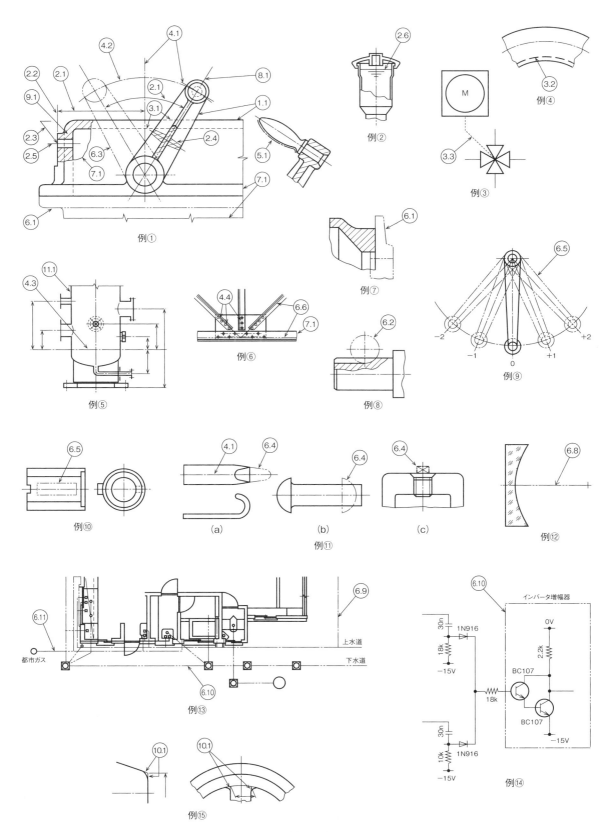

図2.6　線の用法の図例

2.4.1　文字の種類

(a) 用いる漢字は，常用漢字表(昭和56年10月1日内閣告示第1号)によるのがよい．ただし，16画以上の漢字は，できるだけ仮名書きとする．

(b) 仮名は，平仮名または片仮名のいずれかを用い，一通の図面では混用はしない．

ただし，外来語(「ボタン」など)，動植物の学術名および注意を促す表記(「ダレ」,「コトコト音」など)に片仮名を用いることは，混用とみなさない．

(c) ローマ字，数字および記号の書体は，A形書体またはB形書体のいずれかの直立体または斜体を用い，混用はしない(JIS Z 8313-0 参照)．

2.4.2　文字の大きさ

(a) 文字の大きさは，一般に文字の外側輪郭が収まる基準枠の高さhの呼びによって表わす(**図2.7**，**表2.7**)．

(b) 漢字の大きさは，呼び3.5，5，7および10mmの4種類とする．また，仮名の大きさは，呼び2.5，3.5，5，7，10mmの5種類とする．ただし，とくに必要がある場合はこの限りではない．

なお，活字ですでに大きさが決まっているものを用いる場合は，これに近い大きさで選ぶことが望ましい．

図2.8に，いろいろな漢字の大きさを示す．

(c) 他の漢字や仮名に小さく添える“や”，“ゆ”“よ”(拗(よう)音)を，つまるを表わす“っ”(促(そく)音)など小書きにする仮名の大きさは，この比率において0.7とする(**図2.9**)．

(d) ローマ字，数字および記号の大きさは，呼び2.5，3.5，5，7，10㎜の5種類とする(**図2.10**)．ただし，とくに必要がある場合には，この限りで

表2.7　ベースラインの最小ピッチ

名　称	説　明
基準枠	文字の外側輪郭が収まる枠
ベースライン	文字を描く基準となる線
基準枠の高さ	h　図2.7参照
文字間のすき間	a：aの値は文字の線の太さの2倍以上とする
ベースラインの最小ピッチ	用いる文字の最大の呼びの14/10とする．　$b=1.4h$

基準枠
a
d
h
b
国際化
整合化
ベースライン
ベースライン

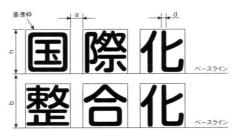

図2.7　文字の大きさと基準枠

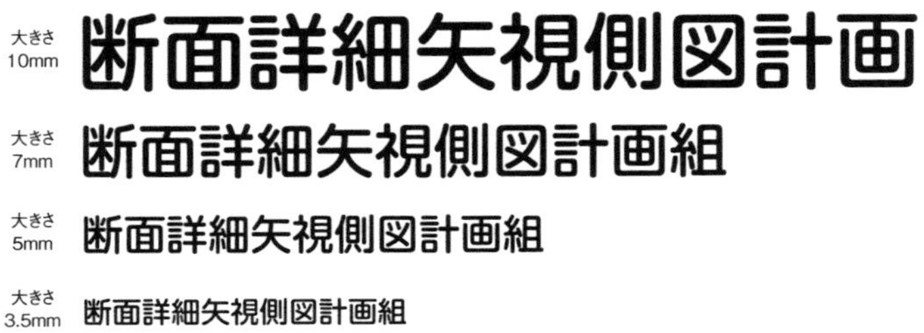

大きさ 10mm
断面詳細矢視側図計画
大きさ 7mm
断面詳細矢視側図計画組
大きさ 5mm
断面詳細矢視側図計画組
大きさ 3.5mm
断面詳細矢視側図計画組

図2.8　漢字の例

はない.

例：注記　1.ねじ部詳細は，JIS B XXXX による.
　　　　　2.A面は，すり合わせとする.

2.5　文章表現

　図面中に文章を挿入する必要がある場合は，次のようにする.

　(a) 文章は，文章口語体で左横書きとする．なお，必要に応じて分かち書きとする.

　(b) 図面注記は，簡潔明瞭に書く．次の例のように図面の空白部分に「注記」と記入し，複数の内容を記入する場合は番号を付け，記入する.

大きさ
10mm　アイウエオカキ

大きさ
7mm　クケコサシスセソタチツ

大きさ
5mm　テトナニヌネノハヒ

大きさ
3.5mm　フヘホマミムメモヤ　　大きさ
2.5mm　ユヨラリルレロワン

大きさ
10mm　あいうえおかき

大きさ
7mm　くけこさしすせそたちつ

大きさ
5mm　てとなにぬねのはひ

大きさ
3.5mm　ふへほまみむめもや　　大きさ
2.5mm　ゆよらるるれろわん

備考：この図は書体および字形を表わす例ではない.

図2.9　仮名の例

大きさ
10mm　**1234567789**

大きさ
5mm　1234567790

大きさ
7mm　ABCDEFGHIJ
KLMNOPQR
STUVWXYZ
abcdefghijklm
noqrstuvwxyz

備考：この図は書体および字形を表わす例ではない.

図2.10　ローマ字および数字の例

3 図形の表わしかた

物体に光を当てて，平面上に2次元的に物体の形状を表わす方法を「投影法」という．投影の方法は，図3.1に分類したように平行光線による投影と放射光線による投影がある．

機械図面は，物体に平行光線を当てたときに平面上に現われる図を用いて描き，描かれた図を「投影図」という．投影法として「第一角法」と「第三角法」が用いられるが，機械図面では投影図は，第三角法により描くことが規定されている．

ただし，紙面の都合などで投影図を第三角法による正しい配置に描けない場合，または図の一部が第三角法による位置に描くと，かえって図形が理解しにくくなる場合は，第一角法または，相互の関係を矢印と文字を用いた「矢示法」を用いてもよい（JIS Z 8316参照）．

ヨーロッパのように第一角法を採用している諸国もある．ISOでは，第三角法と第一角法の両方を規定しており，そのいずれを用いてもよいとしている．

3.1 投影図の名称

物体を投影法で描く場合，図には投影方向によって名前が付けられている（図3.2）．

　正　面　図：a方向の投影
　平　面　図：b方向の投影
　左側面図：c方向の投影
　右側面図：d方向の投影
　下　面　図：e方向の投影
　背　面　図：f方向の投影

正面図（主投影図）をどこに選ぶかを決めることが，最も重要な作業となる．正面図が選ばれると，関連する他の投影図は，正面図およびそれらのなす角度が90°または90°の倍数になる．また，正面図で表わせない部分を，平面図，側面図を用いて補足し，補足する投影図はできるだけ少なくする．

3.2 第三角法

対象物を観察者と座標面の間に置き，対象物を正投影したときの図形を，対象物の手前の座標面に示す方法である．

ガラス箱の中央に対象物を置き，外からガラスに写った図を描くとして考えるとわかりやすい．ガラス箱の外から見た図と展開した図が同一であるため，理解しやすい．

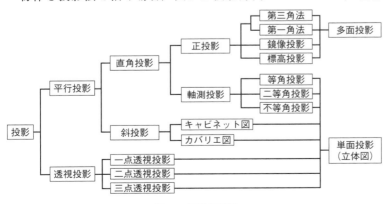

図3.1　投影の種類

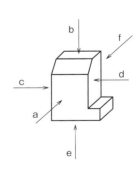

図3.2　投影方向

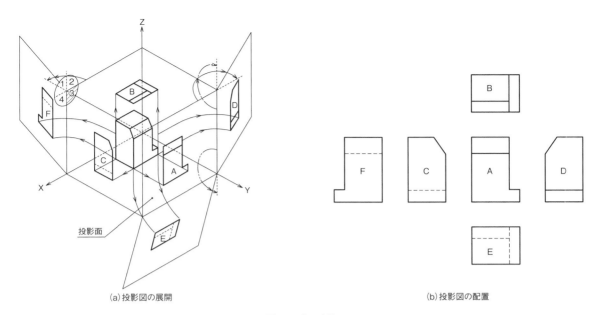

(a) 投影図の展開

(b) 投影図の配置

図3.3　第三角法

図3.3のように配置され，対象物の正面とした方向から投影した図を「正面図」（主投影図），正面の真上に描かれた図を「平面図」，真下の図を「下面図」，右（左）に描かれる図を「右（左）側面図」，さらに側面図の隣に「背面図」（図の位置は一例）が描かれる．

3.3　第一角法

対象物を観察者と座標面の間に置き，対象物を正投影したときの図形を座標面に示す方法である（図3.4）．

平面図B：下側に置く
左側面図C：右側に置く
右側面図D：左側に置く

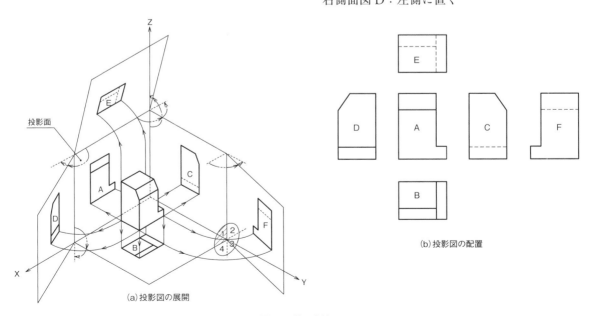

(a) 投影図の展開

(b) 投影図の配置

図3.4　第一角法

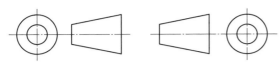

第3角法の記号 | 第1角法の記号

図3.5　投影図の記号

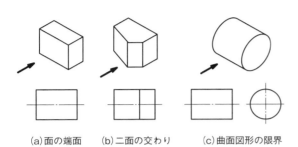

(a)面の端面　　(b)二面の交わり　　(c)曲面図形の限界

図3.6　外形線

下面図 E：上側に置く

背面図 F：都合によって左側または右側に置くことができる

　投影図を示す記号は図3.5のように決められ，この記号を表題欄またはその付近に示す．

　「外形線」は，品物の外から見える部分の形状，すなわち，(a) 面の端，(b) 2面の交わり，(c) 曲面図形の限界を表わす(図3.6)．

　「かくれ線」は，対象物(品物)の穴や溝のように，外から見えない部分の形状を表わす．外形線とかくれ線の交点はかくれ線の先端で始まり，接点で

終わるように引く．また，かくれ線の円弧は線端が円弧の接点で始まり，接点で終わるように引く(図3.7)．

　「中心線」は，円や球などの中心，円筒，円錐などの対称形態の軸心を表わす．中心線は，始まりと終わりが長線になるように引く．円，球は直交する中心線を引き，その交点を中心として描く．中心線は，外形線またはかくれ線から約5〜10mm，対象とする図の外に延長して描く(図3.8)．

3.4　矢示法

　第一角法および第三角法の厳密な形式に従わない投影図で示す場合は，矢印を用いてさまざまな方向から見た投影図を，任意の位置に配置することができる(図3.9，図3.10)．

　主投影図以外の各投影図は，その投影方向を示す矢印および識別のために，大文字のラテン文字で指示する．その文字は投影の向きに関係なく，すべて上向きに明瞭に書く．

　指示された投影図は，主投影図に対応しない位置に配置してもよい．投影図を識別する大文字のラテン文字は，関連する投影図の真下か真上のどちらかに置く．1枚の図面のなかでは，参照は同じ方法で配置する．その他の指示は必要ない．

(○)　(×)　(○)　(×)　(○)　(×)　(○)　(×)

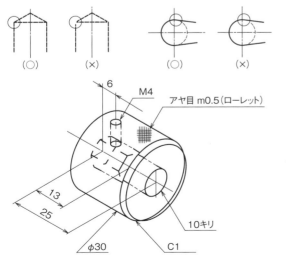

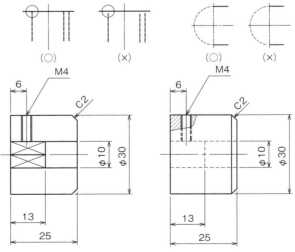

図3.7　かくれ線の引きかた

3.5 その他の投影法

対象物の形状を理解しやすくする目的などから，立体図を描く必要がある場合は,「等角投影」,「斜投影」,「透視投影」などを用いて描く．等角投影，斜投影による製図は，JIS Z 8315-3，透視投影による製図は JIS Z 8315-4 に従って描く．

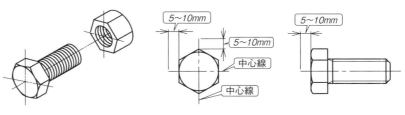

図3.8　中心線の引きかた（六角ボルトの場合）

3.6 尺度

対象物の大きさにより，現尺だけでなく縮尺ならびに倍尺を用いて描く．

(a)尺度は，A：B で表わす．

ここで，A＝描いた図形での対応する長さ，B＝対象物の実際の長さ

例1：現尺の場合　1：1　（A：B をともに 1）

例2：倍尺の場合　5：1　（B を 1）

例3：縮尺の場合　1：2　（A を 1）

(b)尺度の値を，**表 3.1** に示す．

(c)1枚の図面にいくつかの尺度を用いる場合は，主となる尺度だけを表題欄に示す．その他のすべての尺度は，関係する部品の照合番号（たとえば①）または詳細を示した図（または断面図）の照合文字（たとえば A 部）の近くに示す．

図形が寸法に比例しない場合は，その旨を適当な箇所に明記する．

なお，これらの尺度の表示は，見誤るおそれがない場合は記入しなくてもよい．

(d)小さい対象物を大きい尺度で描いた場合は，参考として現尺の図を加えるのがよい．この場合には，現尺の図は簡略化して対象物の輪郭だけを示したものでよい．

備考1：尺度は，描かれる対象物を表現する目的および複雑さに合うように選ぶ．すべての場合において，描かれた情報を容易に誤りなく理解できる大きさの尺度を選ばなければならない．

備考2：特別に，表3.1に示した尺度より大きい倍尺，または小さい縮尺が必要な場合には，尺度の推奨する数値範

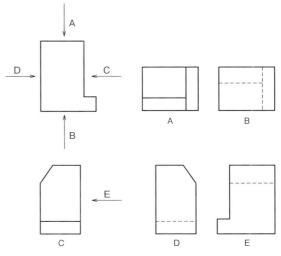

図3.9　矢示法投影図の例

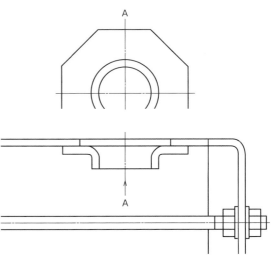

図3.10　矢示法の例

囲を超えて上下に拡張してもよいが，用いる尺度は推奨尺度に10の整数乗を乗じて得られる尺度にする．止むを得ず推奨尺度を適用できない場合は，中間の尺度を選んでもよい．なお，この場合には，JIS Z 8314の「附属書1」に規定する尺度を選ぶことが望ましい．

表3.1　推奨尺度

種別	推奨尺度		
現尺	1：1		
倍尺	50：1	20：1	10：1
	5：1	2：1	
縮尺	1：2	1：5	1：10
	1：20	1：50	1：100
	1：200	1：500	1：1000
	1：2000	1：5000	1：10000

3.7　投影図の表わしかたの一般原則

　物体の形状を最も効果的に，わかりやすく，かつ見やすく描くためには，正面図（主投影図）の選びかたが重要である．正面図には，それだけで形状が十分にわかり，図面の主体となる最も対象物の情報を与える投影図を選ぶ．正面図だけで表わせない場合は，必要に応じて平面図，側面図などで補足して表わす．

　他の投影図（断面図を含む）が必要な場合は，曖昧さがないように完全に対象物を規定するのに，必要かつ十分な投影図や断面図の数とする．可能な限り，隠れた外形線やエッジを表現する必要のない投影図を選ぶ．また，不必要な細部の繰返しを避ける．

3.7.1　主投影図

　（a）主投影図には，対象物の形状や機能が最も明瞭に表われる面を描く．なお，対象物を図示する状態は，図面の目的に応じて次のいずれかによる．

　①組立図など，主として機能を表わす図面では，対象物を使用する状態

　②部品図など加工のための図面では，加工にあたって図面を最も多く利用する工程で，対象物を置く状態（**図3.11**，**図3.12**）

　③特別な理由がない場合は，対象物を横長に置いた状態

　丸棒を段付き軸など外丸加工や中ぐり加工をする場合，旋盤で大径側をチャックに取り付けて右方向から加工するが，この加工状態に部品を配置して図面を描く．

　外丸加工や中ぐり加工の場合も，左側にチャックで固定するように図面を描く．隠れ線で描くよりも全断面にして描くほうが，加工する場合はわかりやすい．

　フライス加工の場合テーブルに固定して加工するので，加工面が上にくるように描く．

　図3.13で，左側の図は加工状態で描かれていないため良くない．右側の図は旋盤で加工する状態で描かれているので正しい例である．

　（b）主投影図を補足する他の投影図は，できるだけ少なくし，主投影図だけで表わせるものに対しては，他の投影図は描かない（**図3.14**，**図3.15**）

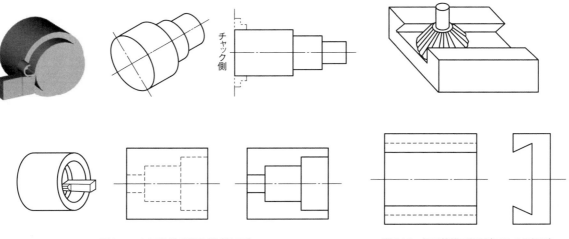

図3.11　加工状態で作図（旋盤加工）　　　　　図3.12　加工状態で作図（フライス加工）

図で，「φ」は直径を表わす記号である．したがって，円筒形状であることがわかるので，一面図を描くだけで形状が表わせる．また，かくれ線を用いた場合と，断面にして実線で描いた場合を示しているが，できるだけかくれ線を用いないで済むように描くほうがよい．

（c）互いに関連する図の配置は，なるべくかくれ線を用いなくてもよいようにする（**図3.16**）．ただし，比較参照することが不便になる場合は，この限りではない（**図3.17**）．

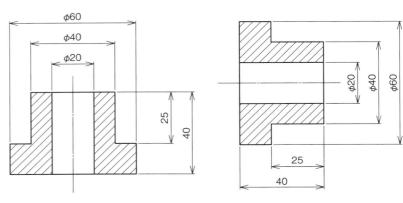

図3.13　旋盤加工での図面配置

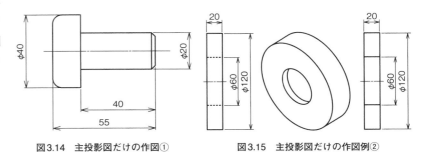

図3.14　主投影図だけの作図①　　　図3.15　主投影図だけの作図例②

3.7.2　部分投影図

図の一部を示せば足りる場合には，必要な部分だけを部分投影図として表わす．この場合は，省いた部分との境界を破断線で示す（**図3.18**）．ただし，明確な場合には破断線を省略してもよい．

3.7.3　局部投影図

対象物の穴，溝など一局部だけの形を図示すれば十分な場合は，その必要部分を局部投影図として表わす．投影関係を示すためには，主となる図に中心線，基準線，寸法補助線などで結ぶ（**図3.19，図3.20**）．

3.7.4　部分拡大図

特定部分の図形が小さいため，その部分の詳細な図示や寸法の記入ができない場合は，その該当部分を別の箇所に拡大して描き，表示の部分を細い実線で囲み，かつ，ラテン文字の大文字で表示すると同時に，その文字および尺度を付記する（**図3.21**）．

ただし，拡大した尺度を示す必要がない場合は，尺度の代わりに「拡大図」と付記してもよい．

3.7.5　回転投影図

投影図に，ある角度を持っているためにその実形が表われないときは，その部分を回転してその

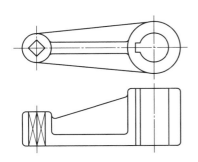

図3.16　かくれ線を用いない工夫の例

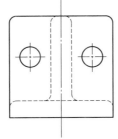

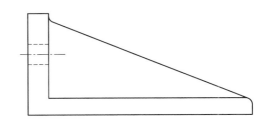

図3.17　比較対照する穴の例．比較参照が不便な場合、かくれ線を用いてよい

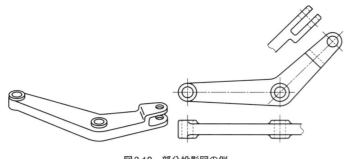

図3.18　部分投影図の例

実形を図示することができる（**図3.22 (a)**，**図3.22 (b)**）．なお，見誤るおそれがある場合は，作図に用いた線を残す（**図3.22 (c)**）．

3.7.6　補助投影図

　斜線部がある対象物で，その斜線の実形を表わす必要があるときは，次のように補助投影図で表わす．

　(a) 対象物の斜面の実形を図示する必要がある場合は，その斜面に対向する位置に補助投影図として表わす（**図3.23**）．この場合，必要な部分だけを部分投影図（3.7.2 参照）または局部投影図（3.7.3 参照）で描いてもよい．

　(b) 紙面の関係などで，補助投影図を斜面に対向する位置に配置できない場合は矢示法を用いて示し，その旨を矢印および英字の大文字で示す（**図3.24 (a)**）．ただし，**図3.24 (b)** に示すように，折り曲げた中心線で結び，投影関係を示してもよい．

　補助投影図（必要部分の投影図も含む）の位置関係がわかりにくい場合は，表示の文字のそれぞれに相手位置の図面の区域の区分記号を付記する（**図 3.25**）．区分記号は格子参照式参照．

3.8　断面図の一般原則

　(a) 隠れた部分をわかりやすく示すために，断面図として図示することができる．断面図の図形は，切断面を用いて対象物を仮に切断し，切断面の手前の部分を取り除き，切り口（刃物などで切断した場合，切断面に接触する部分）に加えて，切断面の向こう側に見える外形を描くことで，かくれ線を用いずに明瞭な図形として表わすことができる（**図3.26**）．

　(b) 切断したために理解を妨げるもの（歯車のリブ，アーム，歯車の歯など），または切断しても意味がないもの（軸，ピン，ボルト，ナット，座金，小ねじ，リベット，キー，鋼球，円筒ころなど）は，長手方向に切断しない（図3.26 参考図例②）．

　(c) 切断面の位置を指示する必要がある場合は，両端および切断方向の変わる部分を太くした細い一点鎖線を用いて指示する．投影方向を示す必要がある場合は，細い一点鎖線の両端に投影方向を示す矢印を描く．

　また，切断面を識別する必要がある場合は，矢印によって投影方向を示し，ラテン文字の大文字などの記号で指示し，矢印によって投影方向を示

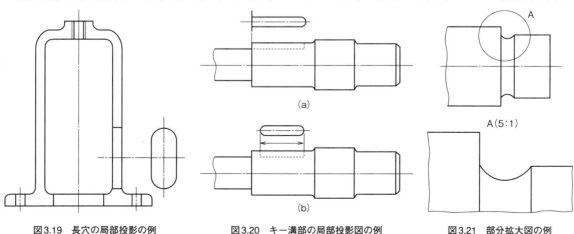

(a)

(b)

A

A(5:1)

図3.19　長穴の局部投影の例　　図3.20　キー溝部の局部投影図の例　　図3.21　部分拡大図の例

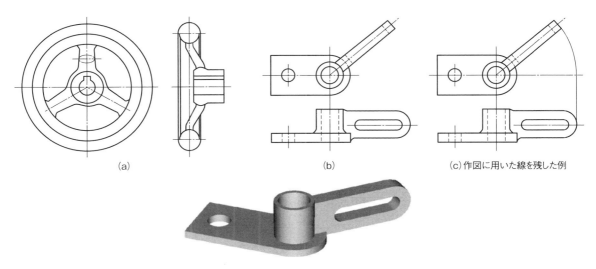

| (a) | (b) | (c)作図に用いた線を残した例 |

図3.22 回転投影図の例

し, 参照する断面の識別記号は矢印の端に記入する (**図3.27**). 断面の識別記号 (たとえば A − A) は, 断面図の直上または直下に示す (図3.27 参照).

(d) 断面の切り口を示すハッチングを施す場合は, 次のようにする.

①ハッチングは細い実線で, 主たる中心線に対して 45° に施すのがよい. 通常は間隔を 2 〜 3mm にしている.

②断面図に材料などを表示するため, 特殊なハッチングを施してもよい. その場合は, その意味を図面中に明確に指示するか, 該当規格を引用して示す.

③同じ切断面上に現われる同一部品の切り口には, 同一のハッチングを施す (図3.26, **図3.28** 参照). ただし, 階段状の切断面の各段に現われる部分を区別する必要がある場合には, ハッチング

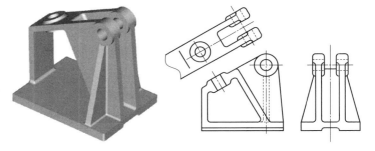

図3.23　補助投影図の例 (斜面対向)

をずらすことができる (**図3.27**).

④隣接する切り口のハッチングは, 線の向きまたは角度を変えるか, その間隔を変えて区別する (図3.28, 図3.29 参照).

⑤切り口の面積が広い場合には, その外形線に沿って適切な範囲にハッチングを施す (図3.29 参照).

⑥ハッチングを施す部分のなかに文字, 記号な

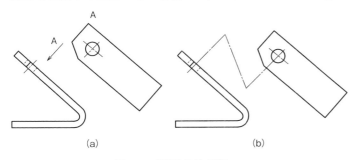

図3.24　補助投影 (矢示法)

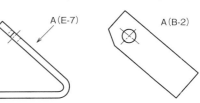

注記：格子参照方式 (JIS Z 8311) によって, 参照文字を組み合わせた区分記号 (例E−7) は, 補助投影の描かれている図面の区域を示し, 区分記号 (例B-2) は, 矢印の描かれている図面の区域を示す.

図3.25　区分記号を付記する例

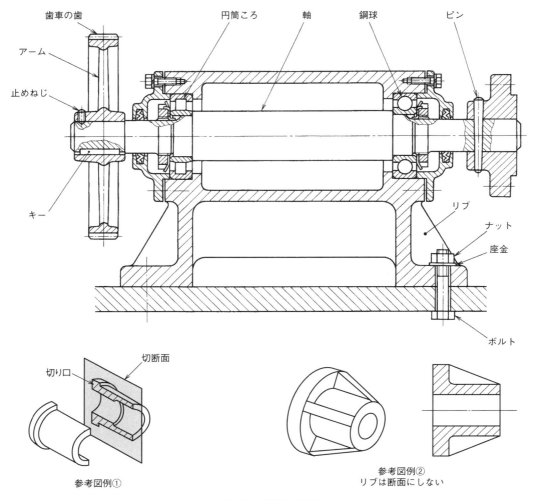

図中のラベル:
歯車の歯　円筒ころ　軸　鋼球　ピン
アーム
止めねじ
キー
切り口　切断面　リブ　ナット　座金　ボルト

参考図例①

参考図例②
リブは断面にしない

図3.26　切断による作図

どを記入する必要がある場合は，ハッチングを中断する．

3.8.1　全断面図

全断面図は，次のように描く．

（a）通常は，対象物の基本的な形状を最もよく表わすように切断面を決めて描く（**図 3.30，図 3.31**）．この場合は，切断線は記入しない．

（b）必要がある場合は，特定の部分の形をよく表わすように切断面を決めて描くのがよい．この場合は，切断線によって切断の位置を示す（**図 3.32**）．

3.8.2　片側断面図

対称形の対象物は，外形図の半分と全断面図の半分とを組み合わせて表わすことができる（**図 3.33**）．一般的に，上側または右側を断面にするのがよい．

3.8.3　部分断面図

外形図で，必要とする要所の一部だけを部分断面図として表わすことができる．この場合，破断線（フリーハンドの細い線）によって，その境界を示す（**図 3.34**，参考図例①，②）．

3.8.4　回転図示断面図

ハンドル，車などのアームおよびリム，リブ，フック，軸，構造物の部材などの切り口（投影面に垂直な切断面）は，次のように90°回転して表

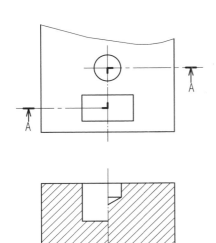

図3.27 断面の指示およびハッチングをずらした例

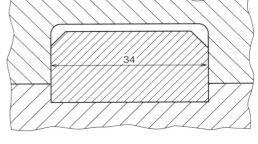

図3.28 線の向きおよび中断したハッチングの例

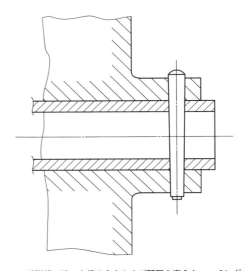

図3.29 外形線に沿った線の向きおよび間隔を変えたハッチングの例

わしてもよい.

(a) 切断箇所の前後を破断して，その間に描く（図3.35）.

(b) 切断線の延長線上に描く（図3.36）.

(c) 図形内の切断箇所に重ねて，細い実線を用いて描く（図3.37，図3.38）.

3.8.5　組合わせによる断面図

2つ以上の切断面による断面図を組み合わせて行なう断面図示は，次のようになっている.

(a) 対称形またはこれに近い形の対象物の場合は，対称の中心線を境として，その片側を投影面に平行に切断し，他の側を投影面とある角度を持って切断することができる.

この場合，後者の断面図は，その角度だけ投影面のほうに回転移動して図示する．また，切断面を識別するラテン文字の大文字などは，切断線および矢印に関係なくすべて上向きに記入し，切断線の両端と切断の方向が変わる部分は太い実線で表わす（図3.39，図3.40）.

(b) 断面図は，平行な2つ以上の平面で切断した断面図の必要部分だけを合成して示すことができる（図3.41）.

この場合，切断線によって切断して位置を示し，組合わせによる断面図であることを示すために，2つの切断線を任意の位置でつなぐ.

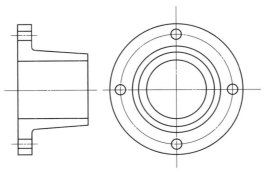

図3.30　全断面図の例①

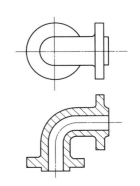

図3.31　全断面の例②（曲がり管）

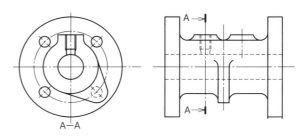

図3.32　切断位置を示す例

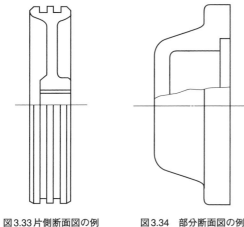

図3.33 片側断面図の例　　図3.34　部分断面図の例

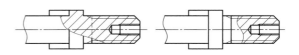

参考図例① 部分断面図のときの破断線の描きかた

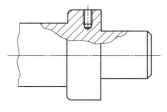

参考図例② 軸の部分断面（長手方向に断面しないため部分断面）

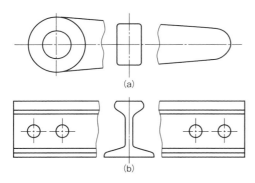

(a)

(b)

図3.35　回転断面

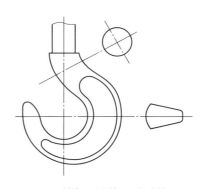

図3.36　切断線の延長線上に描く断面の例

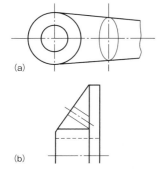

(a)

(b)

図3.37　切断箇所に断面を描く例

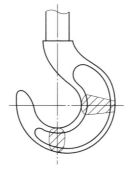

図3.38　切断箇所に断面を描く例（フック）

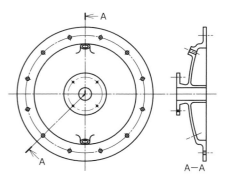

図3.39　組合わせによる断面図の例

（c）曲管などの断面を表わす場合は，その曲管の中心線に沿って切断し，そのまま投影することができる（**図3.42**）.

（d）断面図は，必要に応じて（a）〜（c）の方法を組み合わせて表わしてもよい（**図3.43**，**図3.44**）.

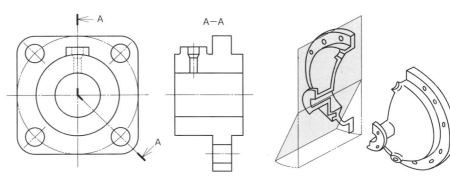

図3.40　回転移動した断面図示の例

参考図例　交わる2平面による切断

3.8.6　多数の断面図による図示

（a）複雑な形状の対象物を表わす場合は，必要に応じて多数の断面図を描いてもよい．軸に溝が加工されている場合，一連の断面図は，切断線の延長上または主中心線上に配置して，切断する方向を揃えることが望ましい（**図3.45**，**図3.46**）.

（b）一連の断面図は，寸法の記入および図面の理解に便利なように，投影の向きを合わせて描くのがよい．この場合，切断線の延長上（図3.46参照）または主中心線上（**図3.47**）に配置することが望ましい．この場合，右側から見ることが一般的である．

（c）対象物の形状が徐々に変化する場合，多数の断面によって表わすことができる（**図3.48**）.

3.8.7　薄肉部の断面図

ガスケット，薄板，形鋼などで切り口が薄い場合は，次のように表わすことができる．

（a）断面の切り口を黒く塗りつぶす（**図3.49 (a)**，**図3.49 (b)**）

（b）実際の寸法にかかわらず，1本の極太の実線（通常外形線の2倍の太さ）で表わす（**図3.49c**，**図3.49d**）.

なお，いずれの場合もこれらの切り口が隣接している場合は，それを表わす図形の間（他の部分を表わす図形との間も含む）に，わずかな隙間をあける．ただし，この隙間は0.7mm以上とする．

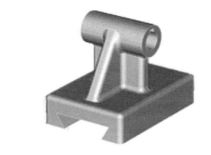

参考図例　リブのある部品例

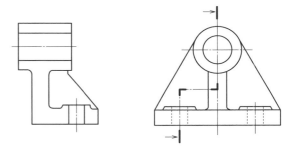

図3.41　組合わせ断面（リブは断面にしない）

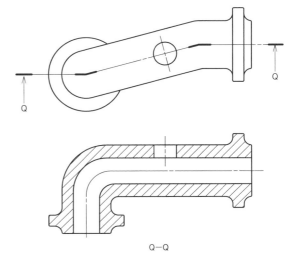

Q−Q

図3.42　曲管の切断（中心線に沿う）

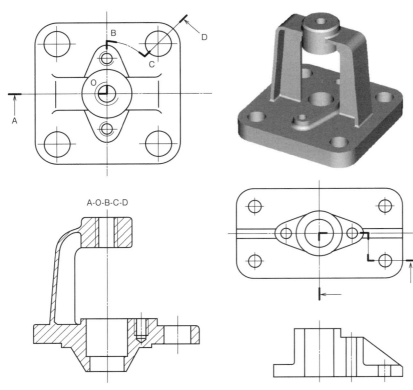

図3.43 断面を組み合わせて表わした例①

A-O-B-C-D

図3.44 断面を組み合わせて表わした例②

3.9 図形の省略の一般原則

図示を必要とする部分をわかりやすくするために，次のように示すのがよい．

(a) かくれ線は，理解を妨げない場合はこれを省略する（図3.50，参考図例①，②）．

円周上に等配置された穴やねじ穴加工するような図面の場合，片側を中心線だけ記入して省略して描く（参考図例①）．

(b) 補足の投影図に見える部分を全部描くと（図3.51(a)），図がかえってわかりにくくなる場合は，部分投影図（図3.51(b)，図3.52）または補助投影図（図3.53）として表わす．

(c) 切断面の先方に見える線（図3.54(a)）は，理解を妨げない場合には，これを省略するのがよい（図3.54(b)）．

(d) 一部に特定の形を持つものは，なるべくその部分が図の上側に現われるように描くのがよい．たとえば，キー溝を持つボス穴，壁に穴もしくは溝を持つ管およびシリンダ，切割りを持つリングなどを図示する場合は，図3.55の例による．

(e) ピッチ円＊上に配置する穴などは，側面の投影図（断面図も含む）では，ピッチ円がつくる円筒を表わす細い一点鎖線と，その片側だけに投影関係にかかわりなく1個の穴を図示し，他の穴の図示を省略することができる（図3.52，図3.56）．

3.9.1 対称図形の省略

対称図形の場合は，次のいずれかの方法で対称

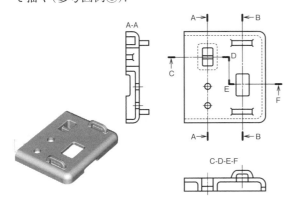

図3.45 多数の断面図を描く例

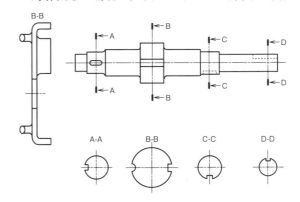

図3.46 切断線の延長上に断面図を置く例

＊フランジ関係の日本工業規格では，ピッチ円をボルト穴中心円と表現している．
この場合，穴の配置はこれを表わす図に示すなどの方法で明らかになっていなければならない．

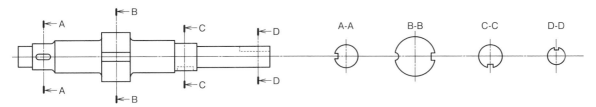

図3.47　主中心線上に断面図を置く例

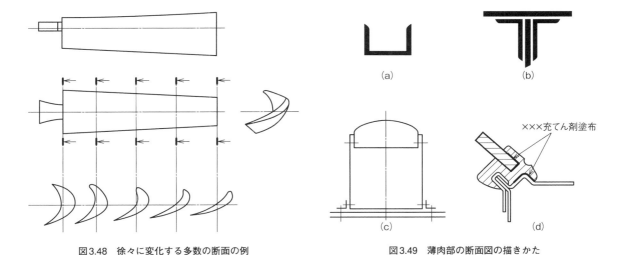

図3.48　徐々に変化する多数の断面の例

図3.49　薄肉部の断面図の描きかた

×××充てん剤塗布

中心線の片側を省略してもよい.

（a）対称中心線の片側の図形だけを描き，その対称中心線の両端部に短い2本の平行細線（「対称図示記号」という）を付ける（**図3.57**）.

（b）対称中心軸の片側の図形を，対称中心線を少し越えた部分まで描く．この場合は，対称図示記号を省略することができる（**図3.58**）.

3.9.2　繰返し図形の省略

同種同形のものが多数並ぶ場合は，次のように図形を省略することができる.

（a）実形の代わりに，図記号をピッチ線と中心線との交点に記入する（**図3.59**）．ただし，図記号を用いて省略する場合は，図3.59のようにその意味をわかりやすい位置に記述するか，引出線を用いて記述する（**図3.60 (b)** 参照）.

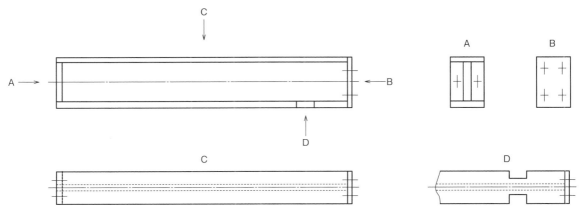

図3.50　隠れ線を省略した断面図

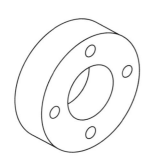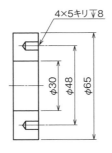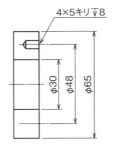

参考図例① 円周上に等配置された穴加工の表示例

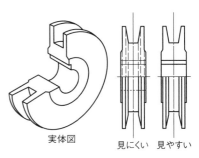

参考図例② かくれ線の省略

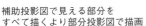
補助投影図で見える部分を
すべて描くより部分投影図で描画

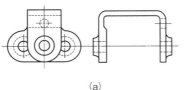

(a)

(b)

図3.51 部分投影図の例

（b）読み誤るおそれがない場合は，両端部（一端は1ピッチ分）もしくは要点だけを実形または図記号で示し，他はピッチ線と中心線との交点で示す（図3.60）．

ただし，寸法記入によって交点の位置が明らかなときは，ピッチ線に交わる中心線を省略してもよい（図3.61）．なお，この場合は，繰返し部分の数を寸法記入または注記により指示しなければならない．

3.9.3　中間部分の省略

同一断面形の部分（軸，棒，管，形鋼），同じ形が規則正しく並んでいる部分（ラック，工作機械の親ねじ，橋の欄干，はしご），または長いテーパなどの部分（テーパ軸）は，紙面を有効に使用す

るために中間部分を切り取って，その肝要な部分だけを近づけて図示することができる．

この場合，切り取った端部は，破断線で示す（図3.62，図3.63，図3.64）．なお，要点だけを図示する場合，紛らわしくなければ，破断線を省略してもよい（図3.63右側部分参照）．

長いテーパ部分，またはこう配部分を切り取った図示では，傾斜が緩いものは実際の角度で図示しなくてもよい（図3.64(b)参照）．

3.10　特殊な図示方法

3.10.1　2つの面の交わり部

交わり部に丸みがある場合，対応する図にこの丸みの部分を表わす必要があるときは，図3.65

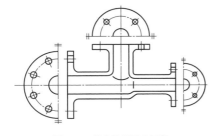

図3.52 部分投影図の例②

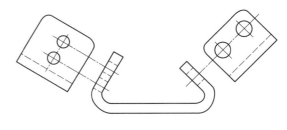

図3.53 補助投影図の例③

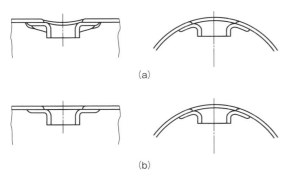

(a)

(b)

図3.54　切断面の先方に見える線の省略例

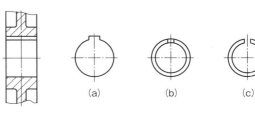

(a)　　　　(b)　　　　(c)

図3.55　特定の形を上側に現われるように描く例

のように交わり部に丸みがない場合の交線の位置に，太い実線で表わす.

　曲面相互または曲面と平面が交わる部分の線（相貫線）は，直線で表わすか（**図 3.66 (a) 〜 (f)**），正しい投影に近似させた円弧で表わす（**図 3.66 (g) 〜 (i)**）.

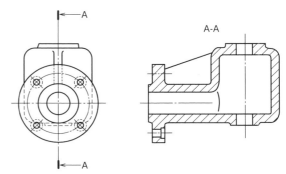

図3.56　側面図に現われる穴の簡略化の例

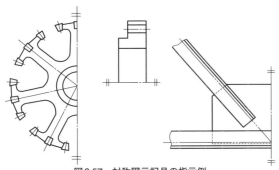

図3.57　対称図示記号の指示例
対称図形の片側描画と対称図示記号

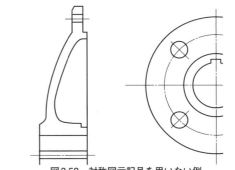

図3.58　対称図示記号を用いない例
対称中心線を少し越えた部分まで描画（対称図示記号は省略）

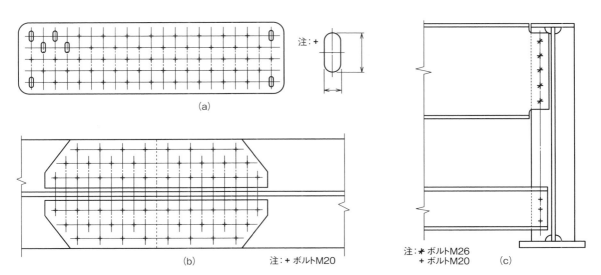

(a)

注：+

(b)　　　　注：+ ボルトM20

注：＊ ボルトM26
　　+ ボルトM20　　(c)

図3.59　図記号を用いた図形の省略例（ピッチ線と交点に図記号を記入）

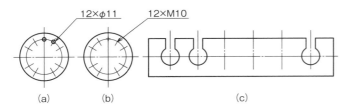

図3.60 中心線を用いた繰返し図形の省略例

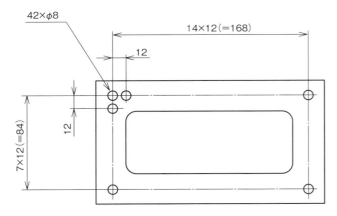

図3.61 寸法記入によって交点の位置が明らかな繰返し図形の省略

リブなどを表わす線の端末は，直線のまま止める（図3.67a）．なお，関連する丸みの半径が著しく異なる場合は，端末を内側または外側に曲げて止めてもよい（図3.67 (b)，図3.67 (c)，参考図

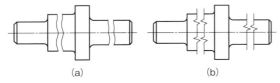

図3.62 中間部分の省略例①（破断線で描く）

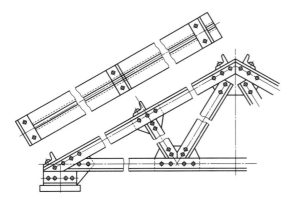

図3.63 中間部分の省略例②

例①～③）．

3.10.2 平面部分

図形内の特定の部分が平面であることを示す必要がある場合は，細い実線で対角線を記入する（図3.68）．

平面に加工された例を参考図に示す．丸軸の一部分を四角形に加工する場合，丸棒の一部分あるいは平行に平面加工する場合などがある（参考図例①，②）．

3.10.3 展開図示

板を曲げてつくる対象物や，面で構成される対象物の展開した形状を示す必要がある場合は，「展開図」で示す．この場合，展開図の上側または下側のいずれかに統一して，「展開図」と記入するのがよい（図3.69）．

3.10.4 加工・処理範囲の限定

対象物の面の一部分に特殊な加工を施す場合は，その範囲を外形線に平行にわずかに離して引いた太い一点鎖線で示すことができる（図3.70 (a)，

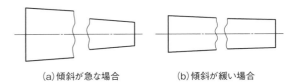

(a)傾斜が急な場合 　(b)傾斜が緩い場合

図3.64 テーパ部分の中間部分の省略例

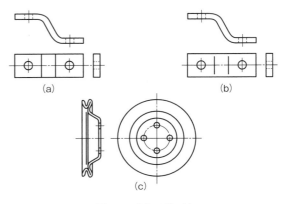

図3.65 交わり部の例

図4.72参照). また, 図形中の特定の範囲または領域を指示する必要がある場合は, その範囲を太い一点鎖線で囲む(図3.70 (b)).

なお, これらの場合, 特殊な加工に関する必要事項を指示する.

3.10.5　加工部の表示

(a)溶接部分を参考に表わす必要がある場合は, 次の例による.

①溶接部材の重なりの関係を示す場合は, 図3.71の例による.

②溶接構成部材の重なりの関係ならびに溶接の種類および大きさを表わす場合は, 図3.72 (a)の溶接記号を用いた指示に対して, 組立図のように溶接寸法を必要としない場合には, 図3.72 (b)の例の

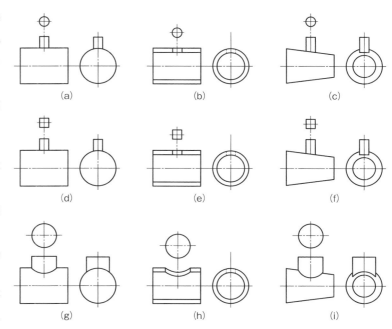

図3.66　交わり部の簡略図示例(曲線相互または曲面と平面が交わる部分の線の形状)

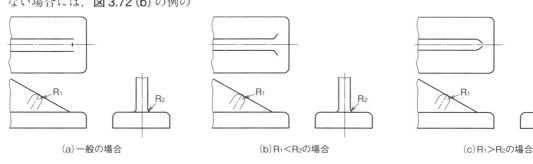

(a)一般の場合　　　(b)R₁＜R₂の場合　　　(c)R₁＞R₂の場合

図3.67　リブなどの端末が交わる部分の描きかた

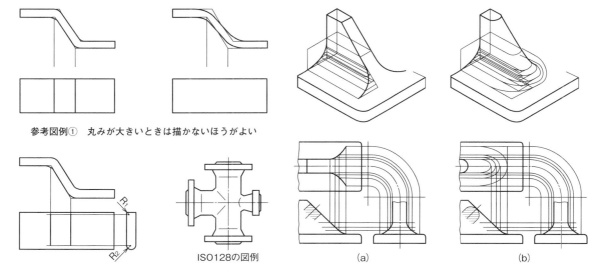

参考図例①　丸みが大きいときは描かないほうがよい

参考図例②　母材の断面　丸みを持つ場合

ISO128の図例

参考図例③　相貫線について

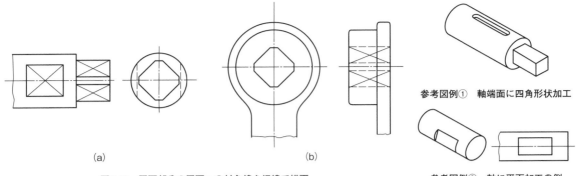

(a)

(b)

図3.68　平面部分の平面への対角線を細線で描画

参考図例①　軸端面に四角形状加工

参考図例②　軸に平面加工の例

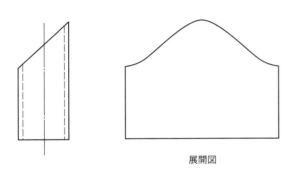

展開図

図3.69　板もの製品の展開図示例

ように溶接部位を塗りつぶして指示することができる.

なお，溶接加工を指示するには，JIS Z 3021（溶接記号）によって図示しなければならない.

（b）薄板溶接構造物の強度を増加させる溶接構造例を，**図 3.73** に示す.

（c）ローレット加工した部分，金網，縞鋼板など

の特徴を，外形の一部分にその模様を描いて表示することができる.この場合は，次の例による（**図 3.74～図 3.76**）.

「ローレット」は，手動で回転させるツマミ部分の表面に加工するギザギザの模様で，大きく「平目ローレット」，「綾目ローレット」の２種類に分類される.

また，非金属材料をとくに示す必要がある場合は，原則として**図 3.77** の表示方法によるか，該当規格の表示方法による.

この場合も，部品図には材質を別に文字で記入する.外観を示す場合も，切り口の場合もこれによってよい.

（d）図に表わす対象物の加工前後の形を図示する必要がある場合は，次による.

①加工前の形を表わす場合は，細い二点鎖線で図示する（図 2.6 例⑦（a）「加工前の図示例」参照）.

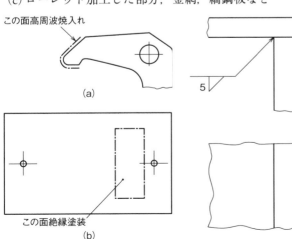

この面高周波焼入れ

(a)

この面絶縁塗装

(b)

図3.70　限定範囲の図示例

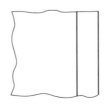

（溶接部分の重なり部）
図3.71　溶接の指示例①

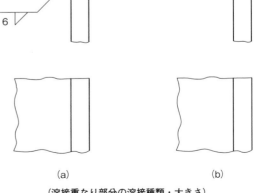

(a)　　　　　　(b)

（溶接重なり部分の溶接種類・大きさ）
図3.72　溶接の指示例②

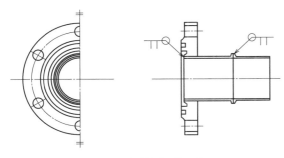

図3.73　溶接構造の指示例

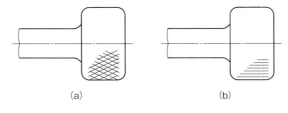

図3.74　ローレット加工の図示例

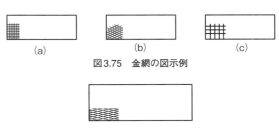

図3.75　金網の図示例

②加工後の形，たとえば，組立後の形を表わす場合は，細い二点鎖線で図示する（図 2.6 例⑦（b），⑦（c）「加工後の図示例」参照）．

（e）加工に用いる工具やジグなどの形を参考として図示する必要がある場合は，細い二点鎖線で図示する（図 2.6 例⑥「工具サイズの図示例」参照）．

3.10.6　その他の特殊な図示方法

その他の特殊な図示方法は，次による．

（a）切断面の手前側にある部分を図示する必要がある場合は，それを細い二点鎖線で図示する（図 2.6 例⑧「切断面手前部分の図示例」参照）．

（b）隣接部分の図示対象物に隣接する部分を参考として図示する必要がある場合は，細い二点鎖線で図示する．対象物の図形は，隣接部分に隠されても「隠れ線」としてはならない（図 2.6 例⑤「隣接部の図示例」参照）．断面図における隣接部分には，ハッチングを施さない．

図3.76　しま鋼板の図示例

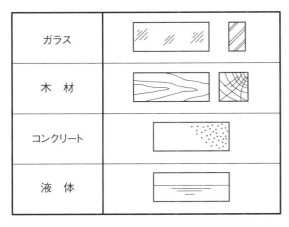

図3.77　非鉄金属材料の図示例

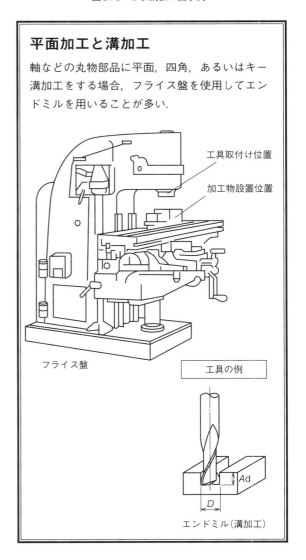

平面加工と溝加工

軸などの丸物部品に平面，四角，あるいはキー溝加工をする場合，フライス盤を使用してエンドミルを用いることが多い．

工具取付け位置

加工物設置位置

フライス盤

工具の例

エンドミル（溝加工）

4 寸法記入方法

4.1 寸法記入の一般原則

①対象物の機能，製作，組立などを考えて，必要な寸法を明瞭に図面に指示する．

②対象物の大きさ，姿勢および位置を最も明らかに表わすのに，必要で十分なものを記入する．

③機能上必要な寸法(機能寸法)は，必ず記入する(**図 4.1**)．

④寸法は，できるだけ主投影図に集中する(**図 4.2**)．

⑤とくに明示しない限り，その図面に図示した対象物の仕上がり寸法を示す．

⑥計算して求める必要がないように記入する．

⑦なるべく加工工程に従い，工程ごとに配列を分けて記入する．

⑧関連する寸法は，なるべく一か所にまとめて記入する．

⑨重複記入を避ける(**図 4.3**)．ただし，一品多様図で，重複寸法を記入したほうが図の理解を容易にする場合は，重複記入をしてもよい．

たとえば，重複する寸法数値の前に黒丸(●)を付け，重複寸法を意味する記号について注記する．

⑩必要に応じて基準とする点，線または面を基にして記入する．

⑪機能上必要な場合，寸法の許容限界を指示する．

4.2 寸法の記入方法

(a) 図形に寸法を記入するには，「寸法記入要素」(JIS Z8317-1)を用いる．寸法記入要素は，①寸法線，②寸法数値，③端末記号，④寸法補助線，⑤引出線，⑥参照線，⑦起点記号である(**図 4.4**)．

(b) 寸法は寸法補助線を用いて寸法線を記入し，この上に寸法数値を表示する．寸法補助線，寸法線ともに細い実線で描く．

・寸法線＝細い実線で，指示する長さを測定する方向に平行に引く．図形から適当に離して引く．線の両端には「端末記号」を付ける．

・端末記号＝寸法線の端末に付けて，寸法ならびに角度の限界を示す．種類には主として**図 4.5**の3通りがある．1枚の図面のなかでは，(a)，(b)，(c)を混用してはならない．ただし，狭い部分に記入する場合や寸法線を延長して記入する場合は混用してよい．

・寸法補助線＝指示する寸法の端に当たる図形上の点または線の中心を通り，寸法線に直角に引き，寸法線をわずかに(2〜3mm 程度)超えるまで延長する．図形と寸法補助線との間をあけ，少し離して引き出してもよい．

寸法補助線を引き出すと図がまぎらわしくなる場合は，図中に直接寸法線を引いてもよい(**図 4.6**)．

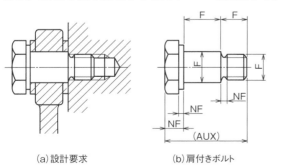

(a) 設計要求　　(b) 肩付きボルト

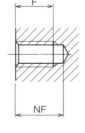

(c) ねじ穴

図はボルトで穴が開いている部品を締め付ける例である．
F:「機能寸法」　NF:「非機能寸法」　AUXは参考寸法

図4.1　機能寸法

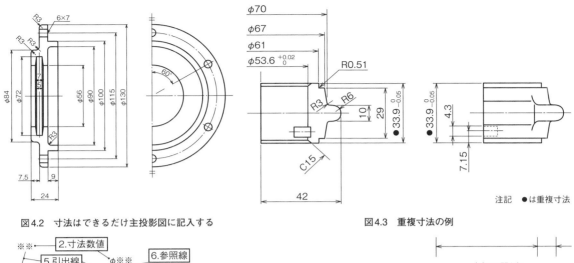

図4.2　寸法はできるだけ主投影図に記入する

図4.3　重複寸法の例

注記　●は重複寸法

図4.4　寸法線・寸法補助線の記入

2.寸法数値
5.引出線
6.参照線
7.起点記号
4.寸法補助線
1.寸法線
3.端末記号

直角
平行
寸法補助線
寸法線
矢印
寸法線をわずかに越す

図4.5　端末記号

(a)30°開き矢
(b)黒丸
(c)斜線
(d)起点記号

(起点記号は寸法線の原点を指示する)

必要な場合は，寸法線に対して適当な角度を持つ互いに平行な寸法補助線を引くことができる．この角度は60°が望ましい．引出線で寸法記入する場合も，60°で引き出すのがよい（**図4.7**）．

2つの面の間に丸みまたは面取りが施されているとき，2つの面の交わる位置を示すには，丸みまたは面取りを施す以前の形状を細い実線で表わ

し，その交点から寸法補助線を引き出す．

なお，交点を明らかに示す必要があるときには，それぞれの線を互いに交差させるか，または交点に黒丸を付ける（**図4.8**）．

寸法線は，指示する長さまたは角度を測定する方向に平行に引く（**図4.9**）．

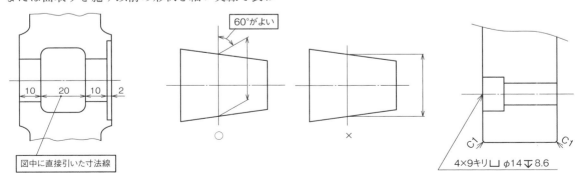

図4.6　図中に直接寸法線記入

図中に直接引いた寸法線

60°がよい

○

×

C1　C1
4×9キリ□　φ14▽8.6

図4.7　角度を持たせた寸法補助線

(a)

(b)

(c)

図4.8　2つの交わる位置表示

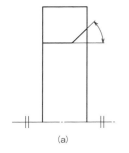

(a)辺の長さ寸法　　(b)弦の長さ寸法　　(c)弧の長さ寸法　　(d)角度寸法

図4.9　寸法線の記入

4.2.1　角度寸法, 角度サイズの記入

（a）「角度寸法」を記入する寸法線は，角度を構成する2辺またはその延長線（寸法補助線）の交点を中心として，両辺またはその延長線の間に描いた円弧で表わす（図4.10）.

（b）「角度サイズ」を記入する寸法線は，形体の2平面のなす角または相対向する円錐表面の母線のなす角度の間に描いた円弧で表わす（図4.11）.

注：角度サイズは，2つの平面または直線のなす角度寸法をいう．斜めに交差するような穴の軸線どうしの角度は，角度寸法記入による.

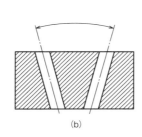

(a)　　　　　　　　　　(b)

図4.10　角度寸法を記入する例

4.2.2　隣接して連続する寸法

寸法線が隣接して連続する場合は，寸法線は一直線に揃えて記入する．関連する部品の寸法は、一直線上に記入する（図4.12）.

4.2.3　狭い箇所の寸法記入

狭い箇所の寸法は，部分拡大図を描いて記入するか，次のいずれかによる（図4.13）.

（a）引出線を寸法線から斜め方向に引き出し，寸法数値を記入する．この場合，引出線の引き出す側の端には何も付けない.

（b）図4.14のように寸法線を延長して，その上

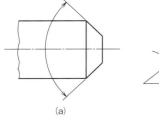

(a)　　　　　　　　　　(b)

図4.11　角度サイズの寸法線の例

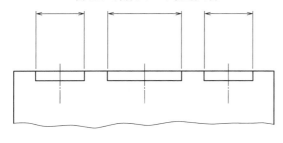
(a)

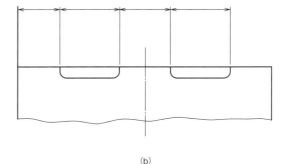
(b)

図4.12　隣接して連続する寸法記入

側（**図 4.14a**）または，その外側（**図 4.14b**）に記入してもよい（φ 8，φ 12.5 の記入例を参照）．

矢印を記入する余地がないときは，黒丸（・）または斜線（/）を用いてもよい（**図 4.14**，**図 4.15**）．

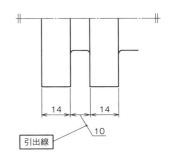

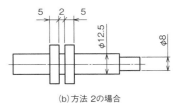

図4.13 狭い箇所の寸法記入

4.2.4 対称図形の片側への寸法記入

対称図形で対称中心線の片側だけを表わした図では，寸法線はその中心線を越えて適切な長さに延長する（**図 4.16**）．

ただし，誤解のおそれがない場合は，寸法線は中心線を越えなくてもよい（**図 4.17**）．この場合，延長した寸法線の端には，端末記号を付けない．

対称の図形で多数の径の寸法を記入するもので

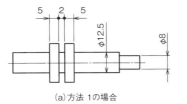

(a)方法 1の場合　　　(b)方法 2の場合

図4.14 狭い箇所で寸法線の延長による寸法記入

は，寸法線の長さをさらに短くし，**図 4.18** のように数段に分けて記入することができる．

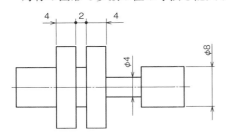

図4.15 狭い箇所で寸法線記入

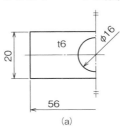

図4.16 対称図形の片側への寸法記入

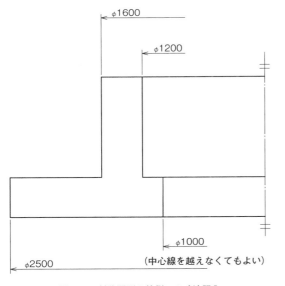

図4.17 対称図形の片側への寸法記入

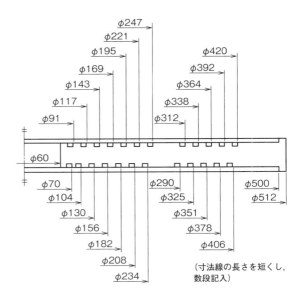

図4.18 対称図形の多数の径の寸法記入

4.3 寸法数値

(a) 長さの寸法は「ミリメートル」の単位で記入し，単位記号は付けない．

(b) 角度の寸法数値は一般に「度」の単位で記入し，必要がある場合には，分および秒を併用することができる．度，分，秒を表わすには，数字の右肩にそれぞれ「°」，「′」，「″」を記入する．

例：90°，22.5°，6° 21′ 5″（または 6° 21′ 05″），8° 0′ 12″（または 8° 00′ 12″），3′ 21″

また，角度の数値を「ラジアン」の単位で記入する場合は "rad" を記入する．

例：0.52rad，π rad

(c) 寸法数値の小数点は下の点とし，数字の間を適当にあけて，その中間に大きめに書く．また，寸法数値の桁数が多い場合でも「，」を付けない．

例：123.25　12.00　22320

(d) 寸法数値を記入する位置および向きは，とくに定める累進寸法記入法（**4.4.3**）の場合を除き，次による．

寸法数値は，水平方向の寸法線に対しては図面の下辺から，垂直方向の寸法線に対しては図面の右辺から読めるように書く．斜め方向の寸法線に対してもこれに準じて書く（**図 4.19**）．

寸法数値は，寸法線を中断しないで，これに沿ってその上側にわずかに離して記入する．この場合，寸法線のほぼ中央に書くのがよい．

垂直線に対し左上から右下に向かい約 30° 以下の角度をなす方向には寸法線の記入を避ける．ただし，図形の関係で記入しなければならない場合には，その場所に応じて，紛らわしくないように記入する（**図 4.20 ～ 図 4.22**）．

4.3.1 寸法数値記入における注意

(a) 寸法数値を表わす一連の数字は，図面に描いた線で分割されない位置に書くのがよい．

(b) 寸法数値は，線に重ねて記入してはならない．やむを得ない場合は，引出線を用いて記入する（**図 4.23**）．

(c) 寸法数値は，寸法線の交わらない箇所に記入する（**図 4.24**）．

(d) 寸法補助線を引いて記入する直径の寸法が，対称中心線の方向にいくつも並ぶ場合は，各寸法線はなるべく同じ間隔に引き，小さい寸法を内側に，大きい寸法を外側にして寸法数値を揃えて記入する．

紙面の都合で寸法線の間隔が狭い場合は，寸法

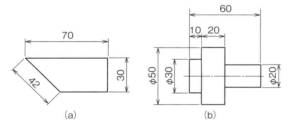

図4.19　寸法数値の記入方法，斜め部分の記入

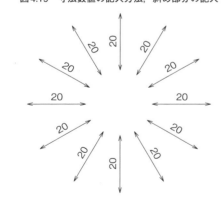

図4.20　長さ寸法の文字記入位置

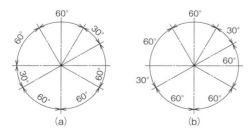

図4.21　角度寸法の文字記入位置

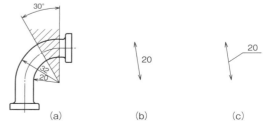

図4.22　紛らわしい位置での記入方法

42

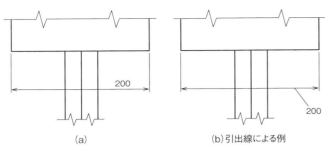

図4.23　寸法数値の記入位置と引出線による記入方法

(a)　　　　　　　　　　(b)引出線による例

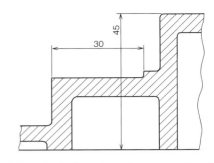

図4.24　寸法数値は，寸法線の交わらない箇所に記入

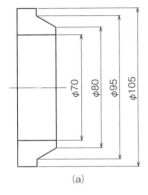

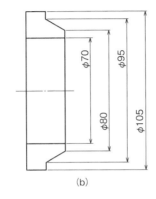

(a)　　　　　　　　　　(b)

図4.25　寸法線は同じ間隔で引く．記入位置が狭い場合，交互に記入

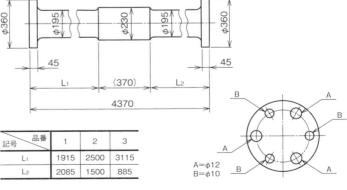

図4.26　寸法数値の片寄り記入

数値を対称中心線の両側に交互に記入してもよい（図4.25）．

（e）寸法が長く，その中央に寸法数値を記入するとわかりにくくなる場合は，いずれか一方の端末記号の近くに片寄せて記入することができる（図4.26）．

（f）寸法数値の代わりに，文字記号を用いてもよい．この場合，その数値を別に表示する（図4.27）．

4.4　寸法の配置

4.4.1　直列寸法記入法

直列に連なる個々の寸法を同一直線状に記入する方法で，個々の寸法公差が累積してもよい場合にだけ適用する（図4.28）．

4.4.2　並列寸法記入法

並列に記入する個々の寸法公差は，他の寸法公差には影響を与えない．この場合，共通側の寸法補助線の位置は，機能，加工などの条件を考慮して適切に選ぶ（図4.29）．

4.4.3　累進寸法記入法

並列寸法記入法とまったく同等の意味を持ちながら，1本の連続した寸法線で簡便に表示できる．寸法の起点の位置は，起点記号（○）で示し，寸法線の他端は矢印で示す（図4.30）．

記号＼品番	1	2	3
L₁	1915	2500	3115
L₂	2085	1500	885

A=φ12
B=φ10

図4.27　文字記号を利用した寸法記入

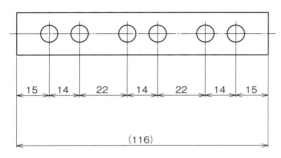

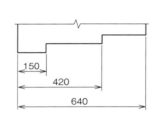

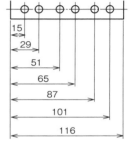

図4.28　直列寸法記入法

図4.29　並列寸法記入法

寸法数値は，寸法補助線に並べて記入するか，矢印の近くに寸法線の上側に沿って書く．なお，2つの形態間だけの寸法線にも準用できる．

4.4.4　座標寸法記入法

穴の位置や大きさなどの寸法は，座標を用いて表にしてもよい（**図 4.31**）．この場合，表に示す X，Y または β の数値は，起点からの寸法である．起点は，基準穴，対象物の一隅など機能または加工

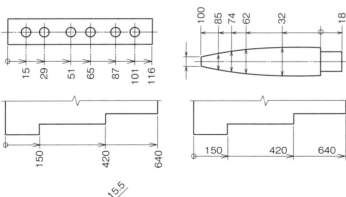

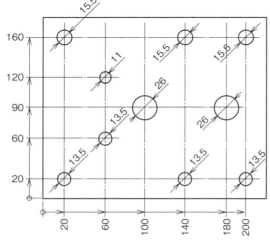

図4.30　累進寸法記入法

の条件を考慮して適切に選ぶ．

4.5　寸法補助記号（半径, 直径の表わしかた）

4.5.1　半径の表わしかた

（a）半径の寸法は，記号 R を寸法数値の前に寸法数値と同じ大きさで記入して表わす（**図 4.32 (a)**）．ただし，半径を示す寸法線を円弧の中心まで引く場合は，この記号を省略してもよい（**図 4.32 (b)**）．

（b）円弧の半径を示す寸法線には円弧の側にだけ矢印を付け，中心の側には付けない．矢印や寸法数値を記入する余地がないときは，**図 4.33** のように記入する．中心から円弧までの矢印／線の長さは，円弧半径とする．

（c）半径の寸法を指示するために，円弧の中心の位置を示す必要がある場合には，十字または黒丸でその位置を示す（**図 4.34**）．

（d）円弧の半径が大きく，その中心の位置を示す必要がある場合に，紙面などの制約があるときは，その半径の寸法線を折り曲げてもよい（**図 4.35**）．この場合，寸法線の矢印の付いた部分は，正しい中心の位置に向いていなければならない．

（e）同一中心を持つ半径は，長さ寸法と同様に累進寸法記入法を用いて表示できる（**図 4.36**）．

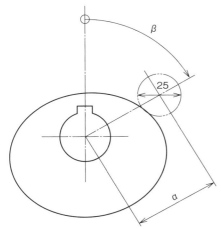

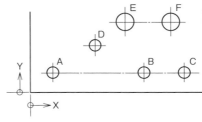

	X	Y	φ
A	20	20	13.5
B	140	20	13.5
C	200	20	13.5
D	60	60	13.5
E	100	90	26
F	180	90	26

β	0°	20°	40°	60°	80°	100°	120～210°	230°	260°	280°	300°	320°	340°
α	50	52.5	57	63.5	70	74.5	76	75	70	65	59.3	55	52

図4.31 座標寸法記入法

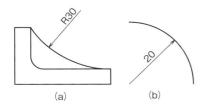

図4.32 半径の寸法記入法

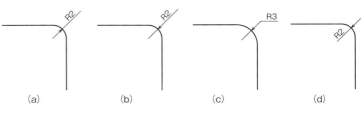

図4.33 円弧半径の寸法記入法

(f) 実形を示していない投影図形に実際の半径を指示する場合は, 寸法数値の前に"実R"の文字記号を, また展開した状態の半径を指示する場合は"展開R"の文字記号を記入する(**図 4.37**, **図 4.38**).

(g) 半径の大きさが他の寸法から導かれる場合は, 半径を示す矢印と数値なしの記号(R)によって指

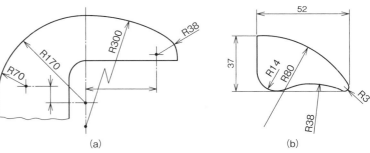

黒丸で中心指示(中心は矢印付き寸法線の方向)

図4.34 半径の寸法記入法(中心位置を指示する必要がある場合, 十字または黒丸記入)

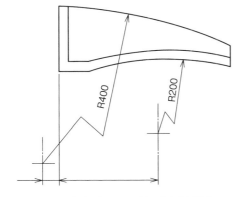

図4.35 折曲げによる円弧の中心位置記入

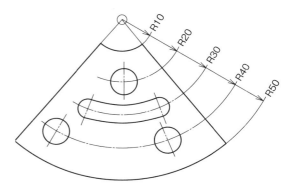

図4.36 同一中心半径の累進寸法記入法

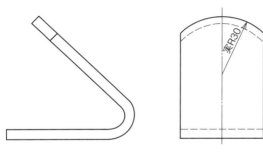

図4.37 実形を示していない半径の寸法記入法

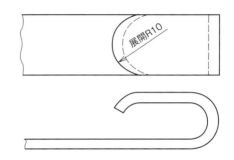

図4.38 実形を示していない展開した半径の寸法記入法

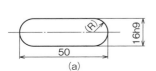

図4.39 計算できる半径の寸法記入法

示する．なお，記号(R)の代わりに(R8)と記入しても，意味は同じである(**図4.39**).

4.5.2 直径の表わしかた

(a)対象とする部分の断面が円形であるとき，その形を図に表わさずに円形であることを示す場合は，直径記号 ϕ(「まる」または「ふぁい」と読む)を寸法数値の前に記入して示す(**図4.40**).

(b)円形の図に直径の寸法を記入する場合で，寸法線の両側に端末記号が付く場合には，寸法数値の前に直径の記号 ϕ は記入しない．ただし，引出線を用いて寸法を記入する場合は，記号 ϕ を記入する．

(c)円形の一部を欠いた図形で寸法線の端末記号が片側の場合は，半径の寸法と誤解しないように，直径の寸法数値の前に ϕ を記入する(**図4.41**).

(d)円形の図および側面図で円形が現われない図のいずれの場合でも，直径の寸法数値の後に明らかに円形になる加工方法(キリ，打ヌキ，鋳ヌキなど)が併記されている場合は，寸法数値の前に直径記号 ϕ は記入しない(**図4.42**).

(e)直径の異なる円筒が連続していて，その寸法数値を記入する余地がないときは，片側に書くべき寸法線の延長線および矢印を描き，ϕ と寸法数値を記入する(**図4.43**).

4.5.3 球の直径または半径の表わしかた

球の直径または半径の寸法は，その寸法数値の前に寸法数値と同じ大きさで，球の記号 S ϕ(「えすまる」または「えすふぁい」と読む)または SR(「えすあーる」と読む)を記入して表わす(**図4.44**).なお，S は sphere(球)の略である．

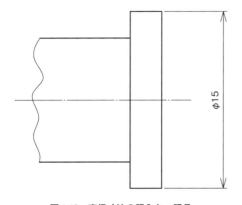

図4.40 直径寸法の記入と ϕ 記号

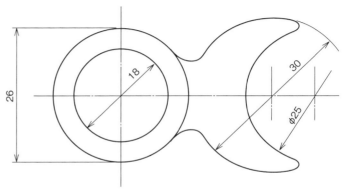

図4.41 円形の一部を欠いた図形の直径寸法記入

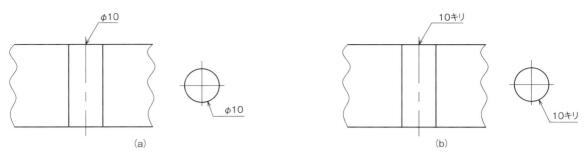

図4.42　直径寸法の記入とφ記号の省略

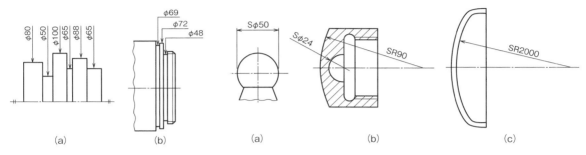

図4.43　連続した異なる円筒の直径寸法記入

図4.44　球の直径・半径の寸法記入

4.6　その他各種寸法の表わしかた

4.6.1　正方形の辺の表わしかた

（a）対象とする部分の断面が正方形であるとき，その形を図に表わさずに正方形であることを表わす場合は，その辺の長さを表わす寸法数値の前に，寸法数値と同じ大きさで，正方形の一辺であることを示す記号□（「かく」と読む）を記入する（図4.45）.

（b）正方形を正面から見た場合のように，正方形が図に現れる場合には，正方形の一辺であることを示す記号□を付けずに，両辺の寸法を記入しなければならない（図4.46）.

4.6.2　厚さの表わしかた

　板状の部品の厚さ寸法を主投影図に表わす場合は，その図の付近または図中の見やすい位置に，厚さを表わす寸法数値の前に，寸法数値と同じ大きさで厚さを示す記号 t（「てぃー」と読む）を記入する（図4.47）.

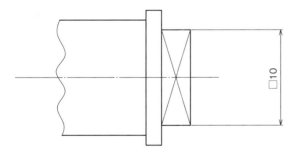

図4.45　正方形の寸法記入（□記号利用）

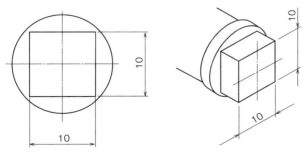

図4.46　正方形の寸法記入（辺寸法値記入）

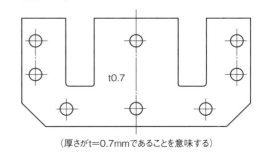

（厚さがt＝0.7mmであることを意味する）

図4.47　厚さの記入方法

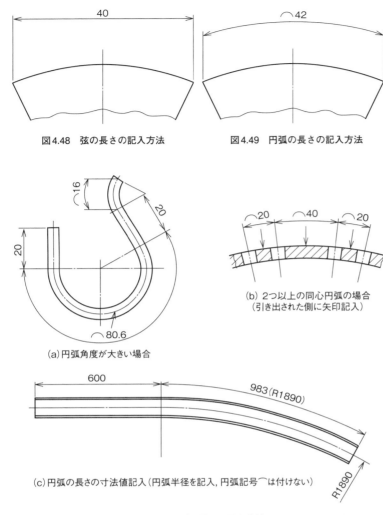

図4.48 弦の長さの記入方法

図4.49 円弧の長さの記入方法

(a)円弧角度が大きい場合

(b) 2つ以上の同心円弧の場合
（引き出された側に矢印記入）

(c)円弧の長さの寸法値記入（円弧半径を記入，円弧記号⌒は付けない）

図4.50　円弧の長さの記入方法

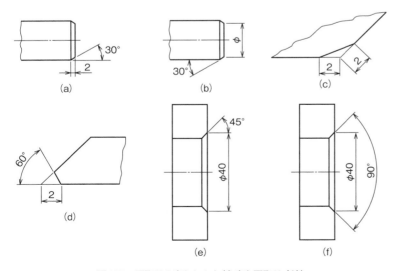

図4.51　面取りの表わしかた（角度と面取り寸法）

4.6.3　弦および円弧の長さの表わしかた

（a）弦の長さは，弦に直角に寸法補助線を引き，弦に平行な寸法線を用いて表わす（図 4.48）.

（b）円弧の長さは，弦の場合と同様な寸法補助線を引き，その円弧と同じ同心の円弧を寸法線とし，寸法数値の前に円弧の長さの記号「⌒」を付ける（図 4.49）.

円弧を構成する角度が大きいとき，および連続して円弧の寸法を記入するときは，円弧の中心から放射状に引いた寸法補助線に寸法線を当ててもよい.

この場合で，2つ以上の同心円弧のうち，1つの円弧の長さを明示する必要がある場合は，次のいずれかによる.

・円弧の寸法数値に対して引出線を引き，引き出された円弧の側に矢印を付ける.

・円弧の長さを表わす寸法数値の後に，円弧の半径を括弧に入れて示す. この場合，円弧の長さの記号（⌒）を付けてはならない（図 4.50）.

4.6.4　面取りの表わしかた

最も多い 45° 面取りの場合は，面取りの寸法数値× 45° または記号 C を，寸法数値の前に記入して表わす（図 4.51 ～図 4.53）. 45° 以外の面取りは，通常の角度と面取り長さによる寸法記入方法で表わす.

4.6.5　曲線の表わしかた

円弧で構成されない曲線の寸

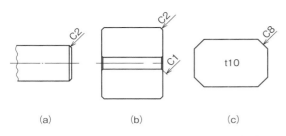

図4.52 45°面取りの表わしかた（C面取りの寸法数値）

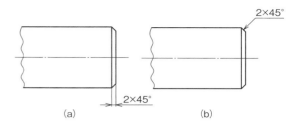

4.53 45°面取りの表わしかた（C面取りの寸法数値×45°）

は，曲線上の任意の点の座標寸法で表わす（**図4.54**）．この方法は，円弧で構成する曲線の場合にも，必要があれば用いてもよい．**表4.1**は，寸法補助記号である．

4.7 加工と関係する寸法

4.7.1 穴の寸法の表わしかた

きり穴，打抜き穴，鋳抜き穴など穴の加工方法による区別を示す必要がある場合は，工具の呼び寸法または基準寸法を示し，その後に加工方法の区別を，加工方法の用語を規定している日本工業規格によって指示する（**図 4.55**，**図4.56**，**表 4.2**）．

ただし，表4.1に示すものについては，この表の簡略指示によることができる（この場合，指示した加工寸法に対する寸法の普通許容差を適用する）．

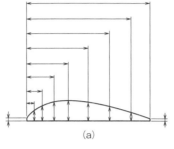
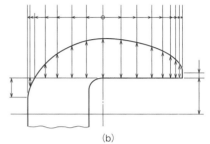

図4.54 曲線の表わしかた

表4.1 寸法補助記号

名　称	記　号	呼びかた	指示例
直径	φ	まる または ふぁい	φ30
半径	R	あーる	R30
コントロール半径	CR	しーあーる	CR30
球の直径	Sφ	えすまる または えすふぁい	Sφ30
球の半径	SR	えすあーる	SR30
正方形の辺	□	かく	□30
円弧の長さ	⌒	円弧	⌒40
板の厚さ	t	てぃー	t 5
45°の面取り	C	しー	C2
ざぐり，深ざぐり	⊔	ざぐり　ふかざぐり	⊔φ14
皿ざぐり	∨	さらざぐり	∨φ14
穴深さ	↧	あなふかさ	↧1

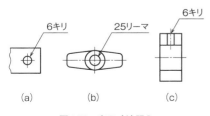

図4.55 穴の寸法記入

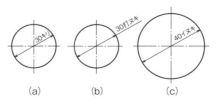

図4.56 加工方法を記述する穴の寸法記入

表4.2 JISによる加工方法の用語

加工法	簡略指示
鋳放し	イヌキ
プレス抜き	打ヌキ
きりもみ	キリ
リーマ仕上げ	リーマ

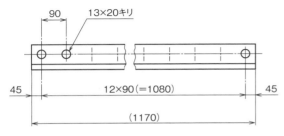
図4.57 一群の同一寸法の寸法記入

4.7.2 一群の同一寸法のボルト穴, 小ねじ穴, ピン穴, リベット穴などの寸法表示

穴から引出線を引き出してその総数を示す数字の次に, ×を挟んで穴の寸法を記入する（**図4.57**）. この場合, 穴の総数は, 同一箇所の一群

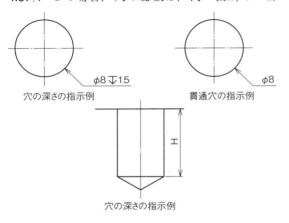
図4.58 穴の深さの記入

の穴の総数（たとえば, 両側にフランジを持つ管継手なら片側のフランジについての総数）を記入する.

4.7.3 穴の深さ

穴の直径を示す寸法の次に, 穴の深さを示す記号 "↧" に続けて深さの数値を記入する（**図4.58**）. ただし, 貫通穴のときは穴の深さを記入しない.

なお,「穴の深さ」とは, ドリルの先端の円錐部分, リーマ先端の面取部などを含まない円筒部の深さ H をいう.

4.7.4 ざぐりの表わしかた

ざぐりを付ける穴の直径を示す寸法の前に, ざぐりを示す記号 "⊔" に続けてざぐりの直径数値を入れる. さらに続けて, 穴深さを表わす記号 "↧" に続けて, 深さの数値を入れる. なお, 一般に平面を確保するために表面を削り取る程度の場合でも, その深さを指示する（**図4.59**）.

4.7.5 深ざぐり

ボルトの頭を沈める場合などに用いる深ざぐりについても, 前記と同様に表わす（**図4.60**）. ただし, 深ざぐりの底の位置を, 反対側の面からの

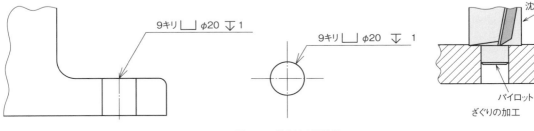
図4.59 ざぐりの指示例

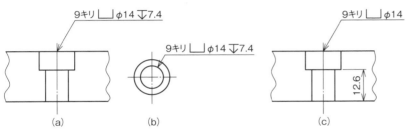
図4.60 深ざぐりの表わしかた

図4.61 深ざぐりの加工

表4.3　六角穴付きボルト用沈めフライス（JIS B 4236）

呼び	直径D		パイロット径 dp		シャンク径 d		全長L		モールステーパ番号		刃長 ℓ	パイロットの長さ ℓp
	基準寸法	許容差	基準寸法	許容差	基準寸法	許容差	1形	2形	1形	2形		
M3	6.5	+0.078 +0.042	3.2	−0.020 −0.038	6	0 −0.018	71	—	—	—	14	3
M4	8		4.3					85				4
M5	9.5	+0.093 +0.050	5.3		8	0 −0.022	85	95			18	5
M6	11		6.4	−0.025 −0.047				106				6
M8	14		8.4		12	0 −0.027	100	118			22	8
M10	17.5	+0.103 +0.073	10.5	−0.032 −0.059	—	—	140	170	2	2	25	10
M12	20	+0.125 +0.073	13		—	—		190				12
(M14)	23		15		—	—	150	212		3	30	14
M16	26	+0.140 +0.088	17		—	—	180	236	3		35	16
(M18)	29		19	−0.043 −0.073	—	—		250				18
M20	32	+0.174 +0.112	21		—	—	190	280		4	40	20
(M22)	35		23		—	—		300				22
M24	39		25		—	—		315				
(M27)	43	+0.198 +0.136	28		—	—	236	355	4		50	25

参考1　呼びは，六角穴付きボルトのねじの呼びと対応する．
　　2　パイロット径dpの基準寸法は，JIS B 1001に規定するボルト穴径の1級とする．
　　3　直径D，シャンク径d，およびパイロット径dpの許容差は，JIS B 0401-2による．
　　4　全長L，刃長ℓおよびパイロットの長さℓpの許容差は，JIS B 0405に規定する公差等級c（粗級）とする．
　　5　センタ穴は，JIS B 1011による．
　　6　ストレートシャンクは，JIS B 4005に規定するプレインストレートシャンクとする．
　　7　モールステーパシャンクは，JIS B 4003による．
　　8　呼びにカッコを付けたものは，なるべく用いない．

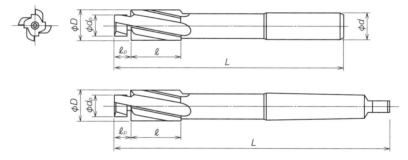

寸法で指示する必要がある場合は，寸法線を用いて表わす．

・六角穴付きボルト用深ざぐり

六角穴付きボルトなどの頭を沈める場合のざぐり加工は，次に示す六角穴付きボルト用沈めフライス（JIS B 4236）を用いて加工する．

フライスの先端には，ボルト穴にガイドとして入るパイロット部がある．寸法の記入方法は，前記の方法と同様である（図4.61，表4.3）．

4.7.6　長円の穴

穴の機能または加工方法によって，寸法の記入方法を図4.62のいずれかによって指示する．

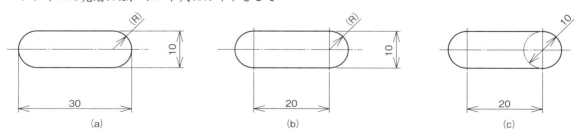

図4.62　長穴の表わしかた

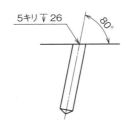

図4.63 傾斜した穴の深さの表しかた

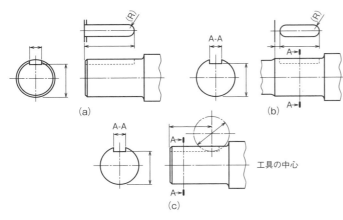

図4.64 軸のキー溝の寸法記入方法

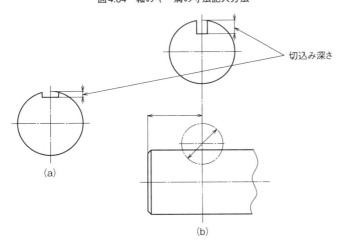

図4.65 キー溝の深さの表しかた

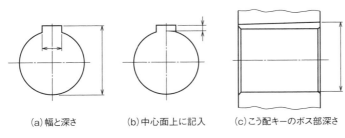

(a) 幅と深さ　　　(b) 中心面上に記入　　(c) こう配キーのボス部深さ

図4.66 穴のキー溝の表しかた

4.7.7　傾斜した穴の深さ

　穴の中心線上の深さで表わすか，それによれない場合には，寸法線を用いて表わす（**図4.63**）．

4.7.8　キー溝の表わしかた

　軸のキー溝の寸法は，キー溝の幅，深さ，長さ，位置および端部を表わす寸法による．キー溝の端部をフライスなどによって切り上げる場合は，基準の位置から工具の中心までの距離と工具の直径とを示す（**図4.64**）．
　キー溝の深さは，キー溝と反対側の軸径面からキー溝の底までの寸法で表わす．ただし，とくに必要な場合は，キー溝の中心面上における軸径面からキー溝の底までの寸法（切込み深さ）で表わしてもよい（**図4.65**）．

4.7.9　穴のキー溝の表わしかた

　（a）穴のキー溝の寸法は，キー溝の幅および深さを表わす寸法による（**図4.66（a）**）．
　（b）キー溝の深さは，キー溝と反対側の穴径面からキー溝の底までの寸法で表わす（**図4.66（b）**）．ただし，とくに必要な場合は，キー溝の中心面上における穴径面からキー溝の底までの寸法で表わしてもよい．
　（c）こう配キー用のボスのキー溝の深さは，キー溝の深い側で表わす（**図4.66（c）**）．

4.7.10　テーパとこう配の表わしかた

　（a）テーパ比は，テーパを持つ形体の近くに参照線を用いて指示する（**図4.67**）．参照線は，テーパを持つ形体の中心線に平行に引き，引出線を用いて形体の外形線と結ぶ．
　ただし，テーパ比と向きをとくに明らかに示す必要がある場合は，テーパの向

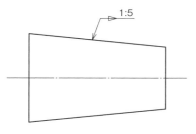

図4.67 テーパの表わしかた

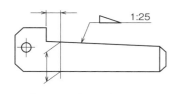

図4.68 こう配の表わしかた

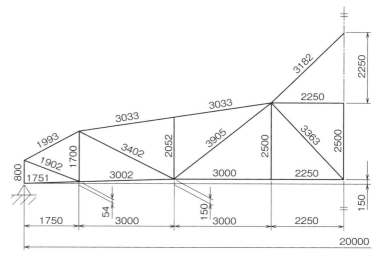

図4.69 鋼構造の寸法表示

きを示す図記号を，テーパの方向と一致させて描く．

（b）こう配は，こう配を持つ形体の近くに参照線を用いて指示する（**図4.68**）．参照線は水平に引き，引出線を用いて形体の外形線と結び，こう配の向きを示す図記号を，こう配の方向と一致させて描く．

4.8 鋼構造物などの寸法表示

（a）鋼構造物などの構造線図で格点間の寸法を表わす場合は，その寸法を，部材を示す線に沿って直接記入する（**図4.69**）．

（b）構造線図は，部材を示す線は重心線であることを明記するのが望ましい．「格点」とは，構造線図で部材の重心線の交点をいう．

（c）形鋼，鋼管，角鋼などの寸法は，**表4.4**の表示方法により，それぞれの図形に沿って記入することができる．この場合，長さの寸法は，必要がなければ省略してもよい．

なお，不等辺山形鋼などを指示する場合は，その辺がどのように

置かれているかを明確にさせるために，図に現われている辺の寸法を記入する（**図4.70**）．

4.9 薄肉部の表わしかた

（a）薄肉部の断面を極太線で描いた図形に寸法を記入する場合は，断面を表わした極太線に沿って短い細い実線を描き，これに寸法線の端末記号を当てる．この場合，細い実線を沿わせた側までの寸法を意味する（**図4.71**）．

参考：ISO 6414（Technical drawings for glassware）では，次のように規定している（参考図）

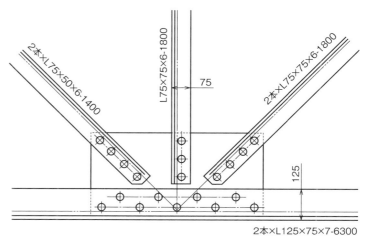

図4.70 形鋼，鋼管，角鋼などの寸法表示

表4.4　表示方法

種類	断面形状	表示方法	種類	断面形状	表示方法
等辺山形鋼		$\llcorner A \times B \times t - L$	軽Z形鋼		$H \times A \times B \times t - L$
不等辺山形鋼		$\llcorner A \times B \times t - L$	リップ溝形鋼		$H \times A \times C \times t - L$
不等辺不等厚山形鋼		$\llcorner A \times B \times t_1 \times t_2 - L$	リップZ形鋼		$H \times A \times C \times t - L$
I形鋼		$I\, H \times B \times T - L$	ハット形鋼		$H \times A \times B \times t - L$
溝形鋼		$\sqsubset H \times B \times t_1 \times t_2 - L$	丸鋼（普通）		$\phi\, A - L$
球平形鋼		$J\, A \times t - L$	鋼管		$\phi\, A \times t - L$
T形鋼		$T\, B \times H \times t_1 \times t_2 - L$	角鋼管		$\Box\, A \times B \times t - L$
H形鋼		$H\, A \times A \times t_1 \times t_2 - L$	角鋼		$\Box\, A - L$
軽溝形鋼		$\sqsubset H \times A \times B \times t - L$	平鋼		$\Box\, B \times A - L$

備考：L は長さを表わす

54

図4.71　溝肉部の表わしかた

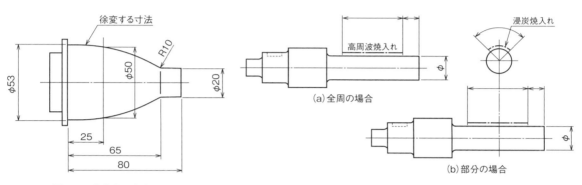

図4.72　徐変する寸法の表示

図4.73　加工処理範囲の指示

・容器状の対象物で，極太線に直接に端末記号を当てた場合は，その外側までの寸法とする.

・誤解の恐れがある場合は，矢印の先を明確に示す．内側を示す寸法は，寸法数値の前に "int" を付記する.

（b）寸法を徐々に増加または減少させて（「徐変する寸法」という），ある寸法になるようにする場合は，図4.72 による.

4.10　加工・処理範囲の指示

加工・処理範囲の限定は，図4.73 のようにする．加工処理範囲を指示する場合は，特殊な加工を示す太い一点鎖線の位置および範囲の寸法を記入する.

4.11　非剛性部品の寸法

自由状態で図面に指示した寸法公差や幾何公差を超えて変形する部品の寸法および公差は，JIS B 0026 により指示する.

4.12　非比例寸法

一部の図形がその寸法数値に比例しないときは，寸法数値の下に太い実線を引く（図4.74）．ただし，一部を切断省略したときなど，とくに寸法と図形とが比例しないことを表示する必要がない場合は，この線を省略する.

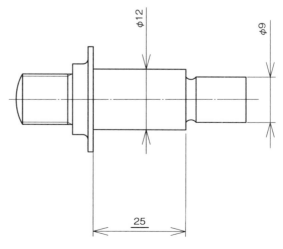

図4.74　非比例寸法数値の表わしかた

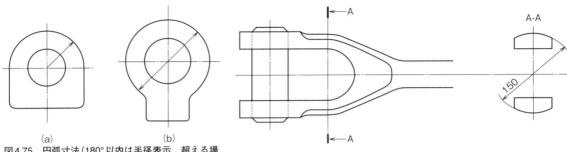

図4.75 円弧寸法（180°以内は半径表示，超える場合は直径表示）

図4.76 円弧寸法（180°以内でも機能上・加工上必要な場合は直径寸法を記入）

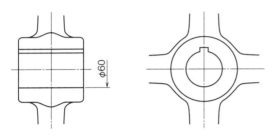

図4.77 ボス内径寸法記入方法

4.13 その他の一般的注意事項

（a）円弧の部分の寸法は，円弧が180°までは半径で表わし，それを超える場合は直径で表わす（**図4.75**）．ただし，円弧が180°以内でも機能上または加工上，とくに直径の寸法を必要とするものに対しては，直径の寸法を記入する（**図4.76**）．

（b）キー溝が断面に現われているボスの内径寸法を記入する場合は，**図4.77**のようにする．

（c）加工または組立の際，基準とする箇所がある場合は，その箇所を基にして寸法を記入する．とくに，その箇所を示す必要がある場合は，その旨を記入する（**図4.78**）．

（d）工程を異にする部分の寸法は，その配列を分けて記入するのがよい（**図4.79**）．

（e）互いに相関連する寸法は，1か所にまとめて記入する（**図4.80**）．たとえば，フランジの場合，穴あけだけは別の工程になるので，ボルト穴のピッチ円直径と穴の寸法と穴の配置は，ピッチ円が描かれているほうの図にまとめて記入するほうがよい．

（f）T形管継手，弁箱，コッタなどのフランジのように，1個の品物にまったく同一寸法の部分が2つ以上ある場合は，そのうちの1つにだけ記入するのがよい（**図4.81**）．

この場合，**図4.82**のように，寸法を記入しない部分に同一寸法であることの注意書きをする．

4.14 照合番号

（a）照合番号は，通常は数字を用いる．組立図の部品に対しては，別に製作図がある場合には，照

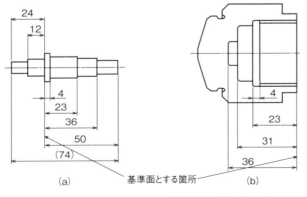

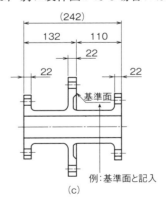

図4.78 基準箇所を基にした寸法記入

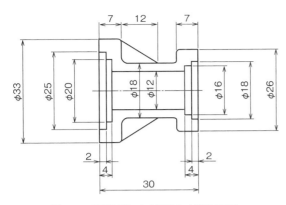

図4.79　工程を異にする部分の寸法記入方法

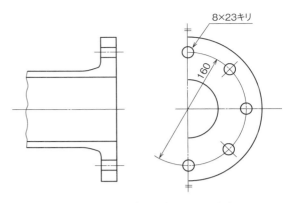

図4.80　フランジ部などの寸法記入方法

合番号の代わりにその図面番号を記入してもよい.

①組立の順序に従う.

②構成部品の重要度に従う.

③その他, 根拠のある順序に従う.

（b）照合番号を図面に記入する方法（**図 4.83**）.

①明確に区別できる文字で書くか, 文字を円で囲んで書く.

②対象とする図形に引出線で結んで記入するとよい.

③図面を見やすくするために, 照合番号を縦または横に並べて記入することが望ましい.

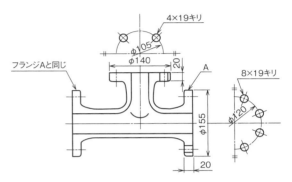

図4.81　1個の品物に同一形状がある場合の寸法記入方法

4.15　図面内容の変更

出図後に図面の内容を変更したときは, 変更箇所に適当な記号を付記し, 変更前の図形, 寸法などは適当に保存する（**図 4.84**）. この場合, 変更の日付, 理由などを明記する.

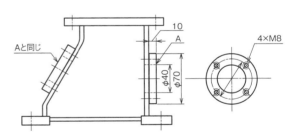

図4.82　同一寸法であることの注意書き記入

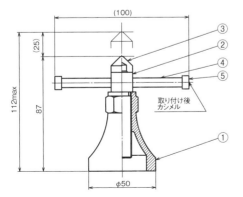

図4.83　照合番号を図面に記入する方法（豆ジャッキ組立図）

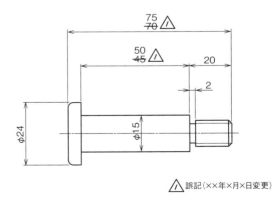

図4.84　図面内容の変更

5 ねじ

「ねじ」は，**図 5.1** に示すように円筒の外面につる巻線に沿って設けられた，らせん状のねじ山を持つ.

外側にねじ山を持つものを「おねじ」，内側にねじ山を持つものを「めねじ」と呼び，とくに指定しない限り，右に回すと締め込まれる「右ねじ」が用いられる.

図 5.2 におねじ，**図 5.3** にめねじの実形図を示す. 右ねじで回転力を伝えると緩む危険性がある場合は，左に回すと締め込まれる「左ねじ」を使用する.

通常は，ねじ溝は 1 本の「らせん溝」でできており，これを「一条ねじ」と呼ぶが，送りねじなど特殊な場合は，**図 5.4** に示すように 2 本以上のらせん溝を持つねじもある.

これらは，溝の数に合わせて「二条ねじ」，「三条ねじ」と呼ぶが，総称して「多条ねじ」と呼ぶこともある.

一般的なねじの種類は，次のように分類できる.

(1) ボルト，ナットなどのねじ部の形状，寸法，強度による分類

「六角ボルト」，「六角穴付きボルト」，「十字穴付きねじ」，「六角ナット」など.

(2) ねじ山の形状による分類

「メートル並目ねじ」，「メートル細目ねじ」，「メートル台形ねじ」，「管用平行ねじ」，「管用テーパねじ」など.

(3) 場合によっては，ねじ溝の形状で分類することもある.

「三角ねじ」，「角ねじ」，「台形ねじ」，「丸ねじ」，「ボールねじ」など.

5.1 製図—ねじおよびねじ部品
(JIS B 0002-1)

5.1.1 実形図示

製品技術文書などで，部品の説明のためにねじを側面から見た図，またはその断面図の実形を図示する場合は，**図 5.2 〜図 5.6** のように示す. 厳密な尺度で描く必要はない. **図 5.5** は，つる巻線を直線で表わしたものである.

5.1.2 ねじの図示

ねじおよびねじ部品の図示は，側面から見た図およびその断面図で見える状態のねじは，ねじ山の頂を太い実線，ねじの谷底を細い実線で示す(**図 5.7 〜図 5.11**).

ねじの山の頂と谷底の線の間隔は，ねじ山の高さとできるだけ等しくする. ただし，線のすきまは，いかなる場合も「太い線の太さの 2 倍」か，「0.7mm」の大きいほうの値以上とする.

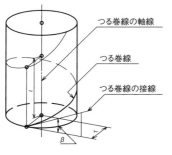

図5.1　つる巻線

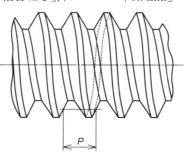

図5.2　一条ねじのおねじ(右ねじ)

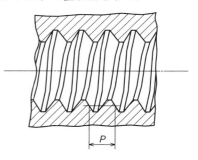

図5.3　一条ねじのめねじ(右ねじ)

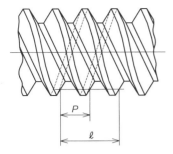

図5.4　二条ねじのおねじ(右ねじ)

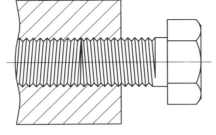

図5.5　ねじの実形図示(つる巻線を直線表示)

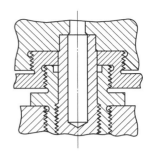

図5.6　実形図示(複数のねじ締結部の例)

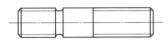

図5.7　ねじの図示(側面図は3/4円表示)

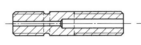 　または　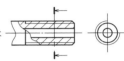

図5.8　ねじの断面表示と面取り円の省略

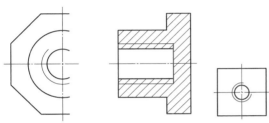

図5.9　欠円部分が他の位置の例

断面にしない場合
(かくれ線で描く)

断面にした場合

隠れたねじを示す場合は,
山の頂および谷底は
細い破線で表わす

図5.10　隠れたねじの表わしかた

ねじの側面から見た図は，ねじの谷底は細い実線で描いた円周の3/4にほぼ等しい円の一部で表わす（図5.7〜図5.10）．できれば右上方に4分円（欠円部分）を開けるのがよい．

「面取り円」を表わす太い線は，一般に端面から見た図では省略する（図5.7，図5.8）．欠円部分は，直交する中心線に対して，他の位置にあってもよい（図5.9）．

隠れたねじを示す場合は，山の頂および谷底は，細い破線で表わす（図5.10）．

ねじの断面図に施す「ハッチング」は，ねじの山の頂を示す線（おねじでは外径，めねじでは内径）まで延ばして描く（図5.8〜図5.11，図5.12〜図5.14，図5.16）．

ねじは，ねじ山が完全に加工されている「完全ねじ部」（図5.15，図5.17のbの部分）と，ねじ山が徐々になく

なる「不完全ねじ部」（図5.17のx部分）で表わされ（**参考図1**），不完全ねじ部は30°の傾斜で細い実線により描く（図5.17）．

また，不完全ねじ部と完全ねじ部の境界は太い実線で描き，一般には不完全ねじ部は省略可能であれば，表わさなくてよい（図5.7〜図5.10）．

組み立てられたねじ部品はめねじ部品を隠した状態で示し，おねじを主体に描く（図5.12〜図5.14）．めねじの完全ねじ部と不完全ねじ部の境界を表わす太い線は，めねじの谷底まで描く（図5.12〜図5.15）

図面にねじの呼びかたを指示する場合は，名称

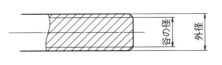 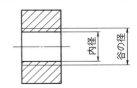

図5.11　ハッチングの例

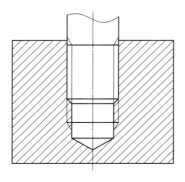

図5.12　植え込みボルトの例

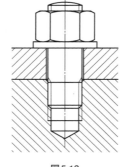

図5.13

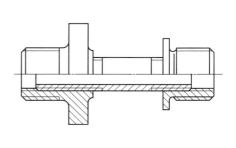

図5.14

および規格番号は省略し，一般に「ねじの種類の略号」と「呼び径またはサイズ」で示す．

もし，必要であれば，「ミリメートルによるリード」ならびに「ミリメートルによるピッチ」を，さらに必要な場合は「該当する規格による公差等級」，「ねじのはめあい長さ（S＝短，L＝長，N＝並）」「条数」を記入する．

ねじ山の巻き方向は，右ねじでは記入しないが，左ねじの場合は呼びかたに略号 LH を記述する．右ねじの場合，必要であれば略号 RH を記して示す．

例① M20 × 2-6G/6h-LH（メートルねじ）

呼び径 20mm，ピッチ 2mm，公差等級 6G/6h，巻き方向左

例② M20 × L3-P1.5-6H-N（メートルねじ）

呼び径 20mm，リード 3，ピッチ 1.5，公差，はめあい長さ

例③ G 1/2 A（管用平行ねじ）

呼び径　等級 A

例④ Tr40 × 7（メートル台形ねじ）

呼び径 40mm，ピッチ 7mm

5.1.3　ねじの寸法記入

ねじの呼び径dは，常におねじの山の頂（図5.15，図5.17）またはめねじの谷底（図5.16，図5.18参照）に記入する．

ねじ長さの寸法は，一般にねじ部長さに記入する（図5.18）．ただし，植込みボルトのように，

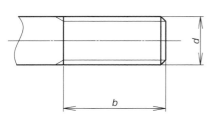

図5.15　おねじ寸法記入

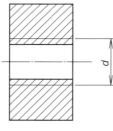

図5.16　めねじ寸法記入

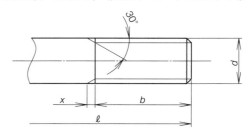

図5.17　おねじ寸法記入

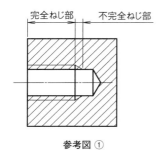

参考図 ①

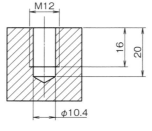

図5.18

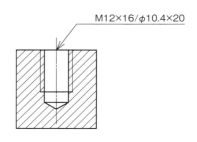

図5.19　ねじ部の簡単な表示

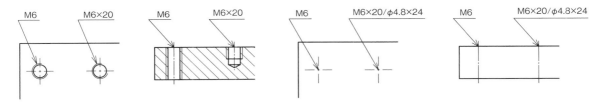

図5.20　小径の簡略図示の例

機能上不完全ねじ部が必要な場合には明確に図示し，寸法を記入する（図5.17）.

ねじ部の止まり穴深さは，通常省略してよい. 必要かどうかは部品自身，またはねじ加工に使用する工具に依存する. 穴深さを指定しない場合，ねじ長さの1.25倍程度に描く. また，**図5.19**に示すような簡単な表示を使用してもよい.

5.2　製図−ねじおよびねじ部品の簡略図示方法（JIS B 0002-3）

5.2.1　簡略図示

ねじ部品の簡略図示では，**表5.1**に図例が示されているように，次の項目は描かない.

①ナットおよび頭部の面取り部の角

②不完全ねじ部

③ねじ先の形状

④逃げ溝（加工で必要となる）

ねじの頭の形状，ねじ回し用の穴などの形状，またはナットの形状を示すことが不可欠である場合には，**表5.1**のように簡略図示の例を使用する. 反対側（ねじ側）端面の簡略図示は必要でない.

5.2.2　小径のねじ

「図面上の直径が，6mm以下」，「規則的に並ぶ同じ形および寸法の穴またはねじ」の場合は，図示および，または寸法指示を

簡略にしてもよい（**図5.20**）.

表示は，矢印が穴の中心線を指す引出線の上に示し，通常，示されるすべての必要な特徴を含まなければならない.

5.3　ねじの表わしかた（JIS B 0123）

5.3.1　ねじの表わしかたの項目および構成

ねじの表わしかたは，「ねじの呼び—ねじの等級—ねじ山の巻き方向」で構成される（**図5.21**）.

表5.1　ねじ部品の簡略図法

No.	名称	簡略図示	No.	名称	簡略図示
1	六角ボルト		9	十字穴付き皿小ねじ	
2	四角ボルト		10	すりわり付き止めねじ	
3	六角穴付きボルト		11	すりわり付き木ねじおよびタッピンねじ	
4	すりわり付き平小ねじ（なべ頭形状）		12	ちょうボルト	
5	十字穴付き平小ねじ		13	六角ナット	
6	すりわり付き丸皿小ねじ		14	溝付き六角ナット	
7	十字穴付き丸皿小ねじ		15	四角ナット	
8	すりわり付き皿小ねじ		16	ちょうナット	

表5.2 ねじの種類を表わす記号およびねじの呼びの表わしかたの例

区分	ねじの種類		ねじの種類を表わす記号	ねじの呼びの表わしかたの例	引用規格
ピッチをmmで表わすねじ	メートル並目ねじ		M	M8	JIS B 0205
	メートル細目ねじ			M8×1	JIS B 0207
	ミニチュアねじ		S	S0.5	JIS B 0201
	メートル台形ねじ		Tr	Tr10×2	JIS B 0216
ピッチを山数で表わすねじ	管用テーパねじ	テーパおねじ	R	R¾	JIS B 0203
		テーパめねじ	Rc	Rc¾	
		平行めねじ	Rp	Rp¾	
	管用平行ねじ		G	G½	JIS B 0202
	ユニファイ並目ねじ		UNC	⅜-16UNC	JIS B 0206
	ユニファイ細目ねじ		UNF	No.8-36UNF	JIS B 0208

図5.21 メートル台形ねじ以外の場合

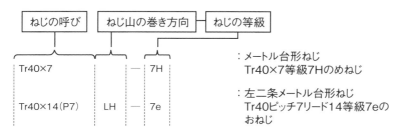

図5.22 メートル台形ねじの場合

このうち「ねじの呼び」についての表示が，重要な項目である．

ねじの呼びは，ねじの種類を表わす記号，直径または呼び径を表わす数字およびピッチ，または25.4mmについてのねじ山数を用い，次の3つのいずれかによって表わす．

(a) ピッチをミリメートルで表わすねじの場合

ねじの種類を表わす記号・ねじの呼び径を表わす数字×ピッチ

メートル並目ねじなどピッチがただ1つ規定されている場合，ピッチを省略する．

①多条メートルねじの場合

ねじの種類を表わす記号・ねじの呼び径を表わす数字×リード・ピッチ

②多条メートル台形ねじの場合

ねじの種類を表わす記号・ねじの呼び径を表わす数字×リード・ピッチ

(b) ピッチを山数で表わすねじ（ユニファイねじを除く）の場合

ねじの種類を表わす記号・ねじの直径を表わす数字-山数．管用ねじのように，同一直径に対して山数をただ1つだけ規定しているねじでは，山数を省略する．

(c) ユニファイねじの場合

ねじの直径を表わす数字または番号-山数・ねじの種類を表わす記号

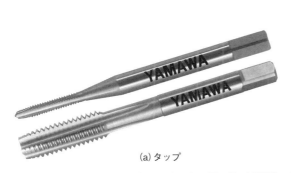
(a) タップ

(b) ダイス

図5.23　ねじ加工用工具の例（提供：やまわテーシーセンター）

ボール盤

M12×30/φ10.5×36

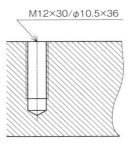

ドリル

タップ

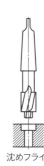
沈めフライス

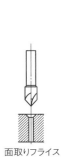
面取りフライス

　ねじ切りは，旋盤で加工する場合と，タップ（めねじ）あるいはダイス（おねじ）を用いて加工する方法がある．めねじを切る手順は，最初にドリルで穴をあけ（この寸法を「下穴」という．規格で寸法が規定されている），次に，タップでねじを立てる．
　タップは先端がテーパ状になっており，その形状により「1番タップ」，「2番タップ」，「3番タップ」がある．また，六角穴付きボルトが入るための深座ぐり加工のための「沈めフライス」という工具もある．

図5.24　ねじの加工に関係した工具

　ねじの種類を表わす記号を**表5.2**に示す．

5.3.2　ねじの表わしかたの例

　メートル台形ねじの場合は，**図5.22**のように表わす（図面への記入例は，**図5.19**，**図5.24**参照）．

5.4　ねじの加工とねじの下穴

　一般に，めねじは下穴をドリルなどであけてから，タップを用いて加工する．また，おねじは機械加工の場合は旋盤などを使用するが，手作業で加工する場合はダイスを用いる．**図5.23**に，タップおよびダイスを示す．

　図5.24は，ねじ加工に関係した工具と加工部

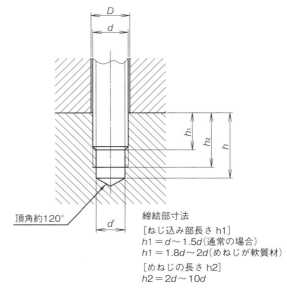

頂角約120°

締結部寸法
[ねじ込み部長さ h1]
$h1 = d \sim 1.5d$（通常の場合）
$h1 = 1.8d \sim 2d$（めねじが軟質材）
[めねじの長さ h2]
$h2 = 2d \sim 10d$

図5.25　ねじ下穴直径と深さ

分の図示方法を示している．記入されているすべ
ての表示項目が，規格で規定されていることに注
意する必要がある．したがって，規格の利用方法
に慣れることが，図面作成上重要な課題になる．
　ねじの下穴は，浅すぎるとねじが先端まで正確
に加工できず，深すぎると加工時間が長くなるこ
とから，目安となる下穴深さの割合が**図5.25**の
ように与えられているので，参考にするとよい．

メートルねじに対応する下穴寸法は**表**5.3による．
　また，ボルトで締め付ける部品のボルト穴径お
よびざぐり径（JIS B 1001）は，**表**5.4による．座
ぐり加工は，沈めフライスを用いて加工する（表
4.3参照）．

表5.3　下穴径

ねじ	下穴径				参考			
						最大寸法		
ねじの呼び	100%	4H(M1.4以下) 5H(M1.6以上) 1級	4H(M1.4以下)5H (M1.6以上) 2級	7H 3級	最小寸法	4H(M1.4以下) 5H(M1.6以上) 1級	4H(M1.4以下) 5H(M1.6以上) 2級	7H 3級
M1 × 0.25	0.73	0.77(85%)	0.78(80%)		0.729	0.774	0.785	
M1.1 × 0.25	0.83	0.87(85%)	0.88(80%)		0.829	0.874	0.885	
M1.2 × 0.25	0.93	0.97(85%)	0.98(80%)		0.929	0.974	0.985	
M1.4 × 0.3	1.08	1.12(85%)	1.14(80%)		1.075	1.128	1.142	
M1.6 × 0.35	1.22	1.30(80%)	1.32(75%)		1.221	1.301	1.321	
M1.7 × 0.35	1.32		1.42(75%)		1.321	1.401	1.421	
M1.8 × 0.35	1.42	1.50(80%)	1.52(75%)		1.421	1.501	1.521	
M2 × 0.4	1.57	1.65(80%)	1.65(80%)		1.567	1.657	1.679	
M2.2 × 0.45	1.71	1.81(80%)	1.83(75%)		1.713	1.813	1.838	
M2.3 × 0.4	1.87		1.97(75%)		1.867	1.957	1.979	
M2.5 × 0.45	2.01	2.11(80%)	2.13(75%)		2.013	2.113	2.138	
M2.6 × 0.45	2.11		2.23(75%)		2.113	2.213	2.238	
M3 × 0.6	2.35	2.42(90%)	2.42(90%)	2.42(90%)	2.28	2.42	2.44	2.44
M3 × 0.5	2.46	2.57(80%)	2.59(75%)	2.62(70%)	2.459	2.571	2.599	2.639
M3.5 × 0.6	2.85	2.95(85%)	3.01(75%)	3.05(70%)	2.85	2.975	3.01	3.05
M4 × 0.75	3.19	3.23(95%)	3.31(85%)	3.31(85%)	3.106	3.256	3.326	3.326
M4 × 0.7	3.24	3.36(85%)	3.39(80%)	3.43(75%)	3.242	3.382	3.442	3.446
M4.5 × 0.75	3.69	3.81(85%)	3.85(80%)	3.89(75%)	3.688	3.838	3.878	3.924
M5 × 0.9	4.03	4.07(95%)	4.17(85%)	4.17(85%)	3.93	4.09	4.07	4.17
M5 × 0.8	4.13	4.26(85%)	4.31(80%)	4.35(75%)	4.134	4.294	4.334	4.384
M5.5 × 0.9	4.53	4.57(95%)	4.67(85%)	4.67(85%)	4.43	4.59	4.57	4.67
M6 × 1	4.92	5.08(85%)	5.13(80%)	5.19(75%)	4.917	5.107	5.153	5.217
M7 × 1	5.92	6.08(85%)	6.13(80%)	6.19(75%)	5.917	6.107	6.153	6.217
M8 × 1.25	6.65	6.85(85%)	6.85(85%)	6.92(80%)	6.647	6.859	6.912	6.982
M9 × 1.25	7.65	7.85(85%)	7.85(85%)	7.92(80%)	7.647	7.859	7.912	7.982
M10 × 1.5	8.38	8.54(90%)	8.62(85%)	8.70(80%)	8.376	8.612	8.676	8.751
M11 × 1.5	9.38	9.54(90%)	9.62(85%)	9.70(80%)	9.376	9.612	9.676	9.751
M12 × 1.75	10.1	10.30(90%)	10.40(85%)	10.50(80%)	10.106	10.371	10.441	10.531
M14 × 2	11.8	12.1(90%)	12.2(85%)	12.3(80%)	11.835	12.135	12.21	12.31
M16 × 2	13.8	14.1(90%)	14.2(85%)	14.3(80%)	13.835	14.135	14.21	14.31

JIS B 1004-1975より（単位：mm）

表5.4　ボルト穴径およびざぐり径（JIS B 1001）

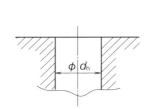
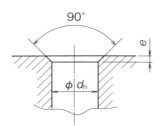
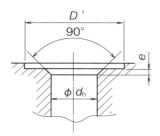

基準寸法（単位：mm）

ねじの呼び径	ボルト穴径 d_h				面取り e	ざぐり径 D'
	1級	2級	3級	4級[(1)]		
1	1.1	1.2	1.3	—	0.2	3
1.2	1.3	1.4	1.5	—	0.2	4
1.4	1.5	1.6	1.8	—	0.2	4
1.6	1.7	1.8	2	—	0.2	5
*1.7	1.8	2	2.1	—	0.2	5
1.8	2	2.1	2.2	—	0.2	5
2	2.2	2.4	2.6	—	0.3	7
2.2	2.4	2.6	2.8	—	0.3	8
*2.3	2.5	2.7	2.9	—	0.3	8
2.5	2.7	2.9	3.1	—	0.3	8
*2.6	2.8	3	3.2	—	0.3	8
3	3.2	3.4	3.6	—	0.3	9
3.5	3.7	3.9	4.2	—	0.3	10
4	4.3	4.5	4.8	5.5	0.4	11
4.5	4.8	5	5.3	6	0.4	13
5	5.3	5.5	5.8	6.5	0.4	13
6	6.4	6.6	7	7.8	0.4	15
7	7.4	7.6	8	—	0.4	18
8	8.4	9	10	10	0.6	20
10	10.5	11	12	13	0.6	24
12	13	13.5	14.5	15	1.1	28
14	15	15.5	16.5	17	1.1	32
16	17	17.5	18.5	20	1.1	35
18	19	20	21	22	1.1	39
20	21	22	24	25	1.2	43
22	23	24	26	27	1.2	46
24	25	26	28	29	1.2	50
27	28	30	32	33	1.7	55

基準寸法（単位：mm）

ねじの呼び径	ボルト穴径 d_h				面取り e	ざぐり径 D'
	1級	2級	3級	4級[(1)]		
30	31	33	35	36	1.7	62
33	34	36	38	40	1.7	66
36	37	39	42	43	1.7	72
39	40	42	45	46	1.7	76
42	43	45	48	—	1.8	82
45	46	48	52	—	1.8	87
48	50	52	56	—	2.3	93
52	54	56	62	—	2.3	100
56	58	62	66	—	3.5	110
60	62	66	70	—	3.5	115
64	66	70	74	—	3.5	122
68	70	74	78	—	3.5	127
72	74	78	82	—	3.5	133
76	78	82	86	—	3.5	143
80	82	86	91	—	3.5	148
85	87	91	96	—	—	—
90	93	96	101	—	—	—
95	98	101	107	—	—	—
100	104	107	112	—	—	—
105	109	112	117	—	—	—
110	114	117	122	—	—	—
115	119	122	127	—	—	—
120	124	127	132	—	—	—
125	129	132	137	—	—	—
130	134	137	144	—	—	—
140	144	147	155	—	—	—
150	155	158	165	—	—	—
参考：dpの許容差[(2)]	H12	H13	H14	—	—	—

注(1)　4級は，主として鋳抜き穴に適用する．
注(2)　参考として示したものであるが，寸法許容差の記号に対する数値は，JIS B 0401（寸法公差およびはめあい）による．

備考1　この表で規定するねじの呼び径およびボルト穴径のうち，網部分はISO 273に規定されていないものである．
　　2　ねじの呼び径に＊を付けたものは，ISO 261（ISO general purpose metric screw threads—general plan）に規定されていないものである．
　　3　穴の面取りは必要に応じて行ない，その角度は原則として90°とする．
　　4　あるねじの呼びに対して，この表のざぐり径より小さいものまたは大きいものを必要とする場合は，なるべくこの表のざぐり径系列から数値を選ぶのがよい．
　　5　ざぐり面は，穴の中心線に対して直角となるようにし，ざぐりの深さは一般に黒皮が取れる程度とする．

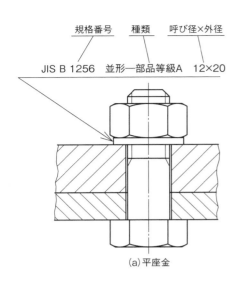

規格番号　種類　呼び径×外径

JIS B 1256　並形—部品等級A　12×20

(a)平座金

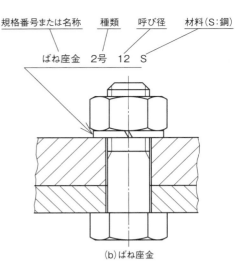

規格番号または名称　種類　呼び径　材料(S:鋼)

ばね座金　2号　12　S

(b)ばね座金

図5.26　座金の指示

5.5　座金(ばね座金 = JIS B 1251, 平座金 = JIS B 1256)

ボルトで鋼板などを締結する場合, 締め付ける表面が傷付かないように「平座金」や, ねじなどが緩まないように「ばね座金」を用いる. 図5.26は座金の指示例である. また, ばね座金と平座金の規格を表5.5, 表5.6に示す.

5.6　皿ざぐり

皿ざぐり(皿もみともいう)は, 皿小ねじの頭を沈めるための加工である. 皿ざぐり穴の表わしかたは, 皿穴の直径を示す寸法の次に, 皿ざぐり穴を示す記号に続けて, 皿ざぐり穴の入口の直径の数値を記入する(図5.27).

皿ざぐり穴の深さの数値を規制する要求がある場合には, 皿ざぐり穴の開き角および皿ざぐり穴の深さの数値を記入する(図5.28).

皿ざぐり穴が円形形状で描かれている図形に皿ざぐり穴を指示する場合には, 内側の円形形状から引出線を引き出し, 参照線の上側に皿ざぐり穴を示す記号に続けて, 皿穴の入口の直径の数値を記入する(図5.29).

皿ざぐりの簡略指示方法は, 皿ざぐり穴が表われている図形に対して, 皿ざぐり穴の入口の直径

および皿ざぐり穴の開き角を, 寸法線の上側またはその延長線上に, x を挟んで記入する(図5.30).

5.7　六角ボルトの描きかた

①正面図, 側面図に中心線を引く(図5.31では正面図と左側面図).

②六角ボルトの寸法表から, 各部の寸法を読み取る.

③六角の2面幅を読み取り後, 内接する円弧を描き, そこに外接する六角形を描く.

④左側面図の六角形の頂点を右側の側面図に転写し, 水平線を引くと頭部の外形が決まる.

⑤頭部の端面から1.3dの位置にコンパスの中心を置き, 円弧を描く. dはボルトのねじ径.

⑥1.3dの円弧とボルト頭部の稜線との交点を求め, 端面から交点までの長さをrとする.

⑦半径rの円弧を, 図5.31に示す位置に描く.

⑧半径rの円弧と頭部外形の交点から30°の角度で, 端面に線を引く.

⑨ねじ山の高さはねじ径の0.1倍として, 細い実線でねじの谷の径を描く. 先端部を面取りして, 不完全ねじ部を30°の細い実線で描く.

図5.32のように, ナットも同じ描きかたで描くことができる.

表5.5　ばね座金一般用の形状・寸法

注＊　面取りまたは丸み

$*C ≒ \dfrac{t}{d}$

約2t

$A - A$

外径側

呼び	内径d		断面寸法（最小）		外径D（最大）	試験後の自由高さ（最小）	試験荷重（kN）
	基準寸法	許容差	幅b	厚さ$t^{(3)}$			
2	2.1	+0.25 0	0.9	0.5	4.4	0.85	0.42
2.5	2.6	+0.3 0	1	0.6	5.2	1	0.69
3	3.1		1.1	0.7	5.9	1.2	1.03
(3.5)	3.6		1.2	0.8	6.6	1.35	1.37
4	4.1	+0.4 0	1.4	1	7.6	1.7	1.77
(4.5)	4.6		1.5	1.2	8.3	2	2.26
5	5.1		1.7	1.3	9.2	2.2	2.94
6	6.1		2.7	1.5	12.2	2.5	4.12
(7)	7.1		2.8	1.6	13.4	2.7	5.86
8	8.2	+0.5 0	3.2	2	15.4	3.35	7.45
10	10.2		3.7	2.5	18.4	4.2	11.8
12	12.2	+0.6 0	4.2	3	21.5	5	17.7
(14)	14.2		4.7	3.5	24.5	5.85	23.5
16	16.2	+0.8 0	5.2	4	28	6.7	32.4
(18)	18.2		5.5	4.6	31	7.7	39.2
20	20.2		6.1	5.1	33.8	8.5	49
(22)	22.5	+1.0 0	6.8	5.6	37.7	9.35	61.8
24	24.5		7.1	5.9	40.3	9.85	71.6
(27)	27.5	+1.2 0	7.9	6.8	45.3	11.3	93.2
30	30.5		8.7	7.5	49.9	12.5	118
(33)	33.5	+1.4 0	9.5	8.2	54.7	13.7	147
36	36.5		10.2	9	59.1	15	167
(39)	39.5		10.7	9.5	63.1	15.8	197

（単位：mm）

注(3)　$t = \dfrac{T_1 + T_2}{2}$　この場合，$T_2 - T_1$ は，0.064b以下でなければならない．ただし，bはこの表で規定する最小値とする．

備考　呼びにカッコを付けたものは，なるべく用いない．

表5.6 平座金小形—部品等級Aの形状

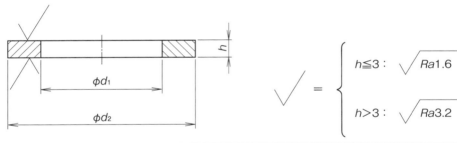

平座金の呼び径 （ねじの呼び径d）	内径d_1		外径d_2		厚さh		
	基準寸法 （最小）	最大	基準寸法 （最大）	最小	基準寸法	最大	最小
1.6	1.70	1.84	3.5	3.2	0.3	0.35	0.25
2	2.20	2.34	4.5	4.2	0.3	0.35	0.25
2.5	2.70	2.84	5.0	4.7	0.5	0.55	0.45
3	3.20	3.38	6.0	5.7	0.5	0.55	0.45
4	4.30	4.48	8.00	7.64	0.5	0.55	0.45
5	5.30	5.48	9.00	8.64	1	1.1	0.9
6	6.40	6.62	11.00	10.57	1.6	1.8	1.4
8	8.40	8.62	15.00	14.57	1.6	1.8	1.4
10	10.50	10.77	18.00	17.57	1.6	1.8	1.4
12	13.00	13.27	20.00	19.48	2	2.2	1.8
16	17.00	17.27	28.00	27.48	2.5	2.7	2.3
20	21.00	21.33	34.00	33.38	3	3.3	2.7
24	25.00	25.33	39.00	38.38	4	4.3	3.7
30	31.00	31.39	50.00	49.38	4	4.3	3.7
36	37.00	37.62	60.0	58.8	5	5.6	4.4

（単位：mm）

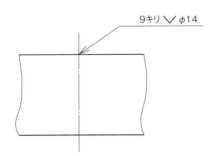

図5.27 皿ざぐりの指示例

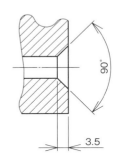

図5.28 皿ざぐりの開き角および皿穴の深さの指示例

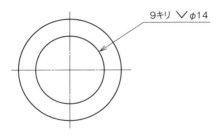

図5.29 円形形状に指示する皿穴の指示例

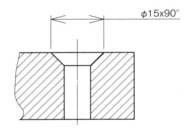

図5.30 皿ざぐりの簡略指示方法の例

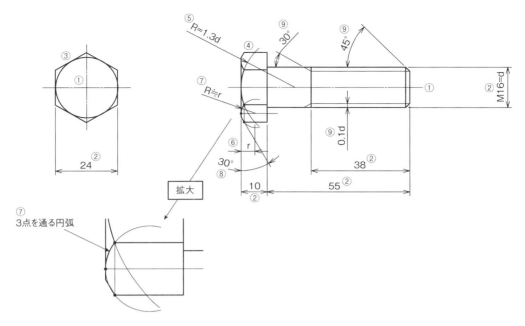

図5.31 六角ボルトの描きかた（M16×55の例）

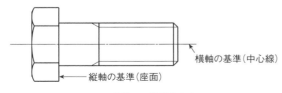

⑦ 3点を通る円弧

拡大

5.8 六角ボルトの描きかたの手順

①上下，左右両方向の「基準面」，「基準線」を
決める．図5.33のようなボルト，ナットの場合は，
「中心線」と「締付け面」（座面）が基準となる

②JISまたはカタログの寸法表から，作図に必
要な寸法を調べる（図5.34）．

たとえば，M20×55の六角ボルトの場合

d ＝ 20mm（M20）

ℓ ＝ 55mm（×55）

s ＝ 30mm

k ＝ 12.5mm

b ＝ 有効ねじ部の長さ（練習のため35mmとす
る）．短いねじの場合はb＝ℓ

③基準線を描く

まず，ボルトの寸法に合わせた長さの座面と中
心線を描く（図5.35）．

ボルト　　　　　　　　　ナット

図5.32　ボルトとナット

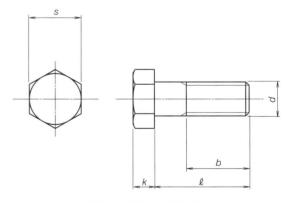

図5.34　作図に必要な寸法

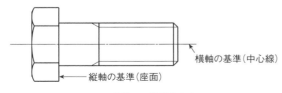

横軸の基準（中心線）

縦軸の基準（座面）

図5.33　基準面，基準線を決める

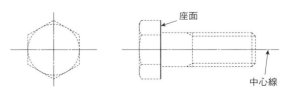

座面

中心線

図5.35　基準線を描く

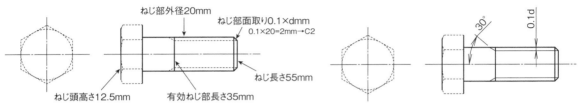

図5.36　ねじ部の外形を描く　　　　　　　　　　　図5.37　ねじ部を描く

④ねじ部の外形を描く（**図5.36**）

⑤ねじ部の谷の径と不完全ねじ部を描く

谷の径を示す線は，外径を示す線から 0.1d 離れた位置に細い実線で描く．不完全ねじ部は，中心線に対して 30° の角度で描く（**図5.37**）．

⑥ボルトの頭を軸方向から見た形状を描く

s = 30mm なので，φ 30mm の円に外接する六角形を描く．まず，φ 30mm の円を描き，次に 2 本の垂直な接線を引く（**図5.38**）．

⑦六角形の頂点を正面図に移す（**図5.39**）．

ボルトの頭を正面から見た図を描き，厚さがわ

かるように，頂点の位置を描かなければならない．計算で寸法を求めてもよいが，まず六角形を描いて，頂点の位置を移したほうが早い．

⑧ボルトの頭の面取り形状を描く

a）中央に半径 1.3d の円弧を描く（**図5.40**）．M20 の場合は，1.3 × 20 = 26mm の半径．

b）a）で描いた円弧と六角形の頂点の交点から垂線を引き，**図5.41** のように両側の円弧を描く．このとき，厳密には線分どうしはきれいにつながらないので，コンパスよりもテンプレートを使って描いたほうがきれいに描ける．

⑨30° 面取り部を描く

半径 r の円弧と，六角形の頂点との交点より 30° の直線を描く（**図5.42**）．このとき，直線と円弧はきれいにつながらないので，はみ出した円弧は消す．

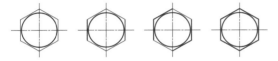

図5.38　軸方向からのボルトの頭形状を描く

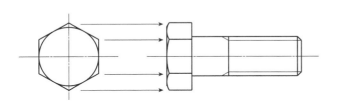

図5.39　六角形の頂点を正面図に移す

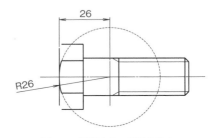

図5.40　頭部中央の円弧を描く

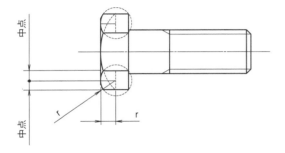

図5.41　両側の円弧を描く

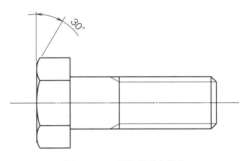

図5.42　30° 面取り部を描く

6 歯車

6.1 歯車の目的と歴史

「歯車」は，2軸間で回転や動力を伝達するための機械要素である．回転や動力を最も簡単に伝達できるのは，摩擦を用いた「摩擦車」であるが，大きな力を伝えたり回転を高くすると滑りが発生して効率が著しく低下する．

滑りの問題を解決するために，摩擦車の摩擦面に歯を付けて互いにかみ合わせたものが歯車である．歴史的には非常に古く，紀元前のエジプト時代には歯車に類似するものが使われていた．

図6.1 (a) は，1901年にギリシャのアンティキテラ島沖の海底に沈んだ難破船から，ばらばらの状態で発見された，紀元前150～100年の謎の青銅製機械で，青銅製歯車が複雑に組み合わされ，日食や月食をはじめ，惑星の動きまでわかる精巧な手動暦計算機だったとみられる．

図6.1 (b) はそれを復元したもの．図6.2 は，イラクのクテシフォンの遺跡に残る歯車である．

6.2 歯車の種類

歯車には多くの種類があり，専門用語や計算式も多数あるので，主なものを次に示す．

6.2.1 主な歯車の種類

①平歯車

歯すじが平行な「円筒歯車」で，2本の軸は平行である．製作しやすいので最も多く用いられている（図6.3）．

②ラック

「平歯車」とかみ合う「直線歯車」．平歯車の基準円の直径が無限大になったもので，回転運動を直線運動に変換することができる（図6.4）．

③はすば歯車

歯すじがねじれている円筒歯車で，平歯車より高強度で騒音が小さいので，幅広く使用されているが，軸方向に力が発生する（図6.5）．

④内歯車

円筒歯車の歯を内側に設けたもので，平歯車や「はすば歯車」と組み合わせて使用する（図6.6）．遊星歯車機構やギヤカップリングに使用される．

⑤やまば歯車

ねじれ方向の異なるはすば歯車を2個組み合わせたもので，はすば歯車の特徴を持ちながら，軸方向の力が発生しない（図6.7）．

(a)

(b)

図6.1　紀元前の歯車装置の例

⑥すぐばかさ歯車

歯すじが直線の「かさ歯車」で，回転方向を直角に曲げられる他，変速もできる（**図6.8**）．

⑦円筒ウォームギヤ

円筒形の「ウォーム」と円盤状の「ウォームホイール」を組み合わせたもので，減速比が大きく静かであるが，伝達効率は低い（**図6.9**）．

6.2.2　歯車の伝達効率

歯車は，かみ合いによる動力伝達によって確実な伝達が可能であるが，歯と歯の接触点では滑りや転がりが生じて損失があるので，伝達効率は100％ではない．

円筒歯車のかみ合いは転がりが中心なので高効率であるが，ねじ歯車やウォームギヤなどは滑り運動を伴うので，効率が悪くなる．

主な歯車の伝達効率を**表6.1**に示す．

6.2.3　歯車の変速機構

歯車による伝達は2個以上の歯車が必要で，1

図6.2　イラク・クテシフォン遺跡の歯車

対の歯車をかみ合わせた歯車列を「1段歯車機構」という（**図6.10 (a)**〜**図6.10 (d)**）．

1対の歯車機構で，駆動側の歯数（ウォームでは条数）を Z_1，回転数を n_1，被動側の歯数を Z_2，回転数を n_2 とすると，速度比は次のように表わ

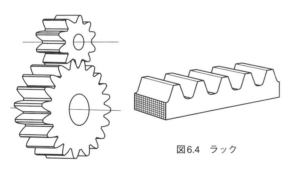

図6.4　ラック

図6.3　平歯車

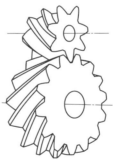

図6.5　はすば歯車

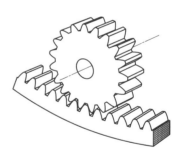

図6.6　内歯車

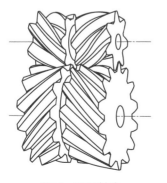

図6.7　やまば歯車

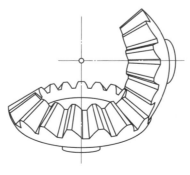

図6.8　すぐばかさ歯車

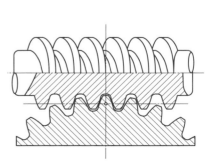

図6.9　円筒ウォームギヤ

表6.1　歯車の種類と効率

分類	種類	効率(%)
平行軸	平歯車	98.0〜99.5
	ラック	
	内歯車	
	はすば歯車	
	はすば歯車ラック	
	やまば歯車	
交差軸	すぐばかさ歯車	98.0〜99.0
	まがりばかさ歯車	
	ゼロールかさ歯車	
食違い軸	ねじ歯車	70.0〜95.0
	円筒ウォームギヤ	30.0〜90.0

すことができる.

　速度伝達比 $i = Z_2/Z_1 = n_1/n_2$……(6.1)

　この速度比は1を基準として，1以下の場合は減速歯車機構となり，1以上の場合は増速歯車機構となる．変速時には歯車の回転方向が変わる場合があるので，注意が必要である.

　速度伝達比 i < 1　　増速歯車機構　　$n_1 < n_2$
　速度伝達比 i = 1　　等速歯車機構　　$n_1 = n_2$
　速度伝達比 i > 1　　減速歯車機構　　$n_1 > n_2$

6.2.4　歯車各諸元の名称

　歯車列は，図6.11のようなかみ合いをしており，各部の寸法は規格ならびに計算によって求める．モジュール，圧力角，歯数は，設計の初期段階で決めておく．平歯車における計算方法は，表6.2のように求める．基準ラック歯形と記号を図6.12に示す．

　表6.3，表6.4に，主な歯車用語と歯の大きさを表わすモジュール標準数を示す.

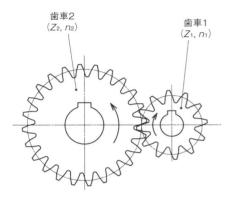

歯車2 (Z_2, n_2)　　歯車1 (Z_1, n_1)

(a)平歯車どうし

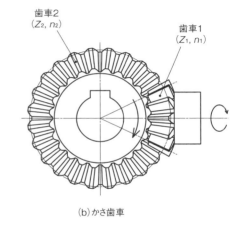

歯車2 (Z_2, n_2)　　歯車1 (Z_1, n_1)

(b)かさ歯車

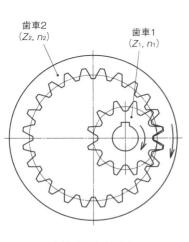

歯車2 (Z_2, n_2)　　歯車1 (Z_1, n_1)

(c)平歯車と内歯車

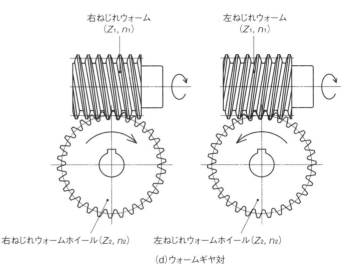

右ねじれウォーム (Z_1, n_1)　　左ねじれウォーム (Z_1, n_1)

右ねじれウォームホイール(Z_2, n_2)　　左ねじれウォームホイール(Z_2, n_2)

(d)ウォームギヤ対

図6.10　歯車の変速機構と回転方向

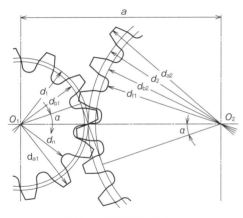

図6.11　平歯車のかみ合い

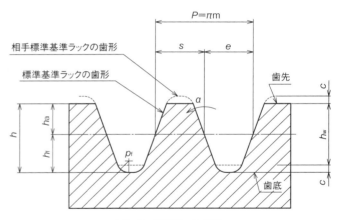

図6.12　基準ラック歯形

6.2.5　歯車の図示方法

　部品図など歯車単体の図面は，図6.13 (a) のように描く．断面を取らずに外観を描く場合は，歯先円を含む外形は太い実線，基準円は細い一点鎖線，歯底は細い実線で描く．また，断面図を描く場合は歯底が見えることになるので，歯底は太い実線で描く．

　かみ合わせた歯車の場合は，図6.13 (b) のように描く．かみ合い部分に手前にくる歯と，その後ろにくる歯があるので，後ろ側の歯の歯先はかくれ線で示す．また，歯車は基準円でかみ合っているので，かみ合っている歯車の基準円どうしは必ず接触する．

表6.2　諸数値計算方法

用語	記号	式	定義
モジュール	m	$\dfrac{P}{\pi}$	歯の大きさをミリメートル単位で表わしたもの．基準ピッチを円周率πで除した値
ピッチ	p	πm	基準線上での隣の歯までの距離．モジュールmを円周率(π)倍した値
圧力角	α	$(20°)$	歯が基準線の法線に対して傾いている角度
歯末のたけ	h_a	$1.00m$	基準線から歯先までの距離
歯元のたけ	h_f	$1.25m$	基準線から歯底までの距離
歯たけ	h	$2.25m$	歯先から歯底までの距離
かみ合い歯たけ	h_w	$2.00m$	相手歯車とかみ合う歯のたけ
頂げき	c	$0.25m$	歯底から相手歯車の歯先までの距離（すきま）
歯底すみ肉部曲率半径	ρ_f	$0.38m$	歯面と歯底との間の曲率の半径

表6.3　歯車用語と計算

番号	項目	記号	単位	計算式
1	モジュール	m	mm	設定値
2	圧力角	α	°	設定値
3	歯数	z		設定値
4	転位係数	x		設定値
5	基準円直径	d	mm	zm
6	基礎円直径	d_b	mm	$d\cos\alpha$
7	歯先円直径	d_a	mm	$d+2m(1+x)$
8	歯先円圧力角	α_a	°	$\cos^{-1}\dfrac{d_b}{d_a}$
9	インボリュートα	$\mathrm{inv}\,\alpha$		$\tan\alpha-\alpha$
10	インボリュートα_a	$\mathrm{inv}\,\alpha_a$		$\tan\alpha_a-\alpha_a$
11	歯先円歯厚の半角	ψ_a	ラジアン	$\dfrac{\pi}{2z}+\dfrac{2x\tan\alpha}{z}+(\mathrm{inv}\,\alpha-\mathrm{inv}\,\alpha_a)$
12	頂部幅	s_a	mm	$\psi_a\,\alpha_a$

表6.4　モジュール標準数

Ⅰ	Ⅱ	Ⅰ	Ⅱ
0.1	0.15	3	3.5
0.2	0.25	4	4.5
0.3	0.35	5	5.5
0.4	0.45	6	(6.5)
0.5	0.55		7
0.6	0.7	8	9
0.8	0.75	10	11
1	0.9	12	14
1.25	1.125	16	18
1.5	1.375	20	22
2	1.75	25	28
2.5	2.25	32	36
	2.75	40	45
		50	

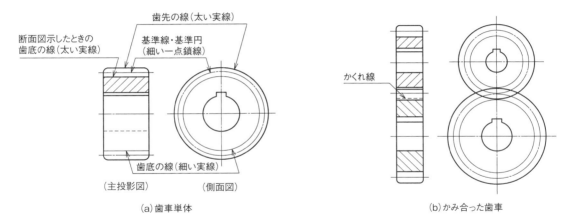

図6.13　単体の平歯車の描きかた（主投影図の上半分を断面にした場合）

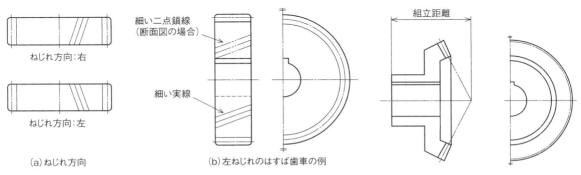

図6.14　はすば歯車の表わしかた

図6.15　かさ歯車の表わしかた

　はすば歯車の場合は，歯すじがねじれているので，図6.14 (a)のように正面から見て右ねじれの場合は歯すじが右上方を向き，左ねじれの場合の歯すじは右下を向く．

　歯すじは3本の細い実線によって表わすが，断面図とした場合は，図6.14 (b)のように3本の二点鎖線で表わす．かさ歯車の場合は，図6.15のように表わす．

　かみ合う1対の歯車は，図6.16のように簡略図で表わしてもよい．

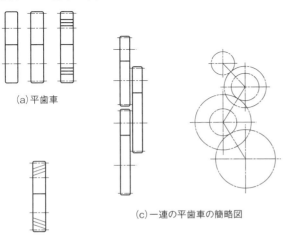

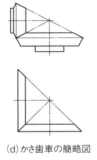

図6.16　簡略図の表わしかた

7 ばね製図（JIS B 0004）

「ばね」は，材料の弾性変形を利用する機械要素で，運動や圧力の制御，振動や衝撃の緩和など，物体の弾性または変形によるエネルギーの蓄積などに利用される．

ばねに用いられる材料としては「ばね鋼」，「ピアノ線」，「ステンレス鋼」，「りん青銅」などがあり，断面形状は丸，角または長方形が採用されている．**図7.1**に，ばねの種類を示す．

7.1 ばねの表示方法

ばねの図示方法および設計・製作仕様の表示方法は，JIS B 0004に規定されている．所定の力を作用させた場合の寸法，または所定の寸法にしたときの発生力を指定して設計，製作することが多いので，図に表現しにくい設計・製作仕様の詳細を，所定の項目や技術仕様を「要目表」としてまとめ，必ず図面中に記入することになっている．

①ばね製図は，原則として無荷重時の状態で描く．

②コイルばねの正面図は，らせん状にせず直線とし，有効部から座の部分への遷移領域も直線による折れ線で示す．

③同一形状の部分が連続するばねで一部を省略するときは，省略する部分のばね材料の断面中心位置を細い一点鎖線で示す（**図7.4**）．

④ばねの形状だけを簡略に表わす場合は，ばね材料の中心線だけを太い実線で書く（**図7.4**）．

⑤図中に記入しにくい項目は，一括して要目表に示す（**図7.5**～**図7.7**）．

コイルばねの描きかたについては，図面演習「安全弁の製図」を参照．

7.2 表示する技術仕様の項目

ばねの要目表は，図に表現しにくい設計・製作仕様の詳細を，必要な項目について記載したものである．

表7.1に，表示する技術仕様の項目を示す．また，主なばねの製図と要目表の例を**図7.2**～**図7.7**に示す．

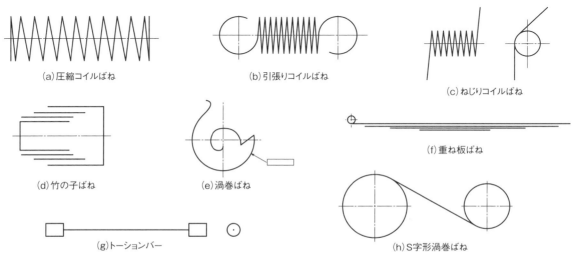

(a)圧縮コイルばね　(b)引張りコイルばね　(c)ねじりコイルばね

(d)竹の子ばね　(e)渦巻ばね　(f)重ね板ばね

(g)トーションバー　(h)S字形渦巻ばね

図7.1　ばねの種類(簡略図)

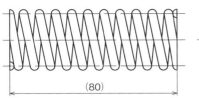 

単位:mm

(80)

30±0.4

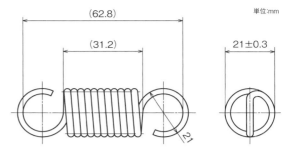

単位:mm

(62.8)

(31.2)

21

21±0.3

材料		SWOSC-V
材料の直径　mm		4
コイル平均径　mm		26
コイル外径　mm		30±0.4
総巻数		11.5
座巻数		各1
有効巻数		9.5
巻方向		右
自由高さ　mm		(80)
ばね定数　N/mm		15.0
指定	荷重　N	—
	荷重時の高さ　mm	—
	高さ　mm	70
	高さ時の荷重　mm	150±10%
	応力　N/mm^2	191
最大圧縮	荷重　N	—
	荷重時の高さ　mm	—
	高さ　mm	55
	高さ時の荷重　N	375
	応力　N/mm^2	477
密着高さ　mm		(44)
先端厚さ　mm		(1)
コイル外側面の傾き　mm		4以下
コイル端部の形状		クローズドエンド（研削）
表面処理	成形後の表面加工	ショットピーニング
	防錆処理	防錆油塗布

備考1　その他の要目：セッチングを行なう.
　　2　用途または使用条件：常温，繰返し荷重.
　　3　1N/mm^2＝1MPa.

図7.2　圧縮コイルばね

材料		SWC
材料の直径　mm		2.6
コイル平均径　mm		18.4
コイル外径　mm		21±0.3
総巻数		10.5
巻方向		右
自由長さ　mm		(62.8)
ばね定数　N/mm		6.26
初張力　N		(26.8)
指定	荷重　N	—
	荷重時の長さ　mm	—
	長さ　mm	86
	長さ時の荷重　mm	172±10%
	応力　N/mm^2	555
フック形状		丸フック
表面処理	成形後の表面加工	—
	防錆処理	防錆油塗布

備考1　用途または使用条件：屋内，常温.
　　2　1N/mm^2＝1MPa.

図7.3　引張りコイルばね

表7.1　表示する技術仕様の項目

仕様の区分	項　目	具体例
材　料	名称，材質，寸法　その他	規格記号，硬さ，線径または板厚，表面加工など
寸法形状	寸法，形状　その他	コイル径（平均径，外径，内径），自由高さ，密着高さ　巻数（総巻数，座巻数，有効巻数），巻き方向，ピッチ，コイル端部の形状，コイル外側面の傾きなど
指定条件	ばね特性（複数あってもよい）	指定作用力を加えたときの寸法，指定寸法に変形したときの作用力，指定条件での応力
その他	ばね成形機の処理，ばねの使用環境など	表面加工，セッチング，防錆（錆）処理，使用温度，作用力の種類（繰返し），など

備考　表の項目は実態に合わせ細分化して，具体的に記述する．たとえば，コイルばねのコイル径は，平均径と指定する外径（または内径）とに分けて表示したり，ねじりコイルばねでは，自由高さではなく自由角度を表示するなどである．指示条件の項目も，実態に合わせて表示する.

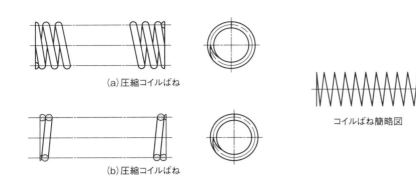

(a)圧縮コイルばね

(b)圧縮コイルばね

コイルばね簡略図

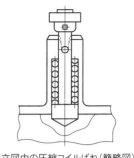

組立図中の圧縮コイルばね(簡略図)

図7.4　ばねの図示法

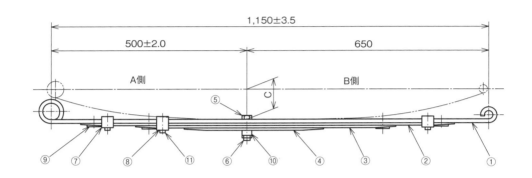

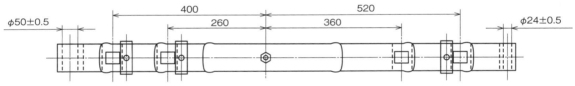

この図は, ばね水平時の場合を示す.

ばね板（JIS G 4801　Bタイプ断面）								
番号	展開長さ　mm			板厚 mm	板幅 mm	材料	硬さ HBW	表面処理
	A側	B側	計					
1	676	748	1,424	6	60	SUP6	388〜461	ショットピーニング後, ジンクリッチペイント塗布
2	430	550	980					
3	310	390	700					
4	160	205	365					

番号	部品番号	名称	個数
5		センタボルト	1
6		ナット, センタボルト	1
7		クリップ	2
8		クリップ	1
9		ライナ	4
10		ディスタンスピース	1
11		リベット	3

ばね定数　N/mm			1556	
	荷重 N	反り　C mm	スパン mm	応力 N/mm²
無荷重時	0	112	—	0

図7.5　重ね板ばね

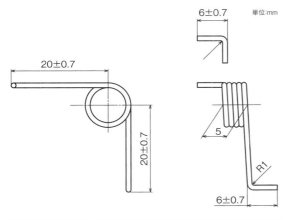

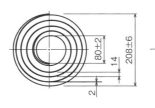

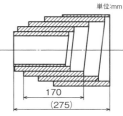

単位:mm

材料		SUS304-WPB
材料の直径　mm		1
コイル平均径　mm		9
コイル内径　mm		8±0.3
総巻数		4.25
巻方向		右
自由角度　°		90±15
指定	ねじれ角　°	
	ねじれ角時のトルク　N・mm	
	(参考)計画ねじれ角　°	
案内棒の直径　mm		6.8
使用最大トルク時の応力　N・mm²		
表面処理		

備考1　用途または使用条件：常温，繰返し荷重.
　　2　1N/mm² = 1MPa.

図7.6　ねじりコイルばね

材料		SUP9 また SUP9A
板厚　mm		14
板幅　mm		170
内径　mm		80±2
外径　mm		208±6
総巻数		4.5
座巻数		各0.75
有効巻数		3
巻方向		右
自由高さ　mm		(275)
ばね定数(初接着まで)　N/mm		129.0
指定	荷重　N	
	荷重時の高さ　mm	
	高さ　mm	245
	高さ時の荷重　mm	39,230±15%
	応力　N/mm²	390
最大圧縮	荷重　N	
	荷重時の高さ　mm	
	高さ　mm	194
	高さ時の荷重　N	111,800
	応力　N/mm2	980
初接着荷重　N		85,710
硬さ　HBW		388～461
表面処理	成形後の表面加工	ショットピーニング
	防錆処理	黒色エナメル塗装

備考1　その他の要目：セッチングを行なう.
　　2　用途または使用条件：常温，繰返し荷重.
　　3　1N/mm² = 1MPa.

図7.7　竹の子ばね

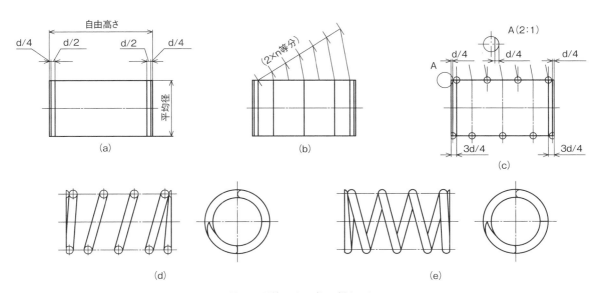

図7.8　圧縮コイルばねの描きかた

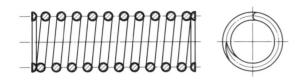

図7.9 圧縮コイルばね（断面図）

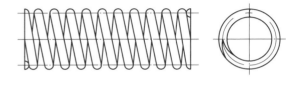

図7.10 圧縮コイルばね（外形図）

7.3 圧縮コイルばねの略図による描きかた

一般によく用いられる圧縮コイルばねについて，

材料の線径 d = 4mm

コイル平均径 D = 30mm

総巻き数 nt = 5

有効巻き数 na = 3

座巻き数 ns = 1

自由高さ l = 50mm

ばね端厚さ (1/4) d

巻き方向右

として，描く手順を示す．

①最初に，自由高さ l × コイル平均径 D の長方形 (50 × 30) を描く．

両端から，

$\{(1/2) + (1/4)\} \times d + \{(1/2)+(1/4)\} \times d = (3/4) \times 2d = 6mm$

を線引きする（**図 7.8 (a)**）．

②有効巻き数の 2 倍，na (= 3) × 2 = 6 で，有効圧縮高さを等分する（**図 7.8 (b)**）．図のように整数値で等間隔にした斜線を描き，等分割するようにして描くとよい．

③1 ピッチごとの分点に，ばね線径の直径 d (= 4mm) の小円を描く．ただし，下の両端は d の (3/4)

分円とする．有効巻き数が端数の場合は，上側右端と下側左端は d の (3/4) 分円とする（**図 7.8 (c)**）．

④図 7.8 (c) から，ばねの中心軸の断面は後方に見える弦巻線を平行斜線で，両端を中心軸に垂直な直線で描く（**図 7.8 (d)**）．

⑤前方と後方に見える弦巻線を平行斜線で描く．

⑥端面図は，先端の位置を確かめて，座面の終わりの d の 1/4 分円は近似形で描く（**図 7.8 (e)**）．

7.4 ばねの略図・省略図・簡略図

ばね製図には，「略図」，「省略図」および「簡略図」がある．略図では，たとえばコイル部分は弦巻線となり，ピッチおよび角度が連続的に変化しているものを直線で表わす．

「略図」には図 7.9，図 7.10 のように「断面図」と「外形図」があり，製作図，組立図に用いる．

「省略図」は，図 7.11 のように両端部を略図と同様に描き，中間の同一形状部分を一部省略したもので，製作図または組立図に用いる．

「簡略図」は，説明図，作用線図のように，ばねの種類および形状だけを図示する場合に用いる（**図 7.1** 参照）．

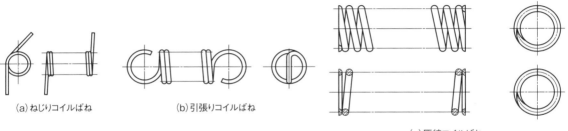

(a) ねじりコイルばね

(b) 引張りコイルばね

(c) 圧縮コイルばね

図7.11 コイルばねの省略図の例

80

8 転がり軸受

「転がり軸受」は、回転軸などの荷重を支持する要素部品である．**図8.1**は最も一般的な「深溝玉軸受」で、「外輪」、「内輪」、「転動体」、「保持器」から構成されている．また、よく使われる転がり軸受の例を**図8.2**に示す．

8.1 基本簡略図示方法と個別簡略図示方法

8.1.1 基本簡略図示方法（JIS B 0005-1）

この図示方法は、「転がり軸受」の正確な形状および詳細を示す必要がない場合、たとえば組立図中で用いる．

1つの図面では、「基本簡略図示方法」または後述する「個別簡略図示方法」のどちらかだけを用いる．

転がり軸受は、**図8.3**に示すように、四角形および四角形の中央に直立した十字で示す．この十字は、外形線に接してはならない．この図示方法は、軸受中心軸に対して軸受の片側または両側を示す場合に用いる（**図8.3**（c））．

転がり軸受の正確な外形を示す必要があるときは、中央位置に直立した十字を持つその断面を、実際に近い形状で図示する．特別な注意を必要とする転がり軸受の組立図では、その要求事項は、たとえば、文書または仕様書で示す．

簡略図示方法では、ハッチングを施さないほうがよい．ハッチングを必要とする場合は、転動体を除いて部品が同一のものであれば、**図8.4**のように、同一方向の細い実線でハッチングするのがよい．軸受の部品が異なるものであれば、異なる方向および／または異なる間隔でハッチングしてもよい．

8.1.2 個別簡略図示方法（JIS B 0005-2）

転がり軸受が入る場所は、正方形または長方形で表わす．**表8.1**、**表8.2**は、個別簡略図示方法

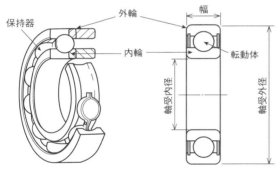

図8.1 単列深溝玉軸受

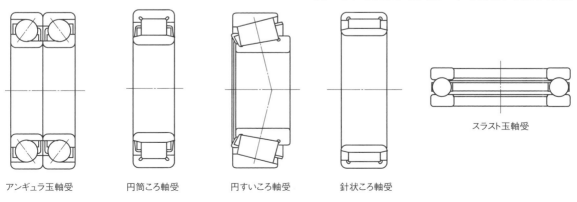

アンギュラ玉軸受　　　円筒ころ軸受　　　円すいころ軸受　　　針状ころ軸受　　　スラスト玉軸受

図8.2 転がり軸受の例

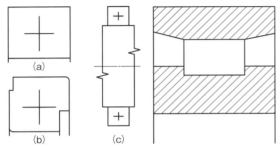

図8.3　基本簡略図示　　　　　図8.4　ハッチング

の要素と要素の組合わせである．また，**表8.3**〜**表8.6**に，各種転がり軸受について簡略図示と適用，用途を示した．軸受中心軸に対して直角に図示する場合は，転動体は実際の形状（玉，ころ，針状ころなど）および寸法にかかわらず，円で表示してもよい（**図8.5**）．

図8.6〜**図8.9**に，転がり軸受を軸に取り付けたときの簡略図示方法と詳細図の例を示す．**図8.6**，**図8.7**に示すシールの簡略図は，ISO 9222による．

8.2　転がり軸受呼び番号（JIS B 1513）

「呼び番号」は，「基本番号」および「補助記号」からなり，**図8.10**による．呼び番号の例を次に挙げてみる．

①深溝玉軸受（6204）

軸受系列記号（幅系列記号0，直径系列2の深溝玉軸受）

内径番号04．この数値を5倍した数値が内径を表わす（＝内径20mm．例外もある）

表8.1　転がり軸受形体に関する個別簡略図示方法の要素

番号	要素	説明	用いかた
1.1	——— [1]	長い実線[3]の直線	この線は調心できない転動体の軸線を示す
1.2	⌒ [1]	長い実線の[3]円弧	この線は調心できる転動体の軸線，または調心輪・調心座金を示す
1.3	｜ 他の表示例	短い実線[3]の直線で，番号1.1または1.2の長い実線に直交し，各転動体のラジアル中心線に一致する	転動体の列数および転動体の位置を示す
	○ [2]	円	玉
	▭ [2]	長方形	ころ
	▬ [2]	細い長方形	針状ころ，ピン

注(1)この要素は，軸受の形式によって傾いて示してもよい．
注(2)短い実線の代わりに，これらの形状を転動体として用いてもよい．
注(3)線の太さは，外形線と同じとする．

表8.2　個別簡略図示方法の要素の組合わせ

軸受荷重特性			軸受形体			
			2個の軌道輪		3個の軌道輪	
			単列	副列	単列	副列
荷重方向	ラジアル	調心 なし				
		調心 あり				
	アキシアル	調心 なし				
		調心 あり				
	ラジアルおよびアキシアル	調心 なし				
		調心 あり				

図はすべて軸受の中心軸の上側を示している

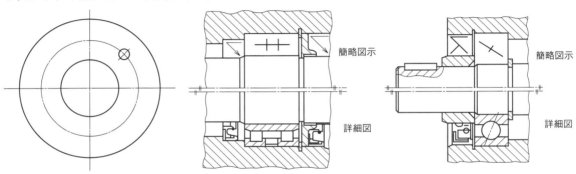

図8.5　転動体の円形表示　　　図8.6　シールの簡略図a（ISO 9222）　　　図8.7　シールの簡略図b（ISO 9222）

表8.3　玉軸受およびころ軸受

簡略図示方法	適用	
	玉軸受	ころ軸受
	図例[1]および規格[2]	図例[1]および規格[2]
3.1	単列深溝玉軸受（JIS B 1512） ユニット用玉軸受（JIS B 1558）	単列円筒ころ軸受（JIS B 1512）
3.2	複列深溝玉軸受（JIS B 1512）	複列円筒ころ軸受（JIS B 1512）
3.3		単列自動調心ころ軸受（JIS B 1512）
3.4	自動調心玉軸受（JIS B 1512）	自動調心ころ軸受（JIS B 1512）
3.5	単列アンギュラ玉軸受（JIS B 1512）	単列円すいころ軸受（JIS B 1512）
3.6	非分離複列アンギュラ玉軸受（JIS B 1512）	
3.7	内輪分離複列アンギュラ玉軸受（JIS B 1512）	内輪分離複列円すいころ軸受（JIS B 1512）
3.8		外輪分離複列円すいころ軸受

注（1）　図は参考であり，詳細には示していない.
注（2）　関連規格のある場合には，その番号を示す.

表8.4　針状ころ軸受

簡略図示方法	図例[1]および規格[2]		
4.1	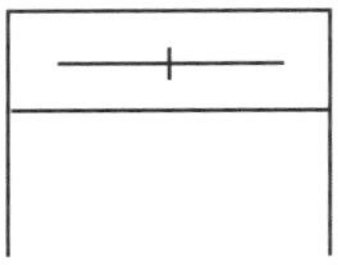 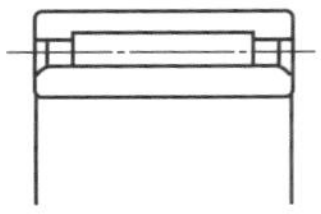 ソリッド形針状ころ軸受（JIS B 1536）	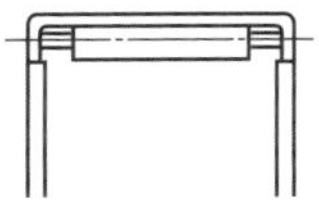 内輪なしシェル形針状ころ軸受（JIS B 1512）	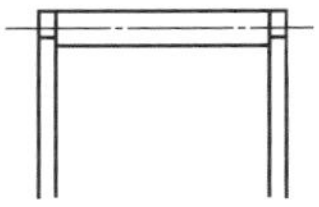 ラジアル保持器付き針状ころ軸受（JIS B 1512）
4.2	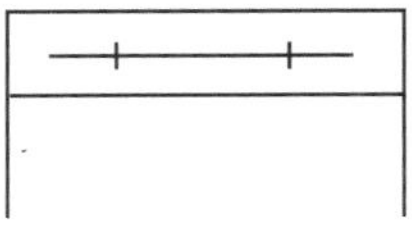 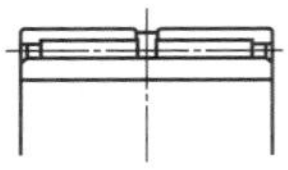 複列ソリッド形針状ころ軸受	 内輪なし複列シェル形針状ころ軸受	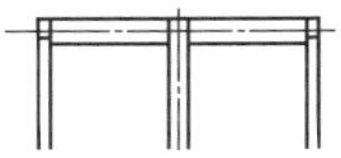 複列ラジアル保持器付き針状ころ軸受
4.3	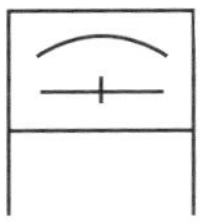   調心輪付き針状ころ軸受 		

注(1)　図は参考であり，詳細には示してない．
注(2)　関連規格のある場合には，その番号を示す．

表8.5　コンバインド軸受

簡略図示方法	図例[1]
5.1	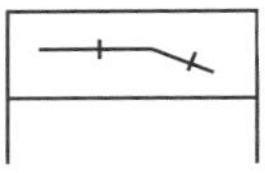 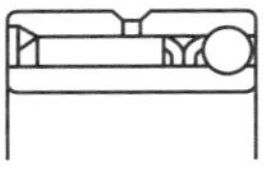 ラジアル針状ころ軸受およびラジアル玉軸受
5.2	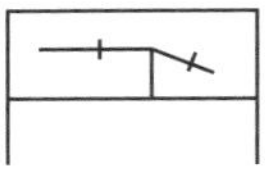 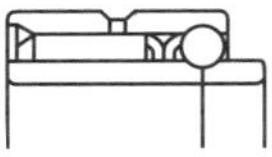 内輪分離形ラジアル針状ころ軸受およびラジアル玉軸受
5.3	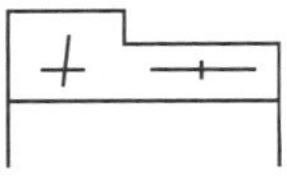 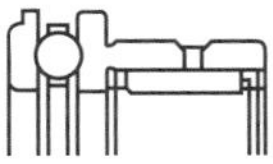 内輪なし形ラジアル針状ころ軸受およびスラスト玉軸受
5.4	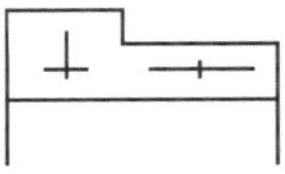 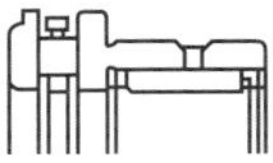 内輪なし形ラジアル針状ころ軸受およびスラスト円筒ころ軸受

注(1)　図は参考であり，詳細には示してない．

②アンギュラ玉軸受（7210CDTP5）

軸受系列記号（幅系列記号 0，直径系列 2 のアンギュラ玉軸受）

内径番号 10，内径 50mm，C ＝接触角記号（**表8.7**）

DT ＝組合わせ記号（並列組合わせ）

P5 精度等級記号（精度等級 5 級）

③円筒ころ軸受（NU318C3P6）

軸受系列記号（幅系列記号 0，直径系列 3 の円筒ころ軸受）

内径番号 18，内径 90mm，C3 ＝ラジアル内径すきま記号

P6 精度等級記号（精度等級 6 級）

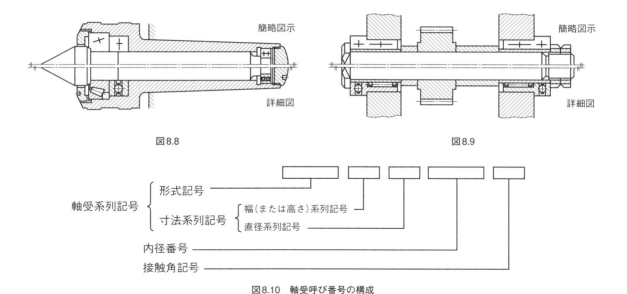

図8.8　　　　　　　　　　　　　　　　　図8.9

図8.10　軸受呼び番号の構成

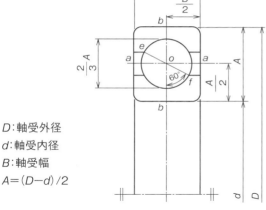

D：軸受外径
d：軸受内径
B：軸受幅
$A=(D-d)/2$

図8.11　深溝球軸受の作図

8.3　転がり軸受の比例寸法作図法

深溝球軸受の作図

　図 8.11 のように，O を中心として直径 2A/3 の円を描く．縦の中心線から 60° で直線を引き，円との交点を e, f とする．e, f を通り横線を引き，内輪，外輪の輪郭線を描く．

8.4　転がり軸受の取付け方法

　図 8.12 は，段付き軸に転がり軸受を取り付けた状態である．図のように，「軸受用座金」,「ロックナット」により固定される．

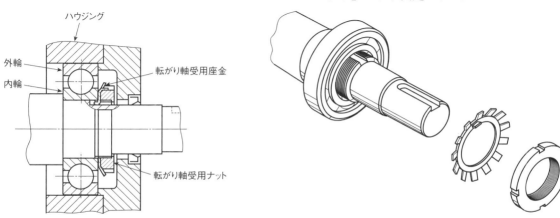

図8.12　転がり軸受の取付け方法

表8.6　スラスト軸受

簡略図示方法		図例[1]	
		玉軸受	ころ軸受
		図例[1] および規格[2]	図例[1] および規格[2]
6.1		 単式スラスト玉軸受（JIS B 1512）	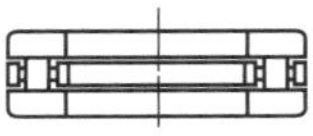 単式スラストころ軸受  スラスト保持器付き針状ころ（JIS B 1512） 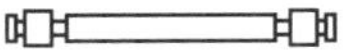 スラスト保持器付き円筒状ころ
6.2	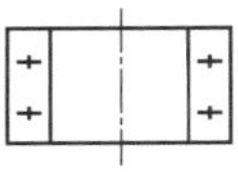	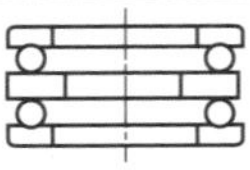 複式スラスト玉軸受（JIS B 1512）	
6.3	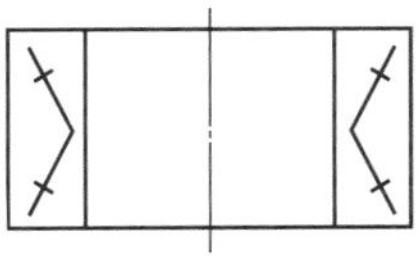	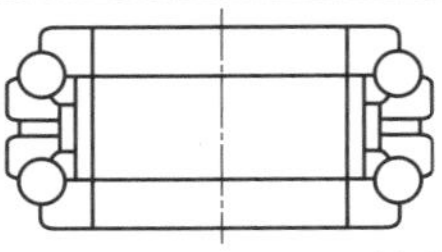 複式スラストアンギュラ玉軸受	
6.4		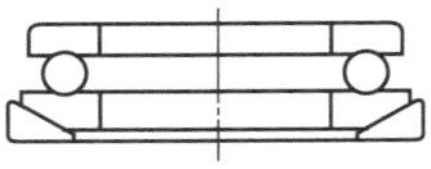 調心座付き単式スラスト玉軸受	
6.5	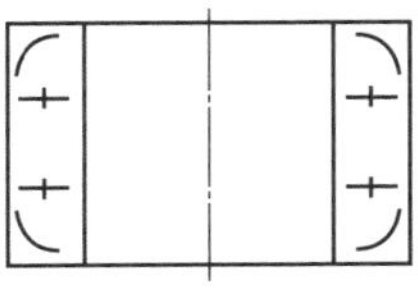	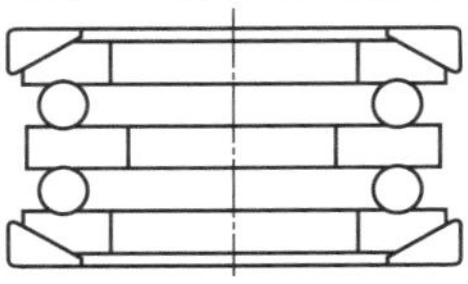 調心座付き複式スラスト玉軸受	
6.6			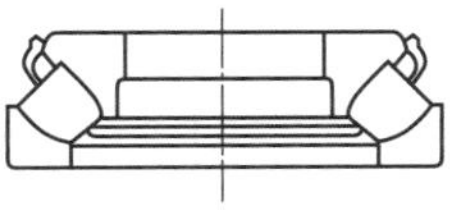 スラスト自動調心ころ軸受（JIS B 1512）

注(1)　図は参考であり，詳細には示してない.

表8.7　接触角記号

軸受の形式	呼び接触角	接触角記号	
単列アンギュラ玉軸受	10°を超え22°以下	C	
	22°を超え32°以下	A[1]	
	32°を超え45°以下	B	
円すいころ軸受	17°を超え24°以下	C	接触角 （アンギュラ玉軸受）
	24°を超え32°以下	D	

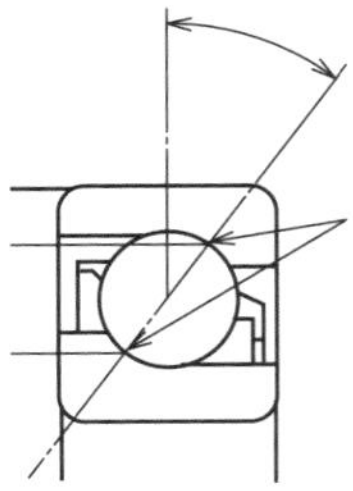

86

9 寸法公差・はめあい

機械製図に関する一般事項として，**図9.1**のように「寸法公差・はめあい」「幾何公差」「表面性状」が規定されている．機械図面が部品加工（ものづくり）のための図面である，という大きな特徴を持っていることを認識するべきである．

①寸法には，特別なもの（参考寸法，理論的に正確な寸法など）を除いては，直接または一括して寸法の許容限界を指示する．

②機能上の要求，互換性，製作技術水準などに基づいて，不可欠の場合にだけ JIS B 0021 または JIS B 0419 によって幾何偏差を指示する．

③表面性状に関する指示を必要とする場合は，JIS B 0031 によって指示する．

9.1 寸法公差と寸法許容差

図面に指示された寸法通りに加工しようとして

も，指示された寸法とまったく同じ寸法に仕上げることは不可能で，必ず誤差を含んでいる．

そこで，指示された寸法に対して許される最大寸法と最小寸法が決められており，その許容範囲を「寸法公差」という．「寸法許容差」とは，最大許容寸法と最小許容寸法の差のことである．図面に寸法公差の指示がない場合に適用される公差を「普通寸法許容差」という．

削り加工の普通寸法許容差は，「精級」（f），「中級」（m），「粗級」（c），「極粗級」（v）の4段階に分けられ，図中に注記で示す．

図9.2の例の場合は，縦寸法は30mmであるが寸法公差の指示がないので，図面の注記に中級の指示があるとすると，**表9.1**から判断して±0.2mm が許容差となる．したがって，29.8mm～30.2mm の間の寸法で加工されていれば問題ない．

同様に横寸法は50mmなので，中級であるとすれば±0.3mm が許容差となる．したがって，49.7mm～50.3mm の間の寸法で加工されていれば問題ないといえる．**表9.2**に，角度寸法の許容差を示す．

普通寸法許容差の範囲では求める性能が得られない場合は，普通寸法許容差よりさらに厳しい公差を指示する．求める寸法には，ゼロに近い寸法が必要な場合や＋（大きめ）の寸法が必要な場合あるいは，－（小さめ）の寸法が必要な場合などがある．このため，設計の目的を明確に示す必要がある．

寸法許容差を決める場合は，対象物の寸法が大きくなると加工精度が低下するので，許容差は大きく取れるようになる．

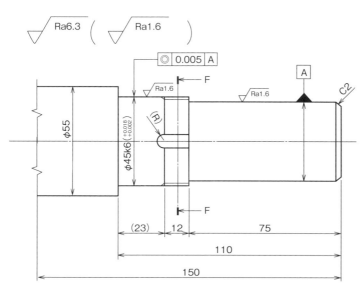

注1）個々に指示なき公差はJIS B 0419-mKとする．
注2）指示なき隅部はC0.2以下とする．

図9.1 寸法公差・幾何公差・表面性状の記入例

図9.2　寸法の指示

ϕ50H7

(a)
穴のはめあい表示の例

ϕ50h7

(b)
軸のはめあい表示の例

図9.3　はめあいの指示

9.2　はめあい

　機械構造物では，穴に軸を挿入して回転させたり摺動（滑らせて動かすこと）させる可動部分としたり，位置決めや固定させたりする機能を持たせている．

　これらの部分は，「すきま」があって動きやすい状態が必要な場合や，「すきま」がなく一度挿入したら容易には抜けてはならない場合などがあり，これらは，穴と軸の寸法の違いによる「すきま」の量で決まる．

　この穴と軸の寸法の差を「はめあい」といい，JIS（B0401）「寸法公差及びはめあい」に規定されている．

　穴のはめあい記号の表示は，基準寸法の後ろに続けて「アルファベットの大文字」の穴記号と等級を示す数字を記入する（図9.3（a））．

　軸のはめあい記号の表示は，基準寸法の後ろに続けて「アルファベットの小文字」の軸記号と等級を示す数字を記入する（図9.3（b））．

　アルファベットは後出の公差域を示し，次のような決まりがある．

　①穴の公差は，大文字のアルファベットを使用して，Jsを中心にAの方向が＋（大きな穴）で，Zの方向が－（小さな穴）となる．

　②軸の公差は，大文字のアルファベットを使用して，jsを中心にaの方向が－（細い軸）でzの方向が＋（太い軸）となる．

　③数字との違いが判別しにくいi，l，o，q，wは使用しない．

表9.1　面取りを除く長さ寸法の普通許容差

公差等級	基準寸法の区分							
説明	0.5以上 3以下	3を超え 6以下	6を超え 30以下	30を超え 120以下	120を超え 400以下	400を超え 1000以下	1000を超え 2000以下	2000を超え 4000以下
	許容差							
f　精級	±0.05	±0.05	±0.1	±0.15	±0.2	±0.3	±0.5	－
m　中級	±0.1	±0.1	±0.2	±0.3	±0.5	±0.8	±1.2	±2
c　粗級	±0.2	±0.3	±0.5	±0.8	±1.2	±2	±3	±4
v　極粗級	－	±0.5	±1	±1.5	±2.5	±4	±6	±8

表9.2　角度寸法の許容差

公差等級	対象とする角度の短いほうの辺の長さの区分				
説明	10以下	10より上50以下	50より上120以下	120より上400以下	400より上
	許容差				
f　精級	±1°	±30′	±20′	±10′	±5′
m　中級					
c　粗級	±1°30′	±1°	±30′	±15′	±10′
v　極粗級	±3°	±2°	±1°	±30′	±20′

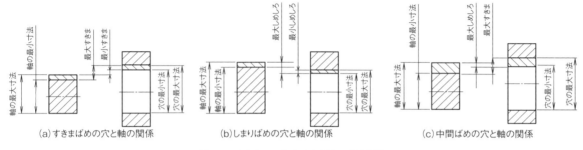

図9.4　はめあいにおける穴と軸の寸法関係

9.2.1　はめあいの種類

はめあいには，穴と軸の寸法の差によって次に示す3種類の組合わせがある．

（1）すきまばめ

穴に軸を挿入したときに，常に穴のほうが大きくすきま（＋すきま）ができる組合わせ（穴の最小寸法より軸の最大寸法の方が小さいか，穴の最小寸法と軸の最大寸法が等しい状態）．

（2）しまりばめ

穴に軸を挿入したときに，常に軸のほうが大きくしめしろ（−すきま）ができる組合わせ（穴の最大寸法より軸の最小寸法のほうが大きいか，穴の最大寸法と軸の最小寸法が等しい状態）．

（3）中間ばめ

穴に軸を挿入したときに，しめしろができる場合や，すきまができる場合がある組合わせ．

図9.4は，それぞれのはめあいを表わしている．また，穴と軸の公差の相互関係について穴を基準とした場合を図9.5に，軸を基準とした場合を図9.6に示す．

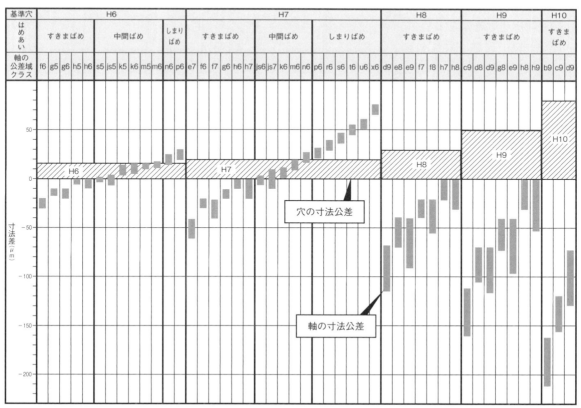

図9.5　多く用いられる穴基準はめあいにおける公差域の相互関係（基準寸法がφ30の穴基準の場合）

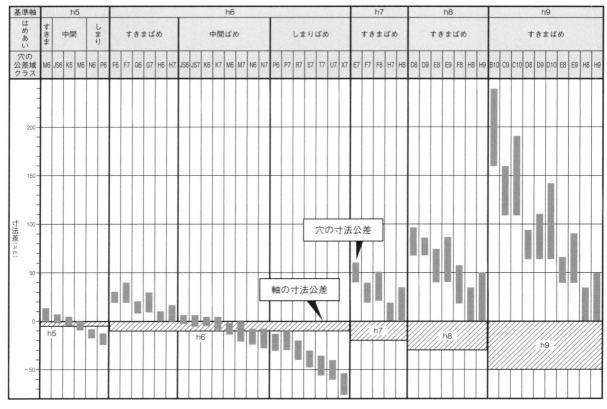

図9.6　多く用いられる軸基準はめあいにおける公差域の相互関係（基準寸法がφ30の軸基準の場合）

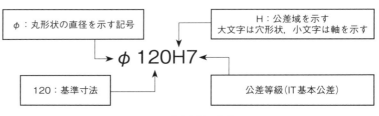

図9.7　寸法公差の意味

　図9.5で，ハッチング部分が穴の寸法公差を表わしており，白色の帯が軸の寸法公差を表わしている．ハッチング部分と白い帯の重なりかたで，すきまばめ，中間ばめ，しまりばめが容易に判断できる．

　同様に，図9.6は軸基準で相互関係を示したものである．ハッチング部が軸の寸法公差となり，白い帯の部分が穴の寸法公差に変わっているが，見かたは同じである．

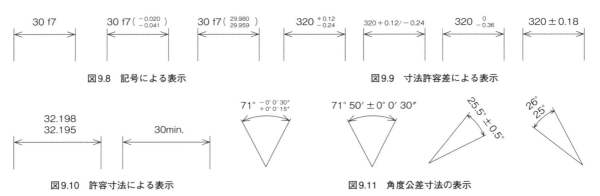

図9.8　記号による表示　　　　　　　　　　図9.9　寸法許容差による表示

図9.10　許容寸法による表示　　　　　　図9.11　角度公差寸法の表示

表 軸の公差域クラス　単位：μm

基準寸法の区分 (mm)		e7	e8	f6	f7	g5	g6	h6	h7	h8	js5	js6	js7	k5	k6	m5	m6	n5	n6
を超え	以下																		
—	3	−14 / −24	−14 / −28	−6 / −12	−6 / −16	−2 / −6	−2 / −8	0 / −6	0 / −10	0 / −14	±2	±3	±5	+4 / 0	+6 / 0	+6 / +2	+8 / +2	+8 / +4	+10 / +4
3	6	−20 / −32	−20 / −38	−10 / −18	−10 / −22	−4 / −9	−4 / −12	0 / −8	0 / −12	0 / −18	±2.5	±4	±6	+6 / +1	+9 / +1	+9 / +4	+12 / +4	+13 / +8	+16 / +8
6	10	−25 / −40	−25 / −47	−13 / −22	−13 / −28	−5 / −11	−5 / −14	0 / −9	0 / −15	0 / −22	±3	±4.5	±7.5	+7 / +1	+10 / +1	+12 / +6	+15 / +6	+16 / +10	+19 / +10
10	14	−32 / −50	−32 / −59	−16 / −27	−16 / −34	−6 / −14	−6 / −17	0 / −11	0 / −18	0 / −27	±4	±5.5	±9	+9 / +1	+12 / +1	+15 / +7	+18 / +7	+20 / +12	+23 / +12
14	18	−32 / −50	−32 / −59	−16 / −27	−16 / −34	−6 / −14	−6 / −17	0 / −11	0 / −18	0 / −27	±4	±5.5	±9	+9 / +1	+12 / +1	+15 / +7	+18 / +7	+20 / +12	+23 / +12
18	24	−40 / −61	−40 / −73	−20 / −33	−20 / −41	−7 / −16	−7 / −20	0 / −13	0 / −21	0 / −33	±4.5	±6.5	±10.5	+11 / +2	+15 / +2	+17 / +8	+21 / +8	+24 / +15	+28 / +15
24	30	−40 / −61	−40 / −73	−20 / −33	−20 / −41	−7 / −16	−7 / −20	0 / −13	0 / −21	0 / −33	±4.5	±6.5	±10.5	+11 / +2	+15 / +2	+17 / +8	+21 / +8	+24 / +15	+28 / +15
30	40	−50 / −75	−50 / −89	−25 / −41	−25 / −50	−9 / −20	−9 / −25	0 / −16	0 / −25	0 / −39	±5.5	±8	±12.5	+13 / +2	+18 / +2	+20 / +9	+25 / +9	+28 / +17	+33 / +17
40	50	−50 / −75	−50 / −89	−25 / −41	−25 / −50	−9 / −20	−9 / −25	0 / −16	0 / −25	0 / −39	±5.5	±8	±12.5	+13 / +2	+18 / +2	+20 / +9	+25 / +9	+28 / +17	+33 / +17
50	65	−60 / −90	−60 / −106	−30 / −49	−30 / −60	−10 / −23	−10 / −29	0 / −19	0 / −30	0 / −46	±6.5	±9.5	±15	+15 / +2	+21 / +2	+24 / +11	+30 / +11	+33 / +20	+39 / +20
65	80	−60 / −90	−60 / −106	−30 / −49	−30 / −60	−10 / −23	−10 / −29	0 / −19	0 / −30	0 / −46	±6.5	±9.5	±15	+15 / +2	+21 / +2	+24 / +11	+30 / +11	+33 / +20	+39 / +20
80	100	−72 / −107	−72 / −126	−36 / −58	−36 / −71	−12 / −27	−12 / −34	0 / −22	0 / −35	0 / −54	±7.5	±11	±17.5	+18 / +3	+25 / +3	+28 / +13	+35 / +13	+38 / +23	+45 / +23
100	120	−72 / −107	−72 / −126	−36 / −58	−36 / −71	−12 / −27	−12 / −34	0 / −22	0 / −35	0 / −54	±7.5	±11	±17.5	+18 / +3	+25 / +3	+28 / +13	+35 / +13	+38 / +23	+45 / +23
120	140	−85 / −125	−85 / −148	−43 / −68	−43 / −83	−14 / −32	−14 / −39	0 / −25	0 / −40	0 / −63	±9	±12.5	±20	+21 / +3	+28 / +3	+33 / +15	+40 / +15	—	+52 / +27
140	160	−85 / −125	−85 / −148	−43 / −68	−43 / −83	−14 / −32	−14 / −39	0 / −25	0 / −40	0 / −63	±9	±12.5	±20	+21 / +3	+28 / +3	+33 / +15	+40 / +15	—	+52 / +27
160	180	−85 / −125	−85 / −148	−43 / −68	−43 / −83	−14 / −32	−14 / −39	0 / −25	0 / −40	0 / −63	±9	±12.5	±20	+21 / +3	+28 / +3	+33 / +15	+40 / +15	—	+52 / +27
180	200	−100 / −146	−100 / −172	−50 / −79	−50 / −96	−15 / −35	−15 / −44	0 / −29	0 / −46	0 / −72	±10	±14.5	±23	+24 / +4	+33 / +4	+37 / +17	+46 / +17	—	+60 / +31
200	225	−100 / −146	−100 / −172	−50 / −79	−50 / −96	−15 / −35	−15 / −44	0 / −29	0 / −46	0 / −72	±10	±14.5	±23	+24 / +4	+33 / +4	+37 / +17	+46 / +17	—	+60 / +31
225	250	−100 / −146	−100 / −172	−50 / −79	−50 / −96	−15 / −35	−15 / −44	0 / −29	0 / −46	0 / −72	±10	±14.5	±23	+24 / +4	+33 / +4	+37 / +17	+46 / +17	—	+60 / +31
250	280	−110 / −162	−110 / −191	−56 / −88	−56 / −108	−17 / −40	−17 / −49	0 / −32	0 / −52	0 / −81	±11.5	±16	±26	+27 / +4	+36 / +4	+43 / +20	+52 / +20	—	+66 / +34
280	315	−110 / −162	−110 / −191	−56 / −88	−56 / −108	−17 / −40	−17 / −49	0 / −32	0 / −52	0 / −81	±11.5	±16	±26	+27 / +4	+36 / +4	+43 / +20	+52 / +20	—	+66 / +34
315	355	−125 / −182	−125 / −214	−62 / −98	−62 / −119	−18 / −43	−18 / −54	0 / −36	0 / −57	0 / −89	±12.5	±18	±28.5	+29 / +4	+40 / +4	+46 / +21	+57 / +21	—	+73 / +37
355	400	−125 / −182	−125 / −214	−62 / −98	−62 / −119	−18 / −43	−18 / −54	0 / −36	0 / −57	0 / −89	±12.5	±18	±28.5	+29 / +4	+40 / +4	+46 / +21	+57 / +21	—	+73 / +37
400	450	−135 / −198	−135 / −232	−68 / −108	−68 / −131	−20 / −47	−20 / −60	0 / −40	0 / −63	0 / −97	±13.5	±20	±31.5	+32 / +5	+45 / +5	+50 / +23	+63 / +23	—	+80 / +40
450	500	−135 / −198	−135 / −232	−68 / −108	−68 / −131	−20 / −47	−20 / −60	0 / −40	0 / −63	0 / −97	±13.5	±20	±31.5	+32 / +5	+45 / +5	+50 / +23	+63 / +23	—	+80 / +40

φ35g6の場合 (−0.009 / −0.025)　φ35g6

φ70h7の場合 (0 / −0.03)　φ70h7

φ150js6の場合 (±0.0125)　φ150js6

図9.12　軸の公差域

単位：μm

基準寸法の区分 (mm)		穴の公差域クラス																		
を超え	以下	E7	E8	F6	F7	G6	G7	H6	H7	H8	H9	JS6	JS7	K6	K7	M6	M7	N6	N7
—	3	+24 / +14	+28 / +14	+12 / +6	+16 / +6	+8 / +2	+12 / +2	+6 / 0	+10 / 0	+14 / 0	+25 / 0	±3	±5	0 / −6	0 / −10	−2 / −8	−2 / −12	−4 / −10	−4 / −14
3	6	+32 / +20	+38 / +20	+18 / +10	+22 / +10	+12 / +4	+16 / +4	+8 / 0	+12 / 0	+18 / 0	+30 / 0	±4	±6	+2 / −6	+3 / −9	−1 / −9	0 / −12	−5 / −13	−4 / −16
6	10	+40 / +25	+47 / +25	+22 / +13	+28 / +13	+14 / +5	+20 / +5	+9 / 0	+15 / 0	+22 / 0	+36 / 0	±4.5	±7.5	+2 / −7	+5 / −10	−3 / −12	0 / −15	−7 / −16	−4 / −19
10	14	+50 / +32	+59 / +32	+27 / +16	+34 / +16	+17 / +6	+24 / +6	+11 / 0	+18 / 0	+27 / 0	+43 / 0	±5.5	±9	+2 / −9	+6 / −12	−4 / −15	0 / −18	−9 / −20	−5 / −23
14	18	+50 / +32	+59 / +32	+27 / +16	+34 / +16	+17 / +6	+24 / +6	+11 / 0	+18 / 0	+27 / 0	+43 / 0	±5.5	±9	+2 / −9	+6 / −12	−4 / −15	0 / −18	−9 / −20	−5 / −23
18	24	+61 / +40	+73 / +40	+33 / +20	+41 / +20	+20 / +7	+28 / +7	+13 / 0	+21 / 0	+33 / 0	+52 / 0	±6.5	±10.5	+2 / −11	+6 / −15	−4 / −17	0 / −21	−11 / −24	−7 / −28
24	30	+61 / +40	+73 / +40	+33 / +20	+41 / +20	+20 / +7	+28 / +7	+13 / 0	+21 / 0	+33 / 0	+52 / 0	±6.5	±10.5	+2 / −11	+6 / −15	−4 / −17	0 / −21	−11 / −24	−7 / −28
30	40	+75 / +50	+89 / +50	+41 / +25	+50 / +25	+25 / +9	+34 / +9	+16 / 0	+25 / 0	+39 / 0	+62 / 0	±8	±12.5	+3 / −13	+7 / −18	−4 / −20	0 / −25	−12 / −28	−8 / −33
40	50	+75 / +50	+89 / +50	+41 / +25	+50 / +25	+25 / +9	+34 / +9	+16 / 0	+25 / 0	+39 / 0	+62 / 0	±8	±12.5	+3 / −13	+7 / −18	−4 / −20	0 / −25	−12 / −28	−8 / −33
50	65	+90 / +60	+106 / +60	+49 / +30	+60 / +30	+29 / +10	+40 / +10	+19 / 0	+30 / 0	+46 / 0	+74 / 0	±9.5	±15	+4 / −15	+9 / −21	−5 / −24	0 / −30	−14 / −33	−9 / −39
65	80	+90 / +60	+106 / +60	+49 / +30	+60 / +30	+29 / +10	+40 / +10	+19 / 0	+30 / 0	+46 / 0	+74 / 0	±9.5	±15	+4 / −15	+9 / −21	−5 / −24	0 / −30	−14 / −33	−9 / −39
80	100	+107 / +72	126 / +72	+58 / +36	+71 / +36	+34 / +12	+47 / +12	+22 / 0	+35 / 0	+54 / 0	+87 / 0	±11	±17.5	+4 / −18	+10 / −25	−6 / −28	0 / −35	−16 / −38	−10 / −45
100	120	+107 / +72	126 / +72	+58 / +36	+71 / +36	+34 / +12	+47 / +12	+22 / 0	+35 / 0	+54 / 0	+87 / 0	±11	±17.5	+4 / −18	+10 / −25	−6 / −28	0 / −35	−16 / −38	−10 / −45
120	140	+125 / +85	+148 / +85	+68 / +43	+83 / +43	+39 / +14	+54 / +14	+25 / 0	+40 / 0	+63 / 0	+100 / 0	±12.5	±20	+4 / −21	+12 / −28	−8 / −33	0 / −40	−20 / −45	−12 / −52
140	160	+125 / +85	+148 / +85	+68 / +43	+83 / +43	+39 / +14	+54 / +14	+25 / 0	+40 / 0	+63 / 0	+100 / 0	±12.5	±20	+4 / −21	+12 / −28	−8 / −33	0 / −40	−20 / −45	−12 / −52
160	180	+125 / +85	+148 / +85	+68 / +43	+83 / +43	+39 / +14	+54 / +14	+25 / 0	+40 / 0	+63 / 0	+100 / 0	±12.5	±20	+4 / −21	+12 / −28	−8 / −33	0 / −40	−20 / −45	−12 / −52
180	200	+146 / +100	+172 / +100	+79 / +50	+96 / +50	+44 / +15	+61 / +15	+29 / 0	+46 / 0	+72 / 0	+115 / 0	±14.5	±23	+5 / −24	+13 / −33	−8 / −37	0 / −46	−22 / −51	−14 / −60
200	225	+146 / +100	+172 / +100	+79 / +50	+96 / +50	+44 / +15	+61 / +15	+29 / 0	+46 / 0	+72 / 0	+115 / 0	±14.5	±23	+5 / −24	+13 / −33	−8 / −37	0 / −46	−22 / −51	−14 / −60
225	250	+146 / +100	+172 / +100	+79 / +50	+96 / +50	+44 / +15	+61 / +15	+29 / 0	+46 / 0	+72 / 0	+115 / 0	±14.5	±23	+5 / −24	+13 / −33	−8 / −37	0 / −46	−22 / −51	−14 / −60
250	280	+162 / +110	+191 / +110	+88 / +56	+108 / +56	+49 / +17	+69 / +17	+32 / 0	+52 / 0	+81 / 0	+130 / 0	±16	±26	+5 / −27	+16 / −36	−9 / −41	0 / −52	−25 / −57	−14 / −66
280	315	+162 / +110	+191 / +110	+88 / +56	+108 / +56	+49 / +17	+69 / +17	+32 / 0	+52 / 0	+81 / 0	+130 / 0	±16	±26	+5 / −27	+16 / −36	−9 / −41	0 / −52	−25 / −57	−14 / −66
315	355	+182 / +125	+214 / +125	+98 / +62	+119 / +62	+54 / +18	+75 / +18	+36 / 0	+57 / 0	+89 / 0	+140 / 0	±18	±28.5	+7 / −29	+17 / −40	−10 / −46	0 / −57	−26 / −62	−16 / −73
355	400	+182 / +125	+214 / +125	+98 / +62	+119 / +62	+54 / +18	+75 / +18	+36 / 0	+57 / 0	+89 / 0	+140 / 0	±18	±28.5	+7 / −29	+17 / −40	−10 / −46	0 / −57	−26 / −62	−16 / −73
400	450	+198 / +135	+232 / +135	+108 / +68	+131 / +68	+60 / +20	+83 / +20	+40 / 0	+63 / 0	+97 / 0	+155 / 0	±20	±31.5	+8 / −32	+18 / −45	−10 / −50	0 / −63	−27 / −67	−17 / −80
450	500	+198 / +135	+232 / +135	+108 / +68	+131 / +68	+60 / +20	+83 / +20	+40 / 0	+63 / 0	+97 / 0	+155 / 0	±20	±31.5	+8 / −32	+18 / −45	−10 / −50	0 / −63	−27 / −67	−17 / −80

φ35G6の場合
φ35G6 $\left(\begin{array}{l}+0.025\\+0.009\end{array}\right)$

φ70H7の場合
φ70H7 $\left(\begin{array}{l}+0.03\\0\end{array}\right)$

φ150JS6の場合
φ150JS6 (± 0.0125)

図9.13 穴の公差域

表9.3　基準寸法とIT基本公差

基準寸法の区分 (mm) を超え	以下	公差等級(IT) 1	2	3	4	5	6	7	8	9	10	11
		基本公差の数値(μm)										
—	3	0.8	1.2	2	3	4	6	10	14	25	40	60
3	6	1	1.5	2.5	4	5	8	12	18	30	48	75
6	10	1	1.5	2.5	4	6	9	15	22	36	58	90
10	18	1.2	2	3	5	8	11	18	27	43	70	110
18	30	1.5	2.5	4	6	9	13	21	33	52	84	130
30	50	1.5	2.5	4	7	11	16	25	39	62	100	160
50	80	2	3	5	8	13	19	30	46	74	120	190
80	120	2.5	4	6	10	15	22	35	54	87	140	220
120	180	3.5	5	8	12	18	25	40	63	100	160	250
180	250	4.5	7	10	14	20	29	46	72	115	185	290
250	315	6	8	12	16	23	32	52	81	130	210	320
315	400	7	9	13	18	25	36	57	89	140	230	360
400	500	8	10	15	20	27	40	63	97	155	250	400
500	630	—	—	—	—	—	44	70	110	175	280	440
630	800	—	—	—	—	—	50	80	125	200	320	500
800	1000	—	—	—	—	—	56	90	140	230	360	560
1000	1250	—	—	—	—	—	66	105	165	260	420	660
1250	1600	—	—	—	—	—	78	125	195	310	500	780
1600	2000	—	—	—	—	—	92	150	230	370	600	920
2000	2500	—	—	—	—	—	110	175	280	440	700	1100
2500	3150	—	—	—	—	—	135	210	330	540	860	1350

表9.4　はめあいの使い分け

	H6	H7	H8	H9	適　用	適用例
すきまばめ		e7	e8	e9	大きなすきまがあってもよい部分. 可動部分. 軸受部分.	バルブ座面, クランク軸用軸受, 一般摺動部
	f6	f7	f7/f8		適度なすきまで, 円滑に可動できる部分. 潤滑を行なった軸受部分.	一般的な軸とブシュ, リンク可動部
	g5	g6			軽負荷の精密可動部分. 精密な位置決めが必要な部分.	精密バルブガイド部, キーとキー溝, リンク可動部
	h5/h6	h6	h7/h8	h9	潤滑すれば手動で動かせる精密可動部分. とくに精密な位置決めが必要な部分. 重要度の低い静止部分.	プーリのリムとボスのはめあい部, 精密歯車軸のはめあい.
中間ばめ		js6			若干のしめしろが許される取付け部分. 使用中は動かない高精度の位置決め部分. 工具を使って分解・組立ができる部分.	継手, フランジのはめあい. 歯車のリムとボスのはめあい.
	js5	k6			高精度の位置決め部分. 工具やプレスを使って分解・組立ができる部分.	ケーシングの固定リーマボルト.
	k5	m6			より高精度の位置決め部分. 工具やプレスを使って分解・組立ができる部分.	リーマボルト, 油圧ピストンと軸のはめあい. 継手フランジと軸のはめあい.
	m5	n6			分解・組立には技術を要するはめあい. 高精度の固定取付け部分.	リーマボルト, 油圧ピストンと軸のはめあい. 継手フランジと軸のはめあい. バルブガイド圧入.
しまりばめ		n5/n6	p6		分解・組立には技術を要するはめあい. 高精度の固定取付け部分. 圧入部分のはめあい.	バルブガイド圧入. 歯車と軸の固定.
		p5	r6		分解・組立には技術を要するはめあい. 高精度の固定取付け部分. 冷やしばめ焼きばめ, 強制圧入が必要な部分.	回転軸継手と軸のはめあい.

表9.5　面取り部分を除く長さ寸法に対する許容値

公差等級		基準寸法の区分							
記号	説明	0.5(1)以上 3以下	3を超え 6以下	6を超え 30以下	30を超え 120以下	120を超え 400以下	400を超え 1,000以下	1,000を超え 2,000以下	2,000を超え 4,000以下
		許容差							
f	精級	±0.05	±0.05	±0.1	±0.15	±0.2	±0.3	±0.5	―
m	中級	±0.1	±0.1	±0.2	±0.3	±0.5	±0.8	±1.2	±2
c	粗級	±0.2	±0.3	±0.5	±0.8	±1.2	±2	±3	±4
v	極粗級	―	±0.5	±1	±1.5	±2.5	±4	±6	±8

9.2.2　公差等級

　寸法許容差を表わすアルファベットの右側に記入する数値を「IT基本公差」といい，最大許容寸法と最小許容寸法の差を表わす．通常はITの文字は記入せず，H7やh7のように寸法許容差を表わすアルファベットと併記して表示する．通常は，1級から8級が用いられる（**表9.3**）．

9.2.3　寸法許容差の記入方法

　寸法許容差を表わす方法には，アルファベットと公差等級による方法，数値による方法がある（**図9.7**）．

　次に，寸法公差の指示方法を示す．

　①記号による表示

　寸法許容差や許容寸法を並記する場合は，（）を付けて記入する（**図9.8**）．

　②寸法許容差による表示

　下の寸法許容差の上側に，上の寸法許容差を記入するか，同じ行に／を使って記入する．寸法許容差には，＋，−，±の記号を付け，ゼロのときは0を記入する（**図9.9**）．

　③許容寸法による表示

　最大許容寸法と最小許容寸法を直接記入する方法や，「min」や「max」を用いて限界値のみ記入する方法もある（**図9.10**）．

　④角度寸法公差の表示

　角度公差が「分」「秒」の単位で与えられる場合は，「′」，「″」を用いて表わす（**図9.11**）．

9.2.4　常用するはめあいの寸法公差

　寸法公差を数値で示す場合，軸の場合は**図9.12**を穴の場合は**図9.13**を用いると便利である．

9.2.5　はめあいの使い分け

　はめあいの選択によって，機構の動作精度や位置決めなど基本的な性能が決まるだけでなく，組立や保守などの機能にも大きく影響するので，十分に検討して決定する必要がある（**表9.4**）．

　工作機械を用いて機械部品を加工する場合，工作機械の種類により加工精度は異なってくる．そこで，「普通公差」（JIS B 0405）が規定されている（**表9.5**）．

10　幾何偏差と幾何公差

10.1　幾何偏差

　寸法の精度とともに形状精度に関連して，**図10.1**に示すような，正しい形状からの「ずれ」を規制する「形状偏差」，姿勢（平行，直角，傾斜など）を規制する「姿勢偏差」，正確な位置からのずれを規制する「位置偏差」，および振れを規制する「振れ」の公差が問題になる．

　これらは「幾何偏差」と呼ばれ，機械部品を加工する際に形状が幾何学的に“ずれる”，“偏差が生じる”ために発生する．

　幾何偏差に関連する用語の意味を**表10.1**に，その種類を**表10.2**に示す．この幾何偏差に対する許容値として，「幾何公差」がある．寸法に対する精度が公差によって規制されるように，形状の精度は幾何公差によって規制される．

　図面に描く場合は，幾何偏差の種類と意味，幾何公差の記号，公差値の決めかたなどを知っておく必要がある．表示方法は「記入枠」（記号，公差域，データム）を用いて描く．図面への具体的な記入例を**図10.2**に示す．

　2つまたはそれ以上に分割した長方形の「公差記入枠」のなかに記入する．これらの区画には，左から右へ次の順序で記入する．最初の枠：幾何特性に

用いる記号．2番目の枠：（長さの単位）寸法に使用した単位での公差値．

　この値は，公差域が円筒形または円であれば記号 φ を，球であれば記号 S φ を，その公差値の前に付ける．必要なら，データムまたはデータム系を示す文字記号を付け加える．

　幾何偏差に用いられている「形体」とは，幾何偏差の対象となる点，線，軸線，面または中心面を意味し，対象となる形体だけで精度を指示できる場合と，基準（データム）とするものと関係して精度を指示する場合がある．

　この場合，「単独形体」（データムに関連なく，幾何偏差が決められる形体）と「関連形体」（データムに関連して，幾何偏差が決められる形体）に区別される．

　ここで，「データム」とは，**図10.3**に示すよう

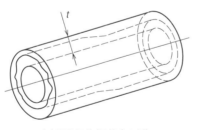

(a)形状偏差（円筒度の例）

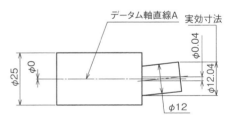

(b)位置偏差（同軸度の例）

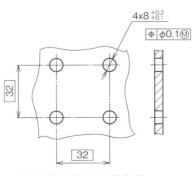

(c)位置偏差（穴中心の許容域）

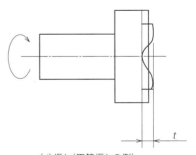

(d)振れ（円筒振れの例）

図10.1　幾何偏差の図例

表10.1　幾何偏差に関連する用語の意味

用　語	意　味
形　体	幾何偏差の対象となる点，線，軸線，面または中心面
単独形体	データムに関連なく，幾何偏差が決められる形体
関連形体	データムに関連して，幾何偏差が決められる形体
データム	形態の姿勢偏差，位置偏差，振れなどを決めるために設定した，理論的に正確な幾何学的基準
直線形体	機能上直線であるように指定した形体
軸　線	直線形体のうち，円筒または直方体である指定した対象物の各種断面における断面輪郭線の中心を結ぶ線
平面形体	機能上平面であるように指定した形体
中心面	平面形体のうち，互いに面対称であるべき2つの面上の対応する2つの点を結ぶ直線の中点を含む面
円形形体	機能上円であるように指定した形体．平面図形としての円や回転面の円形断面
円筒形体	機能上円筒面であるように指定した形体
線の輪郭	機能上定められた形状を持つように指定した表面の要素としての外形線
面の輪郭	機能上定められた形状を持つように指定した表面

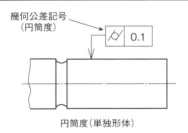

円筒度（単独形体）

表10.2　幾何偏差の種類

種　類		適用する形体
形状偏差	真直度	単独形体
	平面度	
	真円度	
	円筒度	
	線の輪郭度	単独形体または関連形体
	面の輪郭度	
姿勢偏差	平行度	関連形体
	直角度	
	傾斜度	
位置偏差	位置度	
	同軸度および同心度	
	対称度	
振れ	円周振れ	
	全振れ	

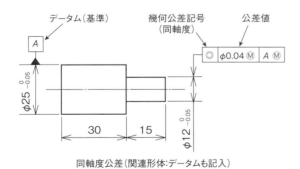

同軸度公差（関連形体：データムも記入）

図10.2　幾何公差記入例

図10.3　データムに用いる対象物の形体

たとえば，この基準が点，直線，軸直線，平面および中心平面の場合には，それぞれデータム点，データム直線，データム軸直線，データム平面およびデータム中心平面と呼ぶ．

に形体の姿勢偏差，位置偏差，振れなどを決める
ために設定した，理論的に正確な幾何学的基準を
表わす言葉である．

　幾何公差を図面に記入するためには，次の点に
注意する．

　①幾何偏差，幾何特性（公差）の種類・意味を理
解すること

　②幾何特性の記号を知ること

　③記入方法を習得すること

　④記入方法には，単独の場合とデータムと関連

する場合があること

　⑤公差域を考慮すること

10.2　幾何偏差の種類について（抜粋）

(1)形状偏差（単独で表示）

・真直度

　直線形体の幾何学的に正しい直線からの狂いの
大きさ（**図10.5**）．直線形体が占める領域の大き
さによって，「真直度　mm」または「真直度

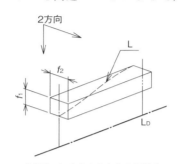

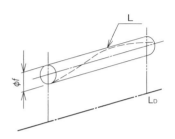

(a)1方向の平行度

その方向に垂直で，データム直線（L_D）
に平行な幾何学的平行2平面でその直
線形体（L）を挟んだときの2平面の間
隔（f）．

(b)互いに直角な2方向の平行度

その2方向にそれぞれ直角で，データム
直線（L_D）に平行な2組の幾何学的平行2
平面でその直線形体（L）を挟んだときの
2平面の間隔（f_1，f_2）（直方体2辺の長さ）．

(c)方向を定めない場合の平行度

データム直線（L_D）に平行で，その直線
形体（L）をすべて含む幾何学的円筒の
うち，最も小さい径の円筒の直径（f）．

図10.4　平行度の説明

1方向の真直度		互いに直角な2方向の真直度	
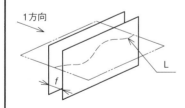	垂直な幾何学的に正しい平行な2平面でその直線形体を挟んだとき，平行2平面の間隔が最小となる場合の2平面の間隔（図ではf）．	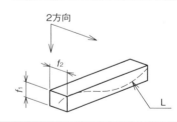	2方向にそれぞれ垂直な2組の幾何学的平行2平面で，その直線形体（L）を挟んだとき，それぞれの間隔が最小となる2平面の間隔（図ではf_1，f_2）．
方向を定めない場合の真直度		表面要素としての直線形体の真直度	
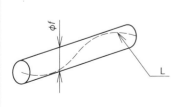	直線形体をすべて含む幾何学的円筒のうち，最も径の小さい直径の円筒（図ではϕf）．		表面の要素としての直線形体（回転面の母線や，平面形体の表面に垂直な平面による断面輪郭線など）の真直度は，幾何学的に正しい平行な2直線で，その直線形体（L）を挟んだとき，平行2直線の間隔が最小になる場合の2直線の間隔（f）で表わす．

図10.5　真直度の説明

平面度

平面形体（P）を幾何学的平行で挟んだとき，平行2平面の間隔が最小となる場合の2平面の間隔（f）．

図10.6　平面度の説明

真円度

円筒形体（C）を2つの同心の幾何学的円で挟んだとき，同心2円の間隔が最小となる場合の2円の半径の差（f）で表わす．

図10.7　真円度の説明

円筒度

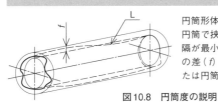

円筒形体（Z）を2つの同軸の幾学的円筒で挟んだとき，同軸2円筒の間隔が最小となる場合の2円筒の半径の差（f）で表わし，円筒度　mmまたは円筒度　μmと表示する．

図10.8　円筒度の説明

線の輪郭度

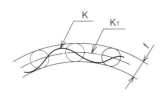

理論的に正確な寸法によって定められた幾何学的輪郭線（K_T）上に中心を持つ，同一の直径の幾何学的円の2つの包絡線で，その線の輪郭（K）を挟んだときの2包絡線の間隔（f）（円の直径）で表わす．

図10.9　線の輪郭度の説明

面の輪郭度

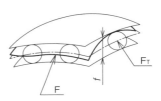

理論的に正確な寸法によって定められた幾何学的輪郭面（F_T）上に中心を持つ，同一の直径の幾何学的に正しい球の2つの包絡面でその面の輪郭（F）を挟んだときの2包絡面の間隔（f）（球の直径）で表わす．

図10.10　面の輪郭度の説明

μm」と表示する．

・平面度

　平面形体の幾何学的に正しい平面からの狂いの大きさ（**図10.6**）

・真円度

　円形形体の幾何学的に正しい円からの狂いの大きさ（**図10.7**）

直線形体または平面形体の
データム平面に対する平行度

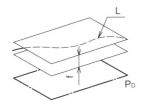

データム平面（P_D）に平行な，幾何学的平行2平面でその直線形体（L）または平面形体（P）を挟んだときの2平面の間隔（f）．

図10.11　データム平面に対する平行度の説明

・円筒度

　円筒形体の幾何学的に正しい円筒からの狂いの大きさ（**図10.8**）

・線の輪郭度

　理論的に正確な寸法によって定められた，幾何学的に正しい輪郭からの線の輪郭の狂いの大きさ（**図10.9**）

・面の輪郭度

　理論的に正確な寸法によって定められた，幾何学的に正しい輪郭からの面の輪郭の狂いの大きさ（**図10.10**）

(2) 姿勢偏差（関連する形体がある）

・平行度

　直線形体または平面形体が，データム直線またはデータム平面に対して垂直な方向において占める領域の大きさによって次のように表わし，「平

平面形体のデータム直線に対する平行度

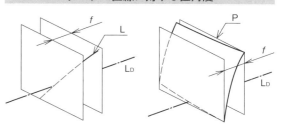

直線形体または平面形体の
データム直線に対する直角度

データム直線（L_D）に平行な，幾何学的平行2平面でその平面形体（P）を挟んだとき，平行2平面の間隔が最小となる場合の2平面の間隔（f）.

図10.12　データム直線に対する平行度の説明

データム直線（L_D）に垂直な，幾何学的平行2平面でその直線形体（L）または平面形体（P）を挟んだときの2平面の間隔（f）.

図10.13　データム直線に対する直角度の説明

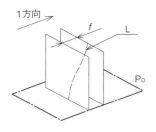

（a）1方向の直角度

その方向とデータム平面（P_D）に垂直な，幾何学的平行2平面でその直線形体（L）を挟んだときの2平面の間隔（f）.

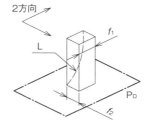

（b）互いに直角な2方向の直角度

その2方向とデータム平面（P_D）にそれぞれ垂直な，2組の幾何学的平行2平面でその直線形体（L）を挟んだときの2平面の間隔（f_1，f_2）（2組の平行2平面に区切られる直方体2辺の長さ）.

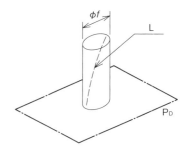

（c）方向を定めない場合の直角度

データム平面（P_D）に垂直で，その直線形体（L）をすべて含む幾何学的円筒のうち，最も小さい径の円筒の直径（f）.

図10.14　直角度の説明

行度　mm」または「平行度　μm」と表示する.

①直線形体のデータム直線に対する平行度

a　1方向の平行度（**図10.4（a）**）

b　互いに直角な2方向の平行度（**図10.4（b）**）

c　方向を定めない場合の平行度（**図10.4（c）**）

②直線形体または平面形体のデータム平面に対する平行度（**図10.11**）

③平面形体のデータム直線に対する平行度（**図10.12**）

・直角度

直線形体または平面形体が，データム直線またはデータム平面に対して平行な方向で占める領域の大きさによって次のように表わし，「直角度　mm」または「直角度　μm」と表示する.

①直線形体または平面形体のデータム直線に対する直角度（**図10.13**）

②直線形体のデータム平面に対する直角度

a　1方向の直角度（**図10.14（a）**）

b　互いに直角な2方向の直角度（**図10.14（b）**）

c　方向を定めない場合の直角度（**図10.14（c）**）

③平面形体のデータム平面に対する直角度（**図10.15**）

平面形体のデータム平面に対する直角度

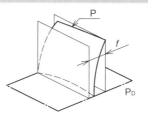

データム平面（P_D）に垂直な，幾何学的平行2平面でその平面形体（P）を挟んだとき，平行2平面の間隔が最小となる場合の2平面の間隔（f）.

図10.15　データム平面に対する直角度の説明

(3) 位置偏差（関連する形体がある）

・位置度

　データムまたは他の形体に関連して定められた理論的に正確な位置からの点，直線形体，または平面形体の狂いをいう．

・同軸度

　データム軸直線と同一直線上にあるべき軸線の，データム軸直線からの狂いの大きさをいう．

・同心度

　平面図形の場合，データム円の中心に対する他の円形形体の中心の位置の狂いの大きさをいう．

・対称度

　データム軸直線またはデータム中心平面に関して，互いに対称であるべき形体の対称位置からの

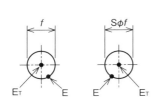

（a）点の位置度

理論的に正確な位置にある点（E_r）を中心とし，対象としている点（E）を通る幾何学的円または直径（f）で表わす．

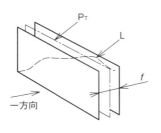

（b）直線形体の位置度
（1方向の位置度）

1方向に垂直で理論的に正確な位置にある幾何学的直線に対して対称な，幾何学的2平面でその直線形体で（L）を挟んだときの2平面の間隔（f）で表わす．

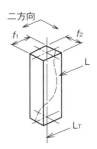

（c）直線形体の位置度
（互いに直角な2方向の位置度）

2方向にそれぞれ垂直で理論的に正確な位置にある幾何学的直線（L_r）に対して対称な，2組の幾何学的2平面でその直線形体で（L）を挟んだときの2平面の間隔（f_1，f_2）で表わす．

図10.16　位置度の説明

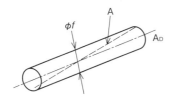

軸線のデータム軸直線に対する同軸度は，その軸線（A）をすべて含みデータム軸直線（A_D）と同軸の幾何学的円筒のうち，最も小さい円筒の直径（f）で表わす．

図10.17　同軸度の説明

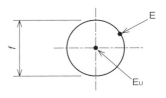

平面図形としての2つの円の同心度は，データム円の中心（E_D）と同心で円形形体の中心（E）を通る幾何学的円の直径（f）で表わす．

図10.18　同心度の説明

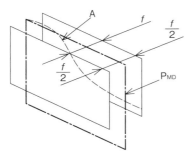

データム中心平面に対する対称度は，データム中心平面（P_{MD}）に対して対称な幾何学的平行2面でその軸線を挟んだときの，2平面の間隔（f）で表わす．

図10.19　軸線の対称度の説明

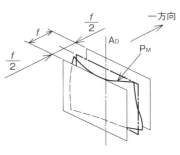

データム軸直線に対する1方向の対称度は，その方向に垂直でデータム軸直線（A_D）に対して対称な，幾何学的平行2面でその中心面（P_M）を挟んだときの2平面の間隔（f）で表わす．

図10.20　データム軸直線に対する一方向の対称度の説明

狂いの大きさをいう.

(4)振れ（関連する形体がある）

・円周振れ

　データム軸直線を軸とする回転面を持つべき対象物，またはデータム軸直線に対して垂直な円形平面であるべき対象物をデータム軸直線の周りに回転したとき，その表面が指定した位置または任意の位置で指定した方向に変位する大きさをいう.

・全振れ

　データム軸直線を軸とする円筒面を持つべきデータ対象物，またはデータム軸直線に対して垂直な円形平面であるべき対象物をデータム軸直線の周りに回転したとき，その表面が指定下方向に変位する大きさをいう.

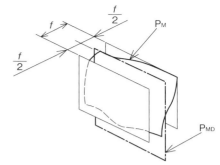

データム中心平面に対する対称度は，データム中心平面（PMD）に対して対称な，幾何学的平行2面でその中心面（PM）を挟んだときの2平面の間隔（f）で表わす.

図10.21　データム中心平面に対する対称度の説明

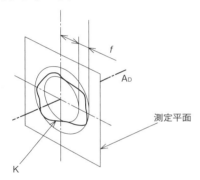

半径方向の円周振れは，データム軸直線（A_D）に垂直な1平面（測定平面）内で，データム軸直線から対象とした表面（K）までの距離の最大値と最小値との差（f）で表わす.

図10.22　半径方向の円周振れの説明

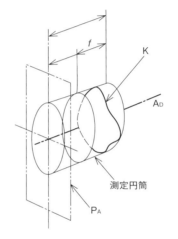

軸方向の円周振れは，データム軸直線（A_D）から一定距離にある円筒面（測定円筒）上で，データム軸直線に垂直な1つの幾何学的平面（P_A）から対象とした表面（K）までの距離の最大値と最小値との差（f）で表わす.

図10.23　軸方向の円周振れの説明

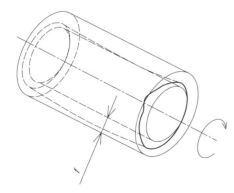

半径方向の全振れは，データム軸直線に垂直な方向で，データム軸直線から対象とした表面までの距離の最大値と最小値との差（f）で表わす.

図10.24　半径方向の全振れの説明

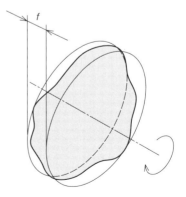

軸方向の全振れは，データム軸直線に平行な方向で，データム軸直線に垂直な1つの幾何学的平面から対象とした表面までの距離の最大値と最小値との差で表わす.

図10.25　軸方向の全振れの説明

10.3 製品の幾何特性仕様

形状，姿勢，位置および振れの公差表示方式についてみていく．

10.3.1 幾何公差表示・図示例

幾何特性以外の各特性に対しては，表 10.3 に示すような記号と，表 10.4 に示す付加記号が与えられている．

また，機械部品では，ある面や線などを基準にして寸法公差が規制されるため，基準を設定する必要がある．

そこで，幾何公差で規制する形体の基準であるデータムを加工や計測の基準として，アルファベット記号でデータムの位置を示す．

表 10.3 に示した「形状公差」の「データム指示」欄に「否」と記載されているように，データム指示を必要とせず単独で記入する場合と，データムを指定する必要がある場合の 2 つの記入方法に分けられる．

図 10.26 ～図 10.36 に，データムを含む幾何公差記入例を示す．

10.3.2 公差付き形体について

幾何公差によって規制される形体を「公差付き形体」という．公差記入枠の右側または左側から引き出した指示線によって，公差付き形体に結び付けて示す（図 10.37，図 10.38）．

表10.3 幾何特性に用いる記号（幾何公差）

公差の種類	特性	記号	データム指示
形状公差	真直度	—	否
	平面度	▱	否
	真円度	○	否
	円筒度	⌭	否
	線の輪郭度	⌒	否
	面の輪郭度	⌓	否
姿勢公差	平行度	//	要
	直角度	⊥	要
	傾斜度	∠	要
	線の輪郭度	⌒	要
	面の輪郭度	⌓	要
位置公差	位置度	⌖	要・否
	同心度（中心点に対して）	◎	要
	同軸度（軸線に対して）	◎	要
	対称度	⹀	要
	線の輪郭度	⌒	要
	面の輪郭度	⌓	要
振れ公差	円周振れ	↗	要
	全振れ	⌰	要

表10.4 付加記号

説明	記号	参照
公差付き形体指示		7.
データム指示	A ／ A	9. および JIS B 0022
データムターゲット	φ2／A1	JIS B 0022
理論的に正確な寸法	50	12.
突出公差域	P	13. および ISO 10578
最大実体公差方式	M	14. および JIS B 0023
最小実体公差方式	L	15. および JIS B 0023
自由状態（非剛性部品）	F	16. および JIS B 0026
全周（輪郭度）		10.1
包絡の条件	E	JIS B 0024
共通公差域	CZ	8.5

参考：P，M，L，F，G および CZ 以外の文字記号は一例を示す

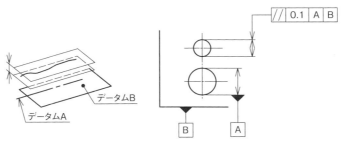

（軸線は,データム軸直線Aに平行で,指示された方向にある0.1の間隔の平行2平面の間にあること）

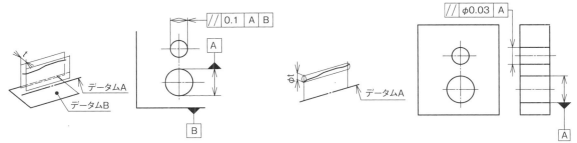

（軸線は,データム軸直線A（データム軸線）に平行で,
指示された方向にある0.1の間隔の平行2平面の間になければならない）

（軸線は,データム軸直線Aに平行な直径0.03の円筒公差域の
間になければならない）

図10.26　データム直線に関連した線の平行度公差

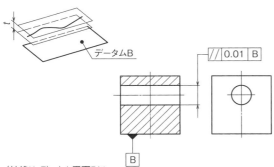

（軸線は,データム平面Bに
平行な0.01の間隔の平行2平面の間になければならない）

図10.27　データム平面に関連した線の平行度公差

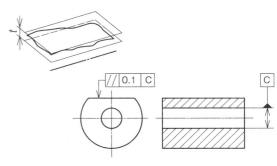

（実際の表面は,データム軸直線Cに平行な
0.1の間隔の平行2平面の間になければならない）

図10.28　データム直線に関連した表面の平行度公差

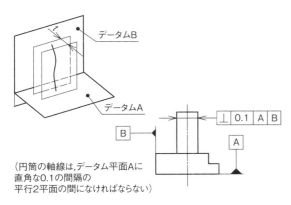

（円筒の軸線は,データム平面Aに
直角な0.1の間隔の
平行2平面の間になければならない）

図10.29　データム平面に関連した線の直角度公差

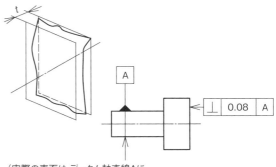

（実際の表面は,データム軸直線Aに
直角な0.08の間隔の平行2平面の間になければならない）

図10.30　データム直線に関連した表面の直角度公差

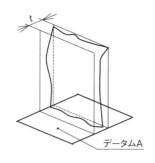
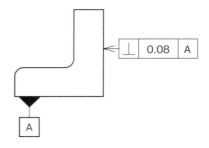

（実際の表面は，データム平面Aに直角な0.08の間隔の平行2平面の間になければならない）

図10.31　データム平面に関連した表面の直角度公差

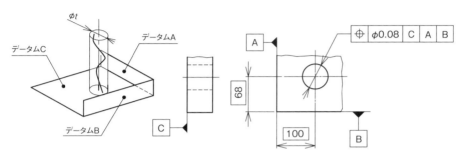

（軸線は，その穴の軸線がデータム平面C，AおよびBに関連して，理論的に正確な位置にある0.08の円筒公差域のなかになければならない）

図10.32　線の位置度公差

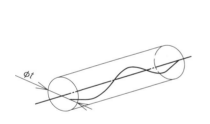
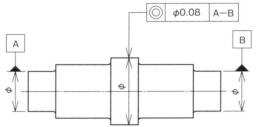

（内側の円筒の軸線は，共通データム軸直線A-Bに同軸の，直径0.08の円筒公差域のなかになければならない）

図10.33　軸線の同軸度公差

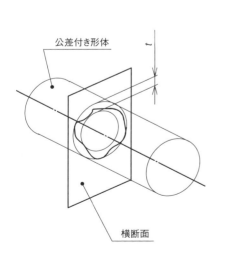
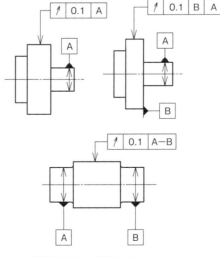

回転方向の実際の円周振れは，データム軸直線Aのまわりを，そしてデータム平面Bに同時に接触させて回転する間に，任意の横断面において0.1以下でなければならない．

実際の円周振れは，共通データム軸直線A－Bのまわりに1回転させる間に，任意の横断面において0.1以下でなければならない．

図10.34　円周振れ公差　（半径方向）

104

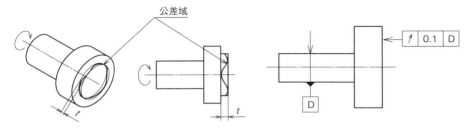

公差域

データム軸直線Dに一致する円筒軸において，軸方向の実際の線は0.1離れた2つの円の間になければならない．

図10.35　円周振れ公差（軸方向）

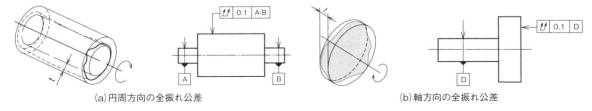

（a）円周方向の全振れ公差　　　　　　　　　　（b）軸方向の全振れ公差

図10.36　全振れ公差

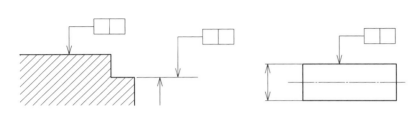

形体の外形線上または外形線の延長線上に指示．

図10.37　公差付形体への記入

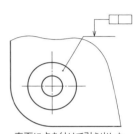

表面に点を付けて引き出した引出線上にあててもよい．

図10.38　引出線利用による記入

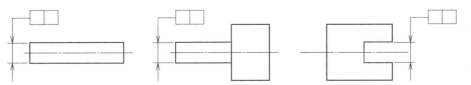

図10.39　寸法線上への記入

寸法を支持した形体の軸線または中心平面，もしくは1点に公差を指示する場合は，寸法線の延長線上が指示線になるように指示する．

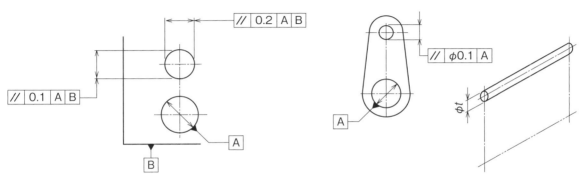

図10.40　2つの公差域の同時指示（データム軸直線に垂直に記入）

図10.41　円筒公差域の記入（記号φを記入）

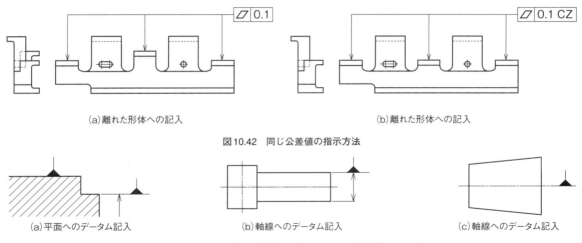

(a)離れた形体への記入 (b)離れた形体への記入

図10.42　同じ公差値の指示方法

(a)平面へのデータム記入　(b)軸線へのデータム記入　(c)軸線へのデータム記入

図10.43　平面や円筒の軸線へのデータム記入（寸法線上に記入）

10.3.3　公差域

指示した公差域は指示線の矢印の示す方向にあり，公差域の幅は指定した幾何形状に垂直に適用する（図10.40）．

記号φが公差域の前に付記してある場合は，公差域は円筒（図10.41）を，Ｓφが付記されている場合は公差域は球である．

10.3.4　共通公差域

いくつかの離れた形体に対して，同じ公差域を適用する場合や１つの公差域を適用する場合には，

表10.5　データムおよびデータムターゲットの記号

事　項	記　号(1)	
データムを指示する 文字記号	A	
データム三角記号(1)	▲	△
データムターゲット記入枠	A1	φ2 A1
データムターゲット 記号	点	X
	線	X—X
	領域	⊘　▨

注(1)　文字記号および数値は，一例を示す．

図10.42（a），図10.42（b）に示すように記入する．

10.4　幾何公差のためのデータム（JIS B 0022）

10.4.1　データムおよびデータムターゲットの記号

データムとなる形体に垂直に接する正三角形を「データム三角形記号」（白抜きまたは塗りつぶし）といい，図面への記入は，正方形の枠で囲んだデータムの文字記号（ローマ字の大文字）を，データム三角形記号と結んで指示する（表10.5）．

10.4.2　データムおよびデータム系の図示方法

データムを基に幾何公差を記入する場合，データム形体に図10.43のように三角形の記号を描く．記号の付けかたの例を図10.43，図10.44に示

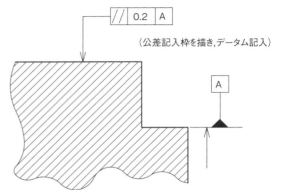

（公差記入枠を描き,データム記入）

図10.44　文字記号によるデータムの示しかた

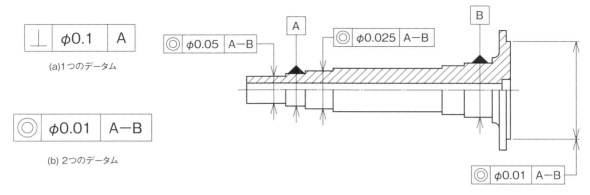

図10.45　公差記入枠の例

(a)1つのデータム

(b) 2つのデータム

図10.46　データムを用いた幾何公差記入例

す．記入位置に注意する必要がある．

10.4.3　公差記入枠へのデータム文字記号の記入方法

公差記入枠は，幾何公差の要求事項を記入する枠で，「幾何特性に用いる記号」，「公差値」，「必要ならデータムまたはデータム系を示す文字記号」により構成されている（**図10.45**）．

①1つのデータム形体で設定するデータム（**図10.45（a）**）

②2つのデータム形体で設定する共通データム

同軸度など，AとBの中心を結んだ直線を基準にすることを指示する場合である．

図10.46は，記号Aの円筒の軸線と，記号Bの円筒の軸線の2つのデータムを1つのデータム（A－B）として，指定の円筒部分の同軸度を公差域0.05に規制している軸への適用例である．

10.4.4　2つ以上のデータムによって設定するデータム系

2つ以上のデータムを組み合わせて設定する場合，公差記入枠の3番目以降の区画のなかに，優先順位に従って記入する（**図10.47**）．

データム指定順序は公差に影響を及ぼすので，

第一次データムの区画
第二次データムの区画
第三次データムの区画

		A	B	C

図10.47　2つ以上のデータムによって設定するデータム系

注意が必要である（**図10.48**）．

図10.48に示すように，指定順序がA，B，Cの場合とA，C，Bの場合とで矩形の加工基準の順序が異なってくる．

10.5　補足事項の指示方法

輪郭度特性を断面外形のすべてに適用する場合，または境界表面すべてに適用する場合は，記号"全周"（表10.4参照）を用いて表わす．全周記号は，加工物のすべての表面に適用するのでなく，輪郭度公差を指示した表面にだけ適用する（**図10.49**）．

特定の形体への指示では，たとえば，ねじの外形"MD"，歯車ピッチ円直径（基準円直径）"PD"，または谷底"LD"の記号を記入して指示する．

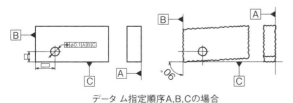

データム指定順序A,B,Cの場合

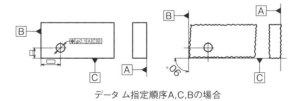

データム指定順序A,C,Bの場合

図10.48　データム指定順序

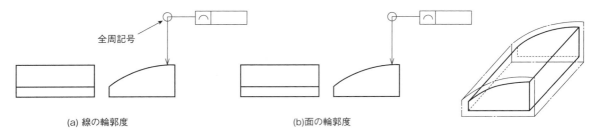

全周記号

(a) 線の輪郭度   (b)面の輪郭度

図3.49　全周への輪郭度指示例

ねじ山に対して指示する幾何公差（**図10.50（a）**）およびデータム参照（**図10.50（b）**）の例のように，ピッチ円筒から導き出される軸線に適用される．

理論的に正確な寸法は，公差を付けず，長方形の枠で囲んで示す（**図10.51**）．

公差を形体の限定した部分だけに適用する場合には，この限定した部分を太い一点鎖線で示し，それに寸法を指示する（**図10.52**）．

突き出した領域まで公差域を規制する必要がある場合には，突出部を細い二点鎖線で示し，寸法数値の前に記号Ⓟを記入する（**図10.53**）．また公差記入枠内の公差値の後ろに記号Ⓟを記入する．部品をボルトで固定する場合，ボルトの軸線と相手側の穴の軸線を同一の位置，公差域で規制する必要がある場合に指示する．

10.6　公差表示方式の基本原則（JIS 0024）

寸法公差や幾何公差は，特別な関係が指定されない限り独立に適用する．また，幾何公差と寸法公差は無関係なものとして扱うとする「独立の原則」に従っている（JIS B 0024）．

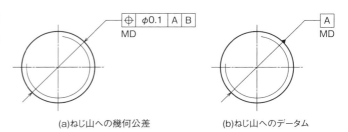

(a)ねじ山への幾何公差   (b)ねじ山へのデータム

図10.50　特定の形体への指示例

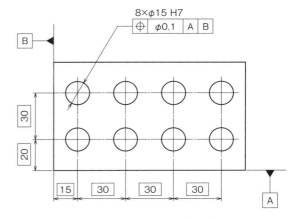

図10.51　理論的に正確な寸法

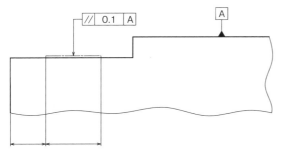

図10.52　限定公差域の表示

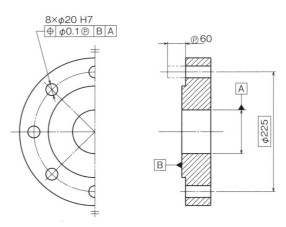

図10.53　突出公差域は、記号Ⓟを用いて指示

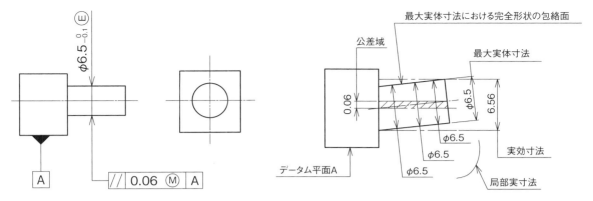

図10.54　寸法公差と幾何公差が独立（最大実体公差方式が適用されない）の場合

　これは，寸法精度（寸法公差）と形状精度（幾何公差）は互いに依存しないことを意味しており，「幾何公差は形体の寸法に無関係に適用する」ことが原則である．

10.7　最大実体公差方式（JIS B 0024）

　「最大実体公差方式」とは，公差付き形体（はめあい部分など）に対する実行状態を越えないことを要求する公差方式である．また，データムに対して指示される場合は，データム形体に対する完全形体の最大実体状態を越えないことを要求する公差方式である．

　軸線または中心平面に適用し，寸法と幾何公差との間の相互依存関係を考慮している．はめあい部に生じる公差の幅を幾何公差に振り向けること

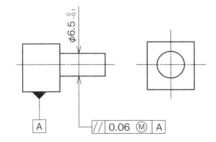

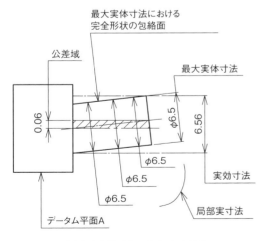

（a）最大実体寸法に仕上がった場合

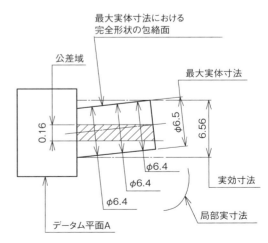

（b）最小実体寸法に仕上がった場合

図10.55　最大実体公差方式を適用する場合（公差域が拡大される）

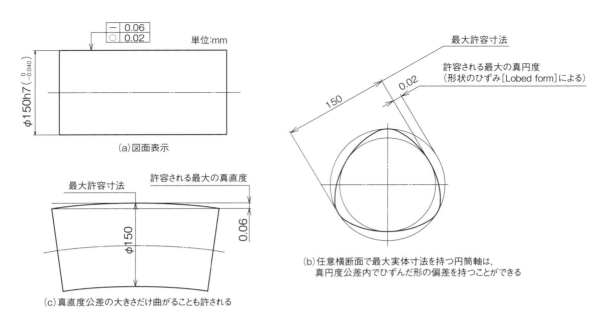

単位:mm

(a) 図面表示

(c) 真直度公差の大きさだけ曲ることも許される

(b) 任意横断面で最大実体寸法を持つ円筒軸は，
真円度公差内でひずんだ形の偏差を持つことができる

図10.56　円筒軸における寸法公差および幾何公差

で，全体の公差の余裕を大きくすることができるという特徴を持つ．適用する場合，記号Ⓜで指示する．

「最大実体」とは，外側形体（軸）ではそれが最大許容限界寸法に仕上がったとき（軸が最も太い状態）をいい，内側形体（穴）では最小許容限界寸法に仕上がったとき（穴が最も小さい状態）を表わす．

この状態は，形体の質量が最も大きい状態を表わすので「最大実体状態」といい，記号「MMC」で表わす．組み付ける形体が最大実体となっており，それらの幾何偏差（たとえば位置偏差）も最大であるときに，組立すきまは最小になる．

組み付ける形体の実寸法が，それらの最大実体寸法から最も離れ（たとえば，最小許容限界寸法の軸および最大許容限界寸法の穴），かつ，それらの幾何偏差（たとえば，位置偏差）がゼロのときに，組立すきまは最大になる．

これらのことから，はまり合う部品の実寸法が両許容限界寸法内で，それらの最大実体寸法にない場合には，指示した幾何公差を増加させても組立に支障をきたすことはない．最大実体公差方式により，記号Ⓜで図面上に指示する．

機能的，経済的理由から形体の寸法と，姿勢ま

たは位置との間に相互依存性に対する要求がある場合，この最大実体公差方式（Ⓜを用いて表わす）を適用する．

10.7.1　最大実体公差方式を公差付き形体に適用する場合の例

(1) データム平面に関連する軸の平行度公差への適用例

・基準寸法：φ6.5，公差域0.06，はめあい寸法許容差の範囲（0〜−0.01）

・最大許容限界（最大実体）寸法：φ6.5を考える（**図10.54**）．

幾何公差0.06の公差域であるので，φ6.56の範囲内になければならない．

最大実体公差方式Ⓜを適用する場合は，要求される事項は次のようになる．

①形体の個々の局部実寸法は，はめあい寸法から0.1の公差内になければならない．したがって，φ6.5とφ6.4の間を変動してもよい．

②公差付き形体（軸の例）は，データム平面Aに平行で，6.56（= 6.5 + 0.06）離れた2平行平面によって設定された実行状態になければならない．軸がφ6.5に仕上がる場合と，φ6.4に仕上がる

図10.57 図面表示（包絡の条件）

両極端の場合を考える（図10.55）.

軸直径が6.4に仕上がった場合，ϕ6.4と平行度公差0.06を加えて，ϕ6.46となる．したがって，実行寸法ϕ6.56とは0.1の余裕がある．このことは，平行度公差0.06に0.1を加えた0.16の範囲域まで拡大しても，実行寸法内に入っていることがわかる．最大実体公差方式を適用することにより，公差域が拡大されることになる（図10.45）.

ある任意の横断面において最大実体寸法をもつ円筒軸は，真円度公差内でひずんだ形の偏差をもつことができ，また真円度公差の大きさだけ曲がることも許される．（図10.56（a），図10.56（b））

(2)寸法と幾何特性との相互依存性について

「包絡の条件」と「最大実体公差方式」を用いて，寸法と幾何特性との相互依存性を指示する．包絡の条件は，単独形体，つまり，円筒面または平行2平面によって決められる1つの形体に対して適用する．この条件は，形体がその最大実体寸法における完全形状の包絡面を越えてはならないことを意味する．

(3)包絡の条件の指定

①長さ寸法公差の後に記号Ⓔを付記する

②包絡の条件を規定している規格（図10.57）

10.8　普通公差と幾何公差

10.8.1　幾何公差値

工作機械を用いて機械部品を加工する場合，工作機械の種類によって加工精度は異なってくる．そこで，「普通公差」（JIS B 0405），「普通幾何公差」（JIS B 0419）が規定されている．

(1)普通幾何公差（JIS B 0419）

単独形体に対する普通公差の例を表10.6に示す．

①真円度の普通公差は，直径の寸法公差の値に等しくとるが，半径方向の円周振れ公差の値を超えてはならない．

②円筒度の普通公差は規定しない．

10.8.2　関連形体に対する普通公差

①平行度の普通公差は，寸法公差と平面度公差・真直度公差とのいずれか大きいほうの値に等しく取る．2つの形体のうち，長いほうをデータムとする．

②直角度の普通公差は表10.7による．

③対称度の普通公差は表10.8による．

④円周振れ（半径方向，軸方向および斜め法線方向）の普通公差は表10.9による．

10.8.3　図面への普通公差の記入方法

表題欄の上や脇に注記として，次の例のように記載しておく．

「注：指示なき公差はJIS B 0419-mKによる」

表10.6　真直度および平面度の普通公差

公差等級	呼び長さの区分					
	10以下	10を超え30以下	30を超え100以下	100を超え300以下	300を超え1,000以下	1,000を超え3,000以下
	真直度公差域および平面度公差					
H	0.02	0.05	0.1	0.2	0.3	0.4
K	0.05	0.1	0.2	0.4	0.6	0.8
L	0.1	0.2	0.4	0.8	1.2	1.6

表10.7　直角度の普通公差

公差等級	短いほうの辺の呼び長さの区分			
	100以下	100を超え 300以下	300を超え 1,000以下	1,000を超え 3,000以下
	直角度公差			
H	0.2	0.3	0.4	0.5
K	0.4	0.6	0.8	1
L	0.6	1	1.5	2

表10.8　対称度の普通公差表

公差等級	呼び長さの区分			
	100以下	100を超え 300以下	300を超え 1,000以下	1,000を超え 3,000以下
	対称度公差			
H	0.5			
K	0.6		0.8	1
L	0.6	1	1.5	2

表10.9　円周振れの普通公差

公差等級	内周振れ公差
H	0.1
K	0.2
L	0.5

10.9　要素部品への幾何公差記入例

10.9.1　ばねの幾何公差の図示方法

ばねは製品により異なるため，コイルばねでは，座面の平面度，両座面の平行度，両座巻の同軸度，コイル軸と座面の直角度，コイル軸に対する座巻中心の位置度が，引張りばねではコイル軸に対するフック軸の対称度，コイル軸と両フック軸の真直度などが重要である．

図10.58は，圧縮コイルばねと引張りコイルば

ねの幾何公差の図示例である．

10.9.2　沈めフライス刃部の振れの公差の図示方法

ボルト締結部のざぐり加工に用いる「沈めフライス」の刃部の振れが規制されている．幾何公差の表示例と公差の値を図10.59に示す．

10.9.3　主軸端または面板の軸方向の振れの許容値の例

2つのデータムを基準にして，主軸先端，面板

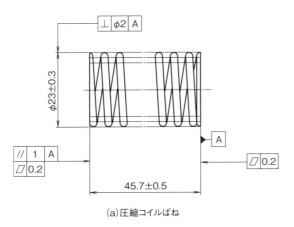

(a)圧縮コイルばね

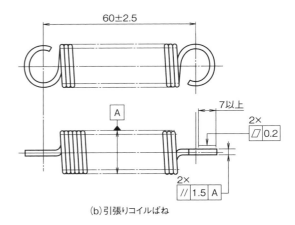

(b)引張りコイルばね

図10.58　コイルばねの幾何公差の図示

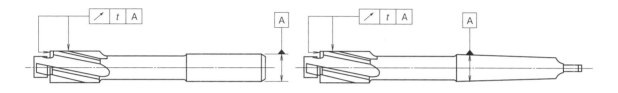

単位：mm

呼び	振れの公差 t
M3〜M6	0.032
M8〜M18	0.040
M20〜M27	0.050

備考　図示方法は JIS B 0021 による.

図10.59　沈めフライス刃部の振れの公差

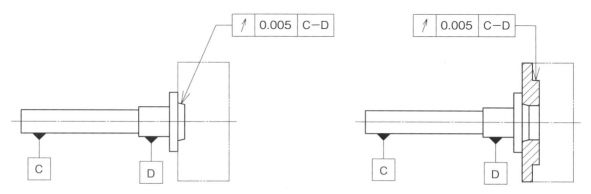

図10.60　軸端または面板の軸方向の振れの許容値の例（JIS B 6006-1）

の振れを指示した幾何公差の図示例を図 10.60 に示す（JIS B 6006-1）.

10.9.4　細幅Vプーリの外周振れ・溝側面の振れの記入

　ベルト駆動で用いるVプーリには，溝部の形状・寸法およびデータム径が規定されている.「データム径」とは，Vプーリの溝の幅がデータム幅 wd を持つVプーリの直径をいう. wd については，溝部の形状として規格で示されている.

　図 10.61 は，Vプーリの外周の振れおよび溝側面の振れの許容値，幾何公差の指示例である.

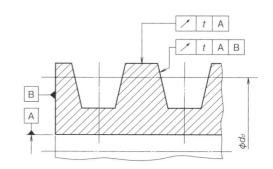

データム径 d_d	振れ (t) の許容値	データム径 d_d	振れ (t) の許容値
63以上 100以下	0.2	425以上 630以下	0.6
106以上 160以下	0.3	670以上 1,000以下	0.8
170以上 250以下	0.4	1,060以上 1,600以下	1
265以上 400以下	0.5	1,700以上 2,000以下	1.2

図10.61　プーリの外周の振れ及び溝側面の振れの許容値

11 表面性状の図示方法

11.1 表面性状の指示

　日常使用する茶碗の飲み口など，直接人の口や肌に触れるところは滑らかであり，茶碗の糸底面のような滑り止めをする部分はざらざらな面をしている．

　機械部品や構造部材の表面も，その使用目的に応じて加工面の状態は異なっている．また，表面処理される場合もある．表面状態は，製品の機能性，商品性，信頼性などに大きく影響し，製品をつくる際に図面での的確な指示が要求される．

　とくに，工作機械を用いた部品加工の場合，表面性状は加工法（工作機械の種類）により異なってくる．加工面の表面性状は製品の品質に大きく関係するため，表面に対する要求事項（輪郭曲線パラメータ，モチーフパラメータ）を指示しなければならない．「モチーフ」とは，断面曲線の凹凸の主要素（長さ，深さなど）をいい，モチーフから求めるパラメータを「モチーフパラメータ」という．

(1) 表面性状

　機械部品や構造部材を加工する場合，表面にできる微細で不規則な凹凸を「表面粗さ」（surface roughness），粗さに比べ大きい間隔で繰り返される起伏を「表面うねり」（waviness），除去加工での刃物で削る方向によって表面に現われる切削痕の方向を「筋目方向」（lay direction）という．

図11.1　表面性状

　これらの除去加工の要否を含めた表面粗さ，表面うねりおよび筋目方向などを総称して，「表面性状」あるいは「面の肌」（surface texture）という．

　除去加工した工作物の表面を拡大すると，**図11.1**のような凹凸が見られる．

(2) 製品の幾何特性仕様（表面性状＝輪郭曲線方式）

　製品の表面性状（粗さ曲線，うねり曲線および断面曲線）を表わすために，用語，定義およびパラメータが規定されている．表面性状パラメータの種類を**表11.1**に示す．

　粗さ曲線から求まる表面粗さは，JIS B 0601 (1994)の規定により，「算術平均粗さ」（Ra），「二乗平均粗さ」（Rq），「最大高さ」（Rz），「十点平均粗さ」（$Rzjis$），「スキューネス」（Rsk），「クルトシス」（Rku）がある．

　ここで，用語の説明をしておく．

　(a) 表面の断面曲線

　加工表面など対象面を直角な平面で切断したとき，その切り口に現われる輪郭．

　(b) 断面曲線の局部山と局部谷

　図11.2に示す，部分的な山および谷の部分．

　(c) モチーフパラメータ

　モチーフパラメータには，次の①〜⑥がある．

　①粗さモチーフの平均長さ，②粗さモチーフの平均深さ，③粗さモチーフの最大深さ，④うねりモチーフの平均深さ，⑤うねりモチーフの最大深さ，⑥包絡うねり曲線の全深さ．

　(d) 算術平均粗さ Ra_{75} または Ra

　「算術平均粗さ」Ra_{75} は，「粗さ曲線」（75％）を用いて得られる次の算術平均で，μm で表わしたもの．

　ここで，粗さ曲線（75％，**図11.3**）は，測定曲線に減衰率 12dB/oct でカットオフ値 λ c75 のア

表11.1　表面性状パラメータ

JIS B 0601:2001 のパラメータ	JIS B 0601:1994 および JIS B 0660:1998 の記号	JIS B 0601:2001 の記号
輪郭曲線の最大山高さ	R_p	Rp[3]
輪郭曲線の最大谷深さ	R_m	Rv[3]
輪郭曲線の最大高さ	R_y	Rz[3]
輪郭曲線要素の平均高さ	R_c	Rc[3]
輪郭曲線の最大断面高さ	———	Rt[3]
輪郭曲線の算術平均高さ	R_a	Ra[3]
輪郭曲線の二乗平均平方根高さ	R_q	Rq[3]
輪郭曲線のスキューネス	S_k	Rsk[3]
輪郭曲線のクルトシス	———	Rku[3]
輪郭曲線要素の平均長さ	S_m	RSm[3]
輪郭曲線の二乗平均平方根傾斜	Δ_q	$R\Delta q$[3]
輪郭曲線の負荷長さ率	t_p	$Rmr(c)$[3]
輪郭曲線の切断レベル差	———	$R\delta c$[3]
輪郭曲線の相対負荷長さ率	———	Rmr[3]
十点平均粗さ（原国際規格から削除）	R_z	$Rzjis$[4]

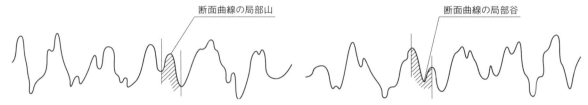

図11.2　断面曲線の局部山と局部谷

ナログ高域（ハイパス）フィルタを適用して得られる曲線で，平均線からの偏差によって表わしたものである．

$$Ra_{75} = \frac{1}{lr} \int_0^{lr} \mid Z(x) \mid dx \quad \cdots\cdots(11.1)$$

（e）十点平均粗さ $Rzjis$

「カットオフ値」λc および λs の位相補償帯域通過フィルタを適用して得た，基準長さの粗さ曲線において，最高の山頂①から高い順に⑤までの山高さの平均と，最深の谷底❶から深い順に❺までの谷深さの平均との和（旧 JIS では，基準長さの断面曲線は，フィルタなどの処理をしていない

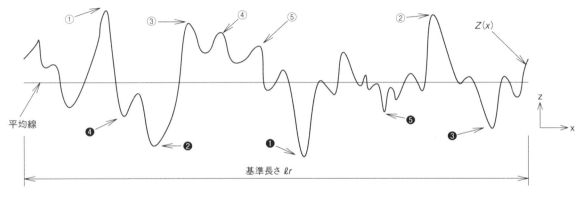

図11.3 粗さ曲線

測定データを用いていた).

従来は Rz で表わされていたので，最大高さ粗さと混同しないように，記号が $Rzjis$ に変更されているので注意する必要がある．

(f) 最大高さ粗さ Rz

基準長さの粗さ曲線の，最高の山頂①と最深の谷底の高さ❶の差で表わす．

Rz は，Ry や $Rmax$ と同じであるが，記号が変更になったので注意が必要である．

(g) 二乗平均粗さ Rq

平均線からの偏差の二乗平均平方根で表わし，次式による

$$Rq = \sqrt{\frac{1}{lr} \int_0^{lr} Z^2(x)\,dx} \quad \cdots\cdots(11.2)$$

(h) スキューネス Rsk

次式から求める平均線からの偏差の3乗平均であり，「偏り度」と呼ばれ，図11.4 のような性質を持つ．

$$Rsk = \frac{1}{lr \cdot Rq^3} \int_0^{lr} Z^3(x)\,dx \quad \cdots\cdots(11.3)$$

(i) クルトシス Rku

11.4 式から求める平均線からの偏差の4乗平均であり，「尖り度」とも呼ばれ，図11.5 のような性質を持つ．

$$Rku = \frac{1}{lr \cdot Rq^4} \int_0^{lr} Z^4(x)\,dx \quad \cdots\cdots(11.4)$$

高い山が多い表面：$Rsk>0$

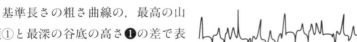

深い谷が多い表面：$Rsk<0$

図11.4 粗さ曲線とスキューネス Rsk の性質

高い山と深い谷が多い表面：$Rku>3$

なだらかな表面：$Rku<3$

図11.5 粗さ曲線とクルトシス Rku の性質

11.2　表面性状の基本図示記号

基本図示記号は，対象面を示す線に対して約60°傾いた，長さの異なる2本の直線で構成し，図11.6 のように描く．要求される表面性状によって，表11.2 のように分類される．

11.3　表面性状の図示記号の構成と指示

(1) 表面性状の図示記号の構成

対象面の機能に関連した表面性状の要求事項に曖昧さがないように，表面性状パラメータとその要求値の他に，必要に応じて要求事項（たとえば，フィルタの通過帯域または基準長さ，加工方法，加工による筋目とその方向，削りしろなど）を指示する．

また，曖昧さをなくすために，必要に応じていくつかの異なった表面性状パラメータを組み合わせて指示してもよい．

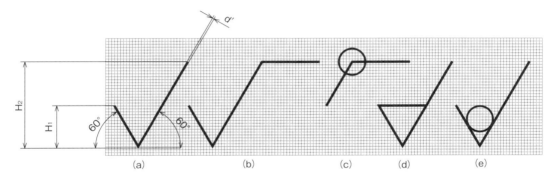

図11.6 表面性状の図示記号の描きかた

表11.2　表面性状の図示記号

表面性状を指示する ための基本図示記号		√
除去加工をする 場合の図示記号		√
除去加工をしない 場合の図示記号		√
表面性状の 図示記号	除去加工の有無を 問わない場合	√
	除去加工を する場合	√
	除去加工を しない場合	√

(2) 表面性状の要求事項の指示位置

図示記号における表面性状の要求事項の指示位置は，図11.7 による．

(3) 表面性状パラメータの指示

表面性状パラメータの指示に関して，次の項目がある．

①パラメータ記号の指示

②許容限界値の指示

③通過帯域および基準長さの指示

④許容限界値の指示

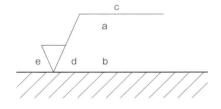

a：通過帯域または基準長さ，
　表面性状パラメータ
b：複数パラメータが要求されたときの
　2番目以降のパラメータ指示
c：加工方法
d：筋目とその方向
e：削り代

図11.7　表面性状の要求事項を支持する"a"～"e"の位置

表11.3　主な加工方法記号（JIS B 0122：1978による）

加工方法	記号	加工方法	記号	加工方法	記号
旋削	L	フライス削り	M	研削	G
穴あけ（きりもみ）	D	平削り	P	超仕上げ	GSP
リーマ仕上げ	DR	形削り	SH	鋳造	C
中ぐり	B	ブローチ削り	BR	鍛造	F

(4) 加工方法または加工関連事項の指示

加工方法が輪郭曲線の特定の細部形状にある程度影響を及ぼすため，加工方法を指示することが必要である．主な加工方法の記号を，表11.3 に示す．また，加工方法および加工後の表面性状の要求事項の指示を，図11.8，図11.9 に示す．

(5) 筋目の指示

加工によって生じる筋目（たとえば，加工工具による筋目）とその方向は，表11.4 の例に示す記号を用いて，表面性状の図示記号に指示することができる．

図11.10 は，投影面に直角な筋目の方向を示している．

(6) 削りしろの指示

削りしろは，同一図面に後加工の状態が指示されている場合にだけ指示され，鋳造品，鍛造品などの素形材の形状に最終形状が表わされている図面に用いる（図11.11）

(7)「部品一周の全周面」の表面性状の図示記号

図面に閉じた外形線で表わされた部品（外殻形体）一周の全周面に，同じ表面性状が要求される場合は，図11.12 に示すように表面性状の図示記号に丸記号を付ける．部品一周の表面性状の図示記号によって，曖昧さが生じる恐れがある場合は，個々の表面に指示する．

たとえば，図形に外形線によって表わされた全図面とは，部品の3次元表現（図11.12 右）で示される6面である（正面および背面を除く）．

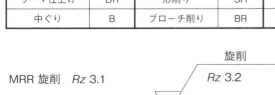

MRR 旋削　*Rz* 3.1

(a) 文書表現

Rz 3.2

(b) 図面指示

図11.8　加工方法および加工後の表面性状の要求事項の指示

NMR Fe/Ni 15p Crr：*Rz* 0.8

(a) 文書表現

Fe/Ni 15p Crr

Rz 0.8

(b) 図面指示

図11.9　表面処理および表面性状の要求事項の指示

表11.4　主な筋目とその指示例

記号	=	⊥	X	M	C	R	P
説明図	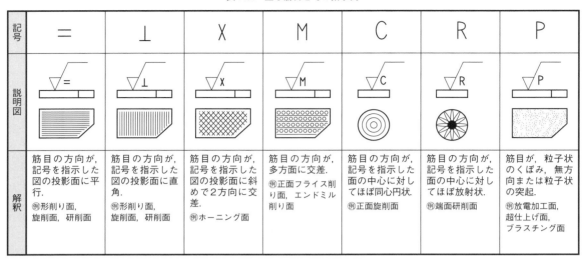						
解釈	筋目の方向が，記号を指示した図の投影面に平行. ㉀形削り面，旋削面，研削面	筋目の方向が，記号を指示した図の投影面に直角. ㉀形削り面，旋削面，研削面	筋目の方向が，記号を指示した図の投影面に斜めで2方向に交差. ㉀ホーニング面	筋目の方向が，多方面に交差. ㉀正面フライス削り面，エンドミル削り面	筋目の方向が，記号を指示した面の中心に対してほぼ同心円状. ㉀正面旋削面	筋目の方向が，記号を指示した面の中心に対してほぼ放射状. ㉀端面研削面	筋目が，粒子状のくぼみ，無方向または粒子状の突起. ㉀放電加工面，超仕上げ面，ブラスチング面

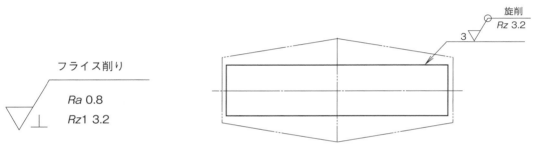

図11.10　投影面に直角な筋目の方向　　図11.11　全表面に削りしろ3mmを要求する部品の最終形状における表面性状要求事項の指示

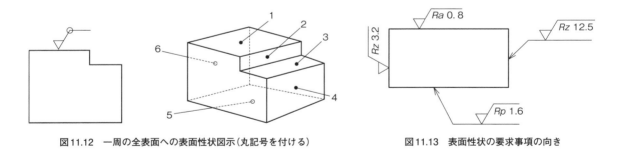

図11.12　一周の全表面への表面性状図示（丸記号を付ける）　　図11.13　表面性状の要求事項の向き

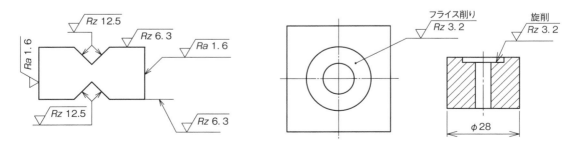

図11.14　表面を表わす外形線上に指示した表面性状の要求事項　　図11.15　引出線の2つの使いかた

118

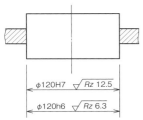
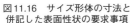

図11.16 サイズ形体の寸法と
併記した表面性状の要求事項

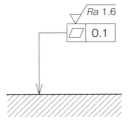

図11.17 公差記入枠に付けた
表面性状の要求事項

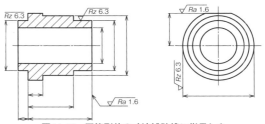

図11.18 円筒形体の寸法補助線に指示した
表面性状の要求事項

(8)図記号および表面性状の要求事項の指示位置と向き

図11.13〜図11.21に，図記号および表面性状の要求事項の指示位置と向きの指示例を示す．

(9)繰返し指示または限られたスペースに対応する参照指示

表面性状の要求事項を繰り返し指示することを避けたい場合，指示スペースが限られている場合，または同じ表面性状の要求事項が部品の大部分で用いられている場合は，簡略図示で参照指示してもよい．

(10)文字付き図示記号による場合

対象部品の傍ら，表題欄の傍らまたは一般事項を指示するスペースに簡略参照指示であることを示すことにより，簡略図示を対象面に適用してもよい（図11.22）．

(11)図示記号だけによる場合

図11.23に，図示記号だけで指示する表面性状の簡略図示方法を示す．

(12)表面処理前後の表面性状の指示

表面処理の前後の表面処理を指示する必要がある場合の指示は，"注記"または図11.24による．

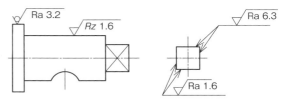

図11.19 円筒および角柱の表面の表面性状の要求事項

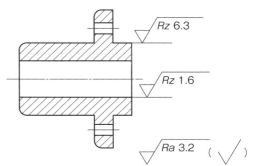

図11.20 大部分が同じ表面性状である場合の簡略図示
（何も付けない）

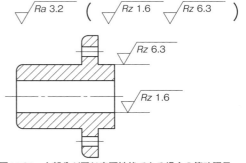

図11.21 大部分が同じ表面性状である場合の簡略図示
（一部異なった表面性状を付ける）

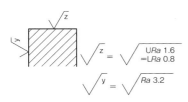

図11.22 指示スペースが限られた場合
の表面性状の参照指示

加工法を問わない場合の
表面性状の簡略図示

除去加工をする場合の
表面性状の簡略図示

除去加工をしない場合の
表面性状の簡略図示

図11.23 図示記号だけで指示

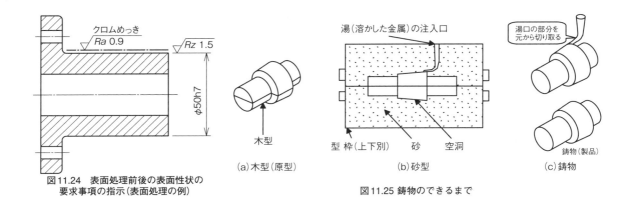

図11.24　表面処理前後の表面性状の
要求事項の指示(表面処理の例)

図11.25 鋳物のできるまで

湯(溶かした金属)の注入口

湯口の部分を
元から切り取る

(a)木型(原型)

型枠(上下別)　砂　空洞

鋳物(製品)

(b)砂型

(c)鋳物

11.4　加工方法と表面粗さの目安

　工作機械別の除去加工(主として切削,研削)の種類を**表11.5**に示す.また,木型から鋳物製作までの簡単な例を**図11.25**に示す.

　加工方法によって仕上げられる表面粗さと,現在でも製造現場で使われている仕上げ記号区分の関係は,**表11.6**のようである.さらに,表面粗さが適用されている例を**表11.7**に示す.

表11.5　工作機械別除去加工の分類

旋削加工	丸棒の切削	フライス加工(横形)	平面の切削
フライス加工(縦形)	平面の切削(切削面積が大きい場合)	ボール盤加工	穴あけおよびねじ切削
平削り盤加工	平面の切削(1m以上の長物の切削)	形削り盤加工	平面の切削(小面積)
円筒研削盤加工	外径の研削	内面研削盤加工	内径の研削
平面研削盤加工	平面の研削	ブローチ盤加工	内面の切削(縦形,横形量産高精度加工)

120

表11.6　製造現場で使われている表面粗さの使用区分（単位 μm）

算術平均粗さ Ra	100	50	25	12.5	6.3	3.2	1.6	0.8	0.4	0.2	0.1	0.05	0.025
最大高さ Rz	400	200	100	50	25	12.5	6.3	3.2	1.6	0.8	0.4	0.2	0.1
鋳・鍛造			普通			精密							
圧延					熱間			冷間					
フライス削り					普通			精密					
中ぐり					普通		精密						
旋削		粗仕上げ				中仕上げ	上仕上げ		精密				
穴あけ（きりもみ）				普通									
リーマ仕上げ						普通		精密					
シェービング						普通							
研削							普通		中仕上げ		精密		
ホーニング								普通		精密			
超仕上げ										普通		精密	
研削布紙仕上げ								普通		精密			
やすり仕上げ				普通		上仕上げ							
旧仕上げ記号	〜			▽		▽▽		▽▽▽			▽▽▽▽		

表11.7　表面粗さの適用例

粗さの表示	旧JIS仕上げ記号	適用例
Ra0.025 Ra0.05	▽▽▽▽	超仕上げ，ラップ仕上げ，バフ仕上げなどによる特殊用途の高級仕上げ面
Ra0.1		燃料ポンプのプランジャ，カジョンピン，クロスヘッドピン，高速精密軸受面，シリンダ内面
Ra0.2		クロスヘッド型ディーゼル機関のピストンロッド，カジョンピン，クロスヘッドピン，シリンダ内面，ピストンリングの外面，高速軸受面，燃料ポンプのプランジャ，メカニカルシールの滑動面
Ra0.4	▽▽▽	クロスヘッド形ディーゼル機関のピストンロッド，カジョンピン，クロスヘッドピン，クランクピンおよび同ジャーナル，シリンダ内面，軸受面，精密歯車のかみあい面，カムの表面，その他光沢を持つ精密仕上げ面
Ra0.8		クランクピン，同ジャーナル，普通の横軸受面，歯車のかみあい面，シリンダ内面，精密ねじ山面
Ra1.6		玉軸受の外輪の外面，重要でない横軸受面，弁と弁座の接着面，歯車のかみあい面，歯先面，水圧シリンダの内面およびラムの外面，コックの栓のはめあい面，すり合わせ仕上げ面
Ra3.2	▽▽	管継手などのフランジ面，フランジ軸継手の接合面，キーで固定するボス穴と軸のはめあい面，軸受の本体と冠の接着面，リーマボルトの幹部，パッキン押さえのはめあい面，歯車ボスの端面，リムの端面，歯先面，キーの外面およびキーみぞ面，重要でない歯車のかみあい面，ウォームの歯，ねじ山，ピンの外径面，ブッシュの外面，その他互いに回転または滑動しないはめあい面・接着面
Ra4.5		抑止弁などの弁棒，ハンドル車の角穴内面，パッキン押さえのはめあい面，歯車のリム部両端面，ボスの端面，キーまたはテーパピンで固定する穴と軸のはめあい面，ピンの外径面，ボルトで固定する接着面，スパナのナット当たり面，スパナの口に適合する部分の平面
Ra6.3		フランジ軸継手やベルト車などのボス端面，ハンドル車の角穴内面，滑車のみぞ面，羽根車の外径面，接合棒の旋削面，ピストンの上・下面，鉄道車両の外径面
Ra12.5	▽	軸受の底面，ポンプなどの台板の切削面，軸やピンの端面，他部品と接着しない仕上げ面
Ra25		軸受の底部，軸の端面，機関台の下面，他部品と接着しない粗仕上げ面
Ra50		重要度の低い特別な独立仕上げ面
Ra100		単に黒皮を除く程度の粗仕上げ面

12 溶接記号

「溶接」は，熱を加えて金属と金属を溶融して接合する加工法である．リベット接合やねじなどの接合に比べて，自由な形状，材料や重量の軽減，継手効率，作業能率の向上および経費節減，水密性，気密性保持など多くの利点がある．

そのため，造船，車両，建築，橋梁および機械などの分野では欠かせない加工法として利用されている．

溶接法は次の種類に大別でき，JIS Z 3021-2010に「溶接記号」の規格が規定されている．

①金属を完全溶融状態として接合する融接（アーク溶接，ガス溶接など）

②半溶融状態に圧力を加えて接合する圧接（電気抵抗溶接，冷間圧接など）

③第三の低溶融金属を媒体として接合する「ろう付け」（ハンダなど）

12.1 主な溶接法

(1) アーク溶接

電気のアーク熱によって金属を溶融して溶接する方法で，溶接棒の電極と加工物との間に連続的に火花放電をさせ，母材と溶接棒を溶かして接合してゆく（**図12.1 〜図12.3**）．

アークの吹付け力によって溶融した金属は，外へ押し出されるような形になり，冷却凝固するとビード状になる．

電源は，交流・直流いずれも用いられている．

(2) ガス溶接

アセチレンガス，化石燃料ガスなど可燃性ガスと酸素との混合気体を溶接用吹管から噴射・燃焼させ，その熱エネルギによって母材と溶接棒を溶かして接合する方法で次のような特徴がある．

①ガスの調節が容易で温度調節が簡単なので，温度変化の大きい材料，薄鋼板，非金属の溶接に最適である．

②アーク溶接と比べて加熱時間が長く，熱の影響範囲が広いので，材料強度が低下する可能性がある．

(3) 電気抵抗溶接

「電気抵抗溶接」は，溶接する金属どうしを接触させ，その面に電流を流すと接触面で発生する抵抗熱によって接触面の温度が上がり，溶融温度まで上昇したとき，溶接する部分を押し付けて圧接接合する溶接方法である．

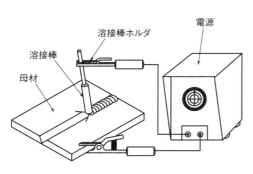

図12.1 金属アーク溶接（交流・直流）

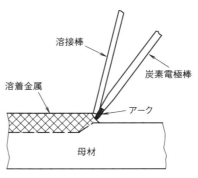

図12.2 炭素アーク溶接（直流）

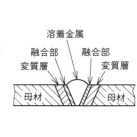

図12.3 溶接部

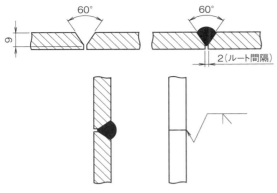

図12.4　V開先基本記号指示例

12.2　溶接継手の基本的形式

　溶接する部材には，高品質の溶接ができるように，端面に溝を付ける．この溝を「開先」という．

　図12.4にV形開先の例を示す．板の厚さや継手の形状などにより，いろいろな種類がある．

　図12.5に，溶接継手の基本的な形式を示す．

　これらを図面に表わすには，図形だけでは情報が不足するため，種類や作業方法などの記述する必要があるが，複雑になるので，JIS Z 3021に溶接部の基本記号および補助記号とその表示方法について規定している．

12.3　溶接記号の記載方法

　溶接継手では，溶接部の開先の種類，溶接の種類および仕上がりを示す必要がある．溶接記号は，図12.6 (a) のように「矢」，「基線」および「溶接部記号」で構成する．溶接記号には，図12.6 (b) のように必要に応じて寸法を添え，尾を付けて補足的な指示をする．

　また，図12.6 (c) のように溶接部記号などが示されていないときは，この継手は単に溶接で接合をすることを意味する．

　溶接部記号は，「基本記号」，「組合わせ記号」および「補助記号」とする．

(1) 基本記号

　基本記号は，表12.1による．表の記号欄の点線は，基線を示す

(2) 組合わせ記号

　組合わせ記号は，表12.2による．表の記入欄の点線は基線を示す．

　必要な場合，図12.7 (a) のように複数の基本記号を組み合わせて使用する．溶接順序を指示するときは，図2.7 (b) のように尾に記載する．

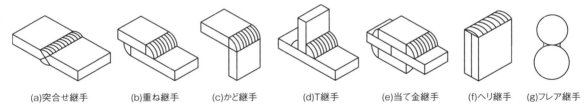

(a)突合せ継手　　(b)重ね継手　　(c)かど継手　　(d)T継手　　(e)当て金継手　　(f)ヘリ継手　(g)フレア継手

図12.5　溶接継手

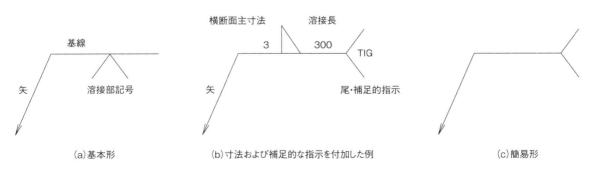

(a)基本形　　　　　(b)寸法および補足的な指示を付加した例　　　　　(c)簡易形

図12.6　溶接記号の構成

表12.1 溶接の基本記号

名称	記号	補足
I形開先		サーフェス継手にも使用できる
V形開先		
レ形開先		
J形開先		
U形開先		
V形フレア開先		
レ形フレア開先		
へり溶接		
すみ肉溶接		または
プラグ溶接 スロット溶接		
ビード溶接		
肉盛溶接		
キーホール溶接		
スポット溶接 プロジェクション溶接		
シーム溶接		
スカーフ継手		
スタッド溶接		

表12.2 対称的な溶接部の組合わせ記号

名称	記号	名称	記号
X形開先		H形開先	
K形開先		X形フレア溶接	
両面J形開先		K形フレア溶接	

(3) 補助記号

補助記号は，表12.3による．

12.4 溶接記号の表示

(1) 基線

基線は，原則として水平線とする．

(2) 溶接記号の位置

基線に対する溶接記号の位置は，A法（第三角法製図）の場合は溶接する側が，矢の側または手前側のときは，基線の下側に記載する（図12.8(a)）．

また，矢の反対側または向こう側のときは，基線の上側に記載する（図12.8(b)）．

E法（第一角法製図）の場合は，A法の場合とまったく逆になるので注意すること（図12.8(c)，図12.8(d)）．

溶接部が接触面に形成されるときは，基線をまたいで記載する（図12.8(e)，A法）．

(3) 矢

矢は，基線に対してなるべく60°の直線とし，

表12.3 補助記号

名称	記号	名称	記号
		表面形状	
裏側溶接		平ら仕上げ	
裏当て		凸形仕上げ	
		へこみ仕上げ	
全周溶接		止端仕上げ	
		仕上げ方法	
		チッピング	C
		グラインダ	G
現場溶接		切削	M
		研磨	P

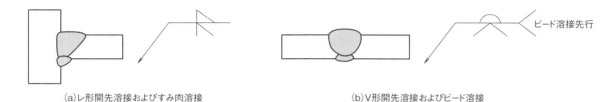

(a)レ形開先溶接およびすみ肉溶接   (b)V形開先溶接およびビード溶接

図12.7　組合わせ記号の例

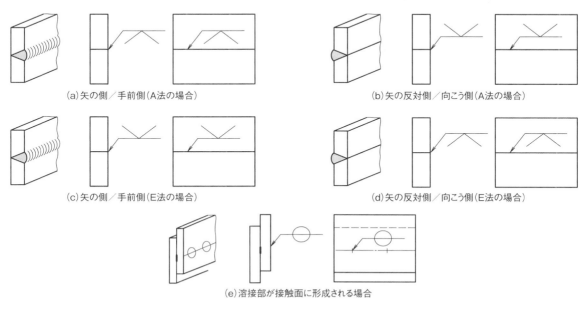

(a)矢の側／手前側(A法の場合)   (b)矢の反対側／向こう側(A法の場合)

(c)矢の側／手前側(E法の場合)   (d)矢の反対側／向こう側(E法の場合)

(e)溶接部が接触面に形成される場合

図12.8　基線に対する溶接部記号の位置

基線のどちらかの端に付ける面に，矢の先端を向ける（**図 12.9 (b)**）．

　レ形，J形，レ形フレアなど非対称な溶接部において，開先を取る部材の面またはフレアのある面を指示する必要のある場合は，矢を折れ線とし，開先を取る面またはフレアのある面の開先を取る側が明らかな場合は省略してよい（**図 12.9 (c)**）．

　なお，折れ線としない場合は，いずれの面にも開先を取ってよいことになるので注意する．

(4) 寸法の表示

　①横断面に関する寸法は溶接部記号の左側に，縦方向の寸法は溶接部記号の右側に記入する．縦方向寸法の表示のないときは，継手の全長にわたって連続した溶接とする．

　②開先溶接の断面主寸法は，開先深さおよび，あるいは溶接深さとする．

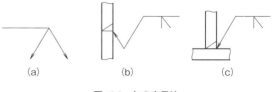

(a)   (b)   (c)

図12.9　矢の表示法

　溶接深さは，丸かっこを付けて開先深さを続ける．

　③寸法の表示例を**図 12.10** に，溶接記号の使用例を**表 12.4** に示す．

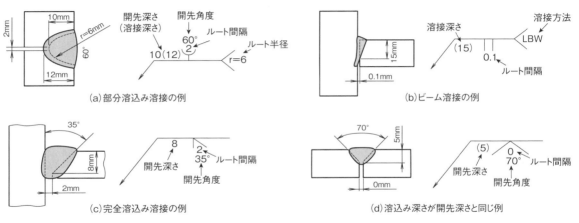

(a) 部分溶込み溶接の例

(b)ビーム溶接の例

(c)完全溶込み溶接の例

(d)溶込み深さが開先深さと同じ例

図12.10　寸法の表示例

表12.4　溶接の基本記号

溶接部の説明	実形	記号表示
I形開先 ルート間隔2mm		
I形開先 レーザ溶接 ルート間隔　0.1〜0.2mm		
I形開先 フラッシュ溶接		
I形開先 摩擦圧接		
サーフェス継手 トーチブレイジング 接合長さ4mm すき間0.25〜0.75mm		
V形開先 裏当て金使用 ルート間隔5mm 表面切削仕上げ		

13 スケッチ

13.1 機械・部品のスケッチの目的

「スケッチ」は，機械や部品を見て形状を第三角法によりフリーハンドで描き，寸法を測って図面に記入し，材料や加工方法，表面性状，部品名，照合番号などの必要事項を記入する作業をいう．

スケッチして作成した図を「スケッチ図」という．手元に図面がないとき，機械や部品などを修理するために，部品をつくり替えたり，新しい部品を設計の参考にしたりするとき，スケッチして図面化する．

13.2 スケッチの準備

(1) スケッチ用具

鉛筆，消しゴム，用紙(白紙，方眼紙など)，画板など．

(2) 測定器具

ノギス，マイクロメータ，直尺，直角定規，分度器，ハイトゲージ，外パス，内パス，すきまゲージ，ピッチゲージ(ねじのピッチを調べる)，Rゲージ(角部などの小径曲率を調べる)，定盤など．

(3) 工具

スパナ，プライヤ，ねじ回し，ハンマ(鋼製，木製，プラスチック製)，ポンチ，やすりなど．

(4) その他

赤ペン(油練りにした光明丹)，布切れ，柔らかい針金，表面粗さ標準片，荷札など．

図13.1に，測定器具の一例を示す．

13.3 スケッチ作業

スケッチする機械の分解・組立作業は，手際良く，あらかじめ計画を立て準備万端で臨む．作業の順序を次に示す．

①機械の構造・機能を前もって調べておく．

②分解と組立の方法を調べておき，必要工具を準備する．

③機械を分解する前に，各部分相互の関係・取付け位置を明確にしておく．

④各部分についても，その概略の部分組立図を描き，主要寸法を測って記録し，各部品の関係位置を明確にしておく．

⑤複雑な機械は，慎重に部分ごとに分解順序にしたがって分解する．部品間相互の位置関係を明確にする必要のあるところは，前もってポンチ，やすりなどで合いマークを付けておく．

⑥分解した各部品には荷札を付け，これに部分

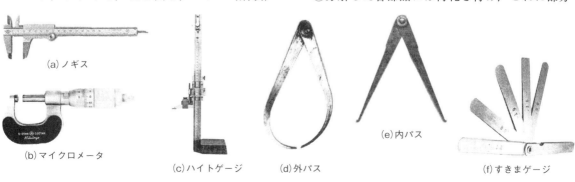

(a) ノギス

(b) マイクロメータ

(c) ハイトゲージ

(d) 外パス

(e) 内パス

(f) すきまゲージ

図13.1　測定器具の一例

組立図の照合番号を書いておく.

⑦各部品のスケッチが終わったらすぐに組み立てて，次の作業に移る.

⑧スケッチが終わったら，分解した機械を元通りに組み立てる．このとき，機械部品は必ず洗油できれいに洗い，錆止め用の油を塗る.

パッキン，折曲げ座金，割りピンなどは，新しいものと取り換える．ガスケット（液体パッキン）などはきれいに拭き取り，新しいものを用いて組み付ける.

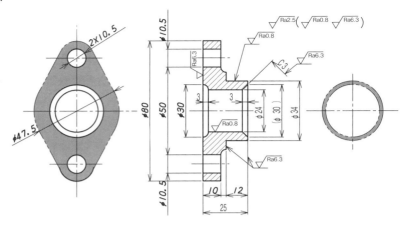

図13.2　プリント法によるパッキン押さえのスケッチ図例

13.4　スケッチの方法

部品のスケッチは，次の順序で手際良く行なう.

①スケッチ図は照合をわかりやすく簡単にするために，関連する部品を1枚の用紙にまとめて書く.

②部品の形状は現尺に近い大きさで書く.

③必要に応じて，適当な断面図，展開図，立体図などを利用すると，構造がわかりやすく描ける.

④図形はフリーハンドで書く他，プリント法，直接形取り法，間接形取り法などを用いる（図13.2）.

⑤スケッチした図形に，寸法補助線，寸法線，引出線をすべて引いてから，部品の寸法を測って順に記入する.

⑥角部，面とりなどの寸法を調べる.

⑦表面性状を調べ，表面性状の図示記号ならびに材料種類を調べ，記入する.

⑧加工方法を考慮し，寸法公差，幾何公差の検討とともにはめあいを予測し，寸法・記号，その他必要記号を記入する.

⑨部品表をつくり，照合番号，品名，材料，個数，記事などを記入する.

⑩最後に検図し，寸法の測定漏れや記入漏れなどがないか確かめる.

⑪重要寸法はもう一度測定してみる.

13.5　スケッチ図から製作図を作成するときの注意

①スケッチ図を部分ごとに整理しておく.

②スケッチ図の寸法および記載事項に食違い，重複がないかよく整理しておく.

③スケッチ図の整理ができたら，これを基に製

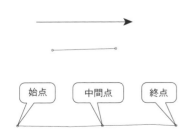

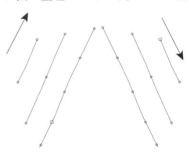

図13.3　フリーハンドによる線の引きかた

作図をつくる.

④スケッチ図のはめあい部の寸法は実寸法なので，製作図では基準寸法と寸法許容差を調べて記入する.

⑤簡単な場合は，スケッチ図に直接必要な修正を加えて製作図とすることもある.

⑥複雑な機械の場合は，まず部分組立図および組立図をつくる.

⑦次に部品図をつくる. 部品が多い場合は部品表をつくる.

13.6　スケッチの線の描きかた

最初は方眼紙を用いて，明確な線をゆっくり描く習慣を付ける. 短い線は手首，長い線はひじまたは肩を支点にして描くようにするとよい.

(1)直線の描きかた

描く線の始点と終点あたりに，目印の点を薄くマークする. 終点を見ながら，製図器具を使わないで左(始点)から右(終点)，または下(始点)から上(終点)に向けて線を描く.

長い線の場合，全体を一度に描かずに中間の通過点に薄くマークして，細い線で薄くつないだ後，濃いはっきりした1本の線に仕上げる(**図13.3**).

(2)円および円弧の描きかた

円の中心線を決めて描く「中心線法」と，正方形を用いて描く「正方形法」がある.

直径を一辺とする正方形を薄く描き，マークした各点を通る円弧を半円状に薄く描く. 円を濃いはっきりした線で仕上げ，不要線を消去する.

円弧の場合も同様にして描く. **図13.4**に，その一例を示す.

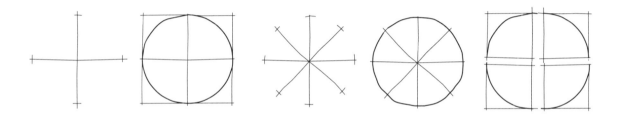

図13.4　円および円弧の作成要領

14　材料

設計作業工程で最も重要な役割を担うのが、材料の選定である。材料選択の巧拙が製品の良否を左右し、形状の最適度や重さ、機能への影響など性能面、そしてコストなど経済面に密接に関係してくる。

材料選択の基準は、次の項目が考慮される。

・強さ＝引張り、圧縮、曲げ、せん断、ねじり、疲れ、衝撃、耐摩耗、硬さ、クリープ強度、座屈

・製作法＝切削、研削、鋳造、鍛造、圧延、熱処理、焼結、溶接

・物理的特性＝熱膨張係数、熱伝導率、比熱、比重

・化学的特性＝耐食性、耐酸性

さらに、材料の許容応力と関係して、安全率をいかに設定するかが問題となる。

材料は、「鉄鋼」（JIS G）と、アルミニウム・銅に代表される「非鉄金属」（JIS H）に分けられている。

一方、材料を図面上にどのように記入するかは、JIS に規定されている。鉄鋼材料は「鉄鋼記号の見方」、「JIS 機械構造用鋼記号体系」として、また、非鉄金属材料については「非鉄金属記号の表わしかた」として基本的な表示規則がまとめられ、説明されている。

機械の設計で最も多く用いられるのが、「炭素鋼」、「合金鋼」に代表される「鋼」と呼ばれる機械材料である。鉄をベースにし、炭素、添加元素が含まれる材料である。

図 14.1 に示すように、炭素鋼や合金鋼に火花を発生させると、炭素鋼の炭素含有量や含まれる合金の種類によって、破裂の発生や形状変化が生じるという特徴がある。

一般的に使われる「構造用炭素鋼」は、炭素含有量によって 6 段階に分けて提供されるが、経済的な観点から数種類（たとえば、S45C ＝機械構造用炭素鋼鋼材）だけを準備、利用することが多い。

鉄鋼材料は大きく鉄・鋼に大別し、さらに鉄は「銑鉄」、「合金鉄」、「鋳鉄」に、鋼は「普通鋼」、「特殊鋼」、「鋳鍛鋼」に分類している。

なお、普通鋼は棒鋼、形鋼、厚板、薄板、線材および線のように形状別、用途別に、特殊鋼は強じん鋼、工具鋼、特殊用途鋼のように性状別に、

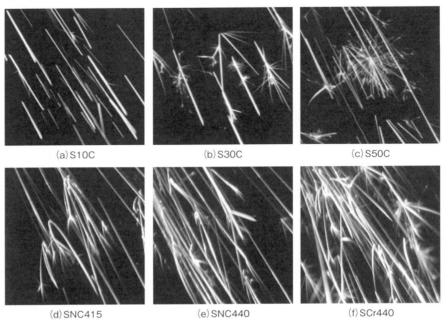

(a) S10C　　　(b) S30C　　　(c) S50C

(d) SNC415　　　(e) SNC440　　　(f) SCr440

図14.1　炭素鋼および合金鋼の火花画像

図14.2 伸銅品の材質記号

図14.3 アルミニウム展伸材の材料記号

鋼管は鋼種，用途別に，ステンレス鋼は形状別にそれぞれ再分類している．

14.1 鉄鋼記号の見かた（JIS参考）

材料を表わすために記号が用いられているが，鉄鋼記号は，次に示すように3つの部分から構成されている．

①最初の部分は材質を表わす．
②次の部分は規格名または製品名を表わす．
③最後の部分は種類を表わす．

```
       S   S   400   S  UP   6
例     ①   ②    ③    ①  ②   ③
```

①は，英語またはローマ字の頭文字，もしくは元素記号を用いて材質を表わしているので，鉄鋼材料は，S（Steel = 鋼）または F（Ferrum = 鉄）の記号で始まるものが大部分である．

例外1 SiMn（シリコマンガン），MCr（金属クロム）などの合金鉄類，Sixx 冷間圧延けい素鋼板（Si = Silicon,xx = 数字）

②は，英語またはローマ字の頭文字を用い，板，棒，管，線，鋳造品などの製品の形状別の種類や用途を示した記号を組み合わせて製品名を表わしているので，S または F の次にくる記号は，グループを表わす記号が付くものが多い（鉄鋼記号の分類別一覧表参照）．

P:Plate（薄板），U:Use（特殊用途），W:Wire（線材，線），T:Tube（管），C:Casting（鋳物），K:Kogu（工具），F:Forging（鍛造）

例外1 構造用合金鋼のグループ（たとえばニッケルクロム鋼）は，「SNC」のように添加元素の符号を付ける．

例外2 普通鋼鋼材のうち条鋼，厚板（たとえばボイラ用鋼材）は，「SB」のように用途を表わす英語の頭文字を付ける．

③は，材料の種類番号の数字，「最低引張り強さ」または「耐力」（通常3桁数字）を表わしている．ただし，機械構造用鋼の場合は，主要合金元素量コードと炭素量との組合わせで表わしている（JIS機械構造用鋼記号体系参照）．

例 1:1種，A:A種またはA号，430：コード4，炭素量の代表値30，2A:2種Aグループ，400:引張り強さまたは耐力

14.2 非鉄金属記号の表わしかた

非鉄金属では，「伸銅品」，「アルミニウム展伸材」，「銅および銅合金鋳物ならびに銅合金連続鋳造鋳物」，「その他材料」の表わしかたを規定している．

表14.1 材料の形状を示す記号

記 号	意 味	記 号	意 味
P（PS）	板，円板（同左特殊級）	BE	押出棒
R（RS）	条（同左特殊級）	BD	引抜棒
PP	印刷用板	BF	鍛造棒
B	棒	T（TS）	管（同左特殊級）
BB	ブスバー	TW（TWS）	溶接管（同左特殊級）
W	線		

表14.2 質別記号

記 号	意 味	記 号	意 味
F	製造のまま	SH	特硬質（ばね質）
O	軟質	ESH	特硬質（特ばね質）
OL	軽硬質	SSH	特硬質（超特ばね質）
1/4H	1/4硬質	OM	ミルハードン材*軟質
1/2H	1/2硬質	HM	ミルハードン材硬質
3/4H	3/4硬質	EHM	ミルハードン材特硬質
H	硬質	SR	応力除去
EH	特硬質（HとSHの中間）		

＊ミルハードン材：製造者側で適当な冷間加工と時効効果処理し規定された機械的性質を付与した材料．

表14.3　非鉄金属記号の分類別一覧表（伸銅品）

伸銅品（抜粋）		
規格名称	記　号	
銅および銅合金の板 および条	C××××P	C：Copper，P：Plate
	C××××PS	C：Copper，P：Plate，S：Special
	C××××PP	C：Copper，P：Plate，P：Printing
	C××××R	C：Copper，R：Ribbon
	C××××RS	C：Copper，R：Ribbon，S：Special
	Cu*	C：Copper，*含有成分
りん青銅および洋白の板 および条	C××××P	C：Copper，P：Plate
	C××××R	C：Copper，R：Ribbon
	Cu*	C：Copper，*含有成分
ばね用ベリリウム銅，チタン銅， りん青銅および洋白の板および条	C××××P	C：Copper，P：Plate
	C××××R	C：Copper，R：Ribbon
	Cu*	C：Copper，*含有成分
銅および 銅合金棒	C××××BD	C：Copper，B：Bar，D：Draw
	C××××BDS	C：Copper，B：Bar，D：Draw，S：Special
	C××××BE	C：Copper，B：Bar，E：Extruded
	C××××BF]	C：Copper，B：Bar，F：Forged
	Cu*	C：Copper，*含有成分

14.2.1　伸銅品

伸銅品の材質記号は，**図14.2**のようにCと4桁の数字で表わしている．

第1位：銅および銅合金を表わすCである．

第2位：主要添加元素による合金の系統を表わしている．

1：Cu・高Cu系合金

2：Cu-Zn系合金

3：Cu-Zn-Pb系合金

4：Cu-Zn-Sn系合金

5：Cu-Sn系合金・Cu-Sn-Pb系合金

6：Cu-Al系合金・Cu-Si系合金・特殊Cu-Zn系合金

7：Cu-Ni系合金・Cu-Ni-Zn系合金

第2位・3位・4位　CDA（Copper Development Association）の合金記号

第5位：1から9まではその改良合金に用いる

4桁の数字に続いて1〜3個のローマ字が付されているが，これは材料の形状を示す記号である（**表14.1**）．

導電用のものは，これらの記号の後にCを付ける．また，質別を表わす際は，上記の金属記号の後に‐を入れ，質別記号（熱処理記号なども含む）を付けている（**表14.2**）．

また，**表14.3**に，非鉄金属記号の分類別一覧表を示した．

14.2.2　アルミニウム展伸材

アルミニウム展伸材の材料記号は，**図14.3**のようにAと4桁の数字で表わす．

第1位：アルミニウムおよびアルミニウム合金を表わすAで，日本独自の接頭語である．

第2位〜第5位の4桁の数字はISOにも用いられている国際登録合金番号である．

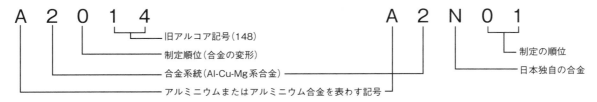

図14.4　アルミニウム合金材料記号

第2位：純アルミニウムについては数字1，アルミニウム合金については主要添加元素により数字2から8までの次の区分により用いる．

1：アルミニウム純度99.00％以上の純アルミニウム

2：Al-Cu-Mg系合金

3：Al-Mn系合金

4：Al-Si系合金

5：Al-Mg系合金

6：Al-Mg-Si-（Cu）系合金

7：Al-Zn-Mg-（Cu）系合金

8：上記以外の系統の合金

第3位：数字0〜9を用い，次に続く第4位および第5位の数字が同じ場合は，0は基本合金を表わし，1から9まではその改良型合金を用いる（たとえば，2024の改良型合金を2124，2224，2324と表わす）．

日本独自の合金で，かつ国際登録していない合金についてはNとする（例：A7N01）．

第4位および第5位　純アルミニウムはアルミニウムの純度小数点以下2桁，合金については旧アルコアの呼びかたを原則として付けるが，とくに意味はない．

第6位 A，B…の下付きを付した合金もある．例えばA2014Aは，A2014にほとんど近い合金であることを意味する．日本独自の合金については合金系別，制定順に01から99まで番号を付ける．図14.4に，アルミニウム合金材料の記号例を示す．

4桁の数字に続いて1〜3個のローマ字が付されるが，これは表14.4のように製造工程あるいは製品形状を表わす記号である．

以上の記号の後ろに-を入れ，質別記号（JIS H0001）を付けている．

14.2.3　銅および銅合金鋳物ならびに銅合金連続鋳造鋳物

銅および銅合金鋳物の記号は，図14.5のようにCACと3桁の数字で表わし，銅合金連続鋳造鋳物は，そ

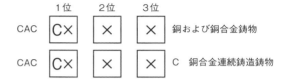

図14.5　銅および銅合金鋳物の記号

の末尾にCを付ける．ここで，CACはCopper Alloy Castingsの頭文字である．

第1位：合金種類を表わす．

1：銅鋳物

2：黄銅鋳物

3：高力黄銅鋳物

4：青銅鋳物

5：りん青銅鋳物

6：鉛青銅鋳物

7：アルミニウム青銅鋳物

8：シルジン青銅鋳物

第2位：予備（すべて0である）

第3位：合金種類中の分類を表わす（旧記号の種類を表わす数字と同じ）．

末尾のCはContinuous castingsの頭文字で，連鋳鋳物であることを示す．

例　CAC 406　青銅鋳物6種（旧記号　BC6）
　　CAC 406C　青銅連鋳鋳物6種（旧記号 BC6C）

14.2.3　その他

伸銅品，アルミニウム展伸材を除くその他の金属記号はJISでは，原則として次の3つの部分から構成された金属記号を使用している．

表14.4　製造工程あるいは製品形状を表す記号

記　号	意　味	記　号	意　味
P（PS）	板，条，円板（同左特殊級）	TWA	アーク溶接管
PC	合わせ板	S（SS）	押出形材（同左特殊級）
BE（BES）	押出棒（同左特殊級）	FD	型打鍛造品
BD（BDS）	引抜棒（同左特殊級）	FH	自由鍛造品
W（WS）	引抜線（同左特殊級）	H	はく
TE（TES）	押出継目無管（同左特殊級）	BY	溶加棒
TD（TDS）	引抜継目無管（同左特殊級）	WY	溶接ワイヤ
TW（TWS）	溶接管（同左特殊級）		

表14.5　材質の文字記号と元素名

記号	元素名	記号	元素名
A	アルミニウム (Alminium)	HBs	高力黄銅 (High Strong Brass)
B	青銅 (Bronze)	MCr	金属クロム (Metallic Cr)
C	銅 (Copper)	M	マグネシウム (Magnesium)
DCu	りん脱酸銅 (Deoxidized Copper)	PB	りん青銅 (Phospher Bronze)

表14.6　製品名と記号

記号	元素名	記号	元素名
B	棒 (Bar)	T	管 (Tube)
C	鋳造品 (Casting)	TW	溶接管 (Welded Tube)
DC または D	ダイカスト鋳物 (Die Casting)	TW	水道用管 (Water)
F	鍛造品 (Forging)	W	線 (Wire)
P	板 (Plate)	BR	リベット材 (Bar Rivet)
PP	印刷用板 (Printing Plate)	H	はく (Haku)
R	条 (Ribbon)	S	型材 (Shape)

表14.7　数字による種類記号

材料の種類記号の数字	種類
1	1種
2S	2種特殊級 (Special)
3A	3種A

表14.8　主成分・特性値など質別記号

質別記号	材料の性質	質別記号	材料の性質
—O	軟質	—F	製出のまま
—OL	軽軟質	—S	溶体化処理材
—1/2H	半硬質	—AH	時効処理材
—H	硬質	—TH	液体化処理後時効処理材
—EH	特硬質	—SR	応力除去材
—SH	ばね質		
—ESH	特ばね質		

表14.9　一般構造用圧延鋼材

材料記号	規格番号	名　称	引張強さ (N/mm² or MPa)
SS330			330〜430
SS400	JIS G 3101	一般構造用圧延鋼材	400〜510
SS490			490〜610
SS540			540以上

①最初の部分は材質

②次の部分は製品名

③最後の部分は種類

例：MP1 − H14　マグネシウム板　M：マグネシウム，P：板

①の記号文字は，英語またはローマ字の頭文字，あるいは化学元素記号を用いて材質を表わしている（**表14.5**）．

②には，英語またはローマ字の頭文字を用いて，板，条，管，棒，線などの製品の形状別の種類や用途を表わした記号を組み合わせて，製品名を表わしている（**表14.6**）．

③には材料の種類記号の数字を記し，種類を表わしている（**表14.7**）．

金属記号は原則として (1) 最初の部分は材質，(2) 次の部分は製品名，(3) 最後の部分は種類，の3つより構成されているが，先の一般的な表わしかたによれないもの，たとえば，記号が重複するものやその主成分，または代表的特性値を表示したいものなどは特別な表わしかたによっている．

また，質別を表わす際は，先の金属記号の後ろに − を入れ，質別記号（熱処理記号などを含む）を付けている（**表14.8**）．

14.3　主要材料の説明

表14.9 に示す「一般構造用圧延鋼材」（SS × × ×）は，最も多く用いられている鋼材であり，記号の最後に記入されている引張り強さにより規定されている（**表14.9**）．

「機械構造用炭素鋼鋼材」は，熱間圧延，熱間鍛造など熱間加工によって製造されたもので，通常さらに鍛造，切削などの加工と熱処理を施して使用される．

表14.10 はそのいくつかの例であるが，23種類規定されており，S09CK，S15CK，S20CK の3種類は肌焼き鋼に使用するものである（**表14.10**）．

鋳鉄の代表である「ねずみ鋳鉄品」は，キューポラ，電気炉，その他適当な炉によって溶解し，

鋳造した片状黒鉛を持つ鋳鉄品である（**表14.11**）.

「炭素鋼鍛鋼品」は，鋼塊をプレス，ハンマ，鍛造ロール，リングミルなどを用いて熱間加工を行ない，製造するもので，熱処理の違いにより，区分されている（**表14.12**）.

「炭素鋼鋳鋼品」は，平炉，電気アーク炉，誘導炉，転炉のいずれかで溶解し，鋳造および熱処理などを行なって製造される（**表14.13**）.

刃物や金型などに用いられる材料として「工具鋼」（炭素工具鋼：SK材，合金工具鋼：SK材にW,Cr,Mo,Vなどの元素添加，高速度工具鋼：SKH材）がある.

「合金工具鋼鋼材」はキルド鋼から鋼材を製造し，とくに指定のない限り，「鍛錬成形比」（鍛造前の断面積と鍛造終了後の断面積の比）4S以上に圧延または鍛造する. また鋼材は指定のない限り焼なましを行なう. 切削工具鋼，耐衝撃工具鋼，冷間金型用，熱間金型用などに用いられる（**表14.14**）.

特殊用途鋼には，次のようなSU材がある.

表14.10　機械構造用炭素鋼鋼（抜粋）

材料記号	規格番号	名　称	引張強さ
S10C			
S20C			
S30C			
S40C	JIS G 4051	機械構造用炭素鋼鋼材	
S45C			
S50C			
S09CK			

ステンレス鋼（SUS）

耐熱鋼（SUH）

軸受鋼（SUJ）

ばね鋼（SUP）

「ステンレス鋼棒」は，「オーステナイト系」,「オーステナイト・フェライト系」,「フェライト系」などに区分されている（**表14.15**）.

「ばね鋼鋼材」（SUP材）は，重ね板ばね，コイルばね，トーションバーなど，主として熱間成形ばねに用いられる（**表14.16**）.

表14.17に，材料記号の意味を表わす鉄鋼記号の分類別一覧（抜粋）を示す.

表14.11　ねずみ鋳鉄品（抜粋）

材料記号	規格番号	名　称	引張強さ
FC100			100以上
FC200	JIS G 5501	ねずみ鋳鉄品	200以上
FC300			300以上
FC350			350以上

表14.12　炭素鋼鍛鋼品（抜粋）

材料記号	規格番号	名　称	引張強さ
SF340A			340～440
SF490A	JIS G 3201	炭素鋼鍛鋼品	490～590
SF590A			590～690
SF540B			540～690

表14.13　炭素鋼鋳鋼品

材料記号	規格番号	名　称	引張強さ
SC360			360以上
SC410	JIS G 5101	炭素鋼鋳鋼品	410以上
SC450			450以上
SC480			480以上

表14.14　合金工具鋼鋼材（抜粋）

材料記号	規格番号	名　称	引張強さ
SKS11			
SKS4	JIS G 4404	合金工具鋼鋼材	
SKS3			
SKD4			

表14.15　ステンレス鋼棒（抜粋）

材料記号	規格番号	名　称	引張強さ
SUS201		オーステナイト系	520以上
SUS304	JIS G 4303	オーステナイト系	520以上
SUS329J1		オーステナイト・フェライト系	590以上
SUS405		フェライト系	410以上

表14.16　ばね鋼鋼材（抜粋）

材料記号	規格番号	名　称	引張強さ
SUP3			
SUP6			
SUP9	JIS G 4801	ばね鋼鋼材	
SUP10			
SUP13			

表14.17　鉄鋼記号の分類別一覧表（抜粋）

分　類	規　格　名　称		記　号	
合金鋼	フェロボロン		FB	F：Ferro　B：Boron
	フェロクロム		FCr	F：Ferro　Cr：Chromium
	フェロマンガン		FMn	F：Ferro　Mn：Manganese
	金属クロム		MCr	M：Metalic　C：Chromium
	シリコマンガン		SiMn	Si：Silicon　Mn：Manganese
構造用鋼	みがき棒鋼用一般鋼材		SGD	S：Steel　G：General　D：Drawn
	溶接構造用圧延鋼材		SM	S：Steel　M：Marine
	一般構造用圧延鋼材		SS	S：Steel　S：Structure
	一般構造用軽量形鋼		SSC	S：Steel　S：Structure　C：Cold Forming
	リベット用丸鋼		SV	S：Steel　V：Rivet
機械構造用鋼	機械構造用炭素鋼鋼材		SxxC	S：Steel　xx：炭素量　C：Carbon
	合金鋼鋼材	クロムモリブデン鋼鋼材	SCM	S：Steel　C：Chromium　M：Molybdenum
		クロム鋼鋼材	SCr	S：Steel　C：Chromium
		ニッケルクロム鋼鋼材	SNC	S：Steel　N：Nickel　C：Chromium
		ニッケルクロムモリブデン鋼鋼材	SNCM	S：Steel　N：Nickel　C：Chromium　M：Molybdenum
工具鋼	炭素工具鋼鋼材		SK	S：Steel　K：工具
	合金工具鋼鋼材		SKS	S：Steel　K：工具　S：Special
			SKD	S：Steel　K：工具　D：ダイス
			SKT	S：Steel　K：工具　T：鍛造
	高速度工具鋼鋼材		SKH	S：Steel　K：工具　H：High Speed
線	硬鋼線		SW	S：Steel　W：Wire
	鉄線		SWM	S：Steel　W：Wire　M：Mild
	ピアノ線		SWP	S：Steel　W：Wire　P：ピアノ
特殊用途鋼	硫黄及び硫黄複合快削鋼鋼材		SUM	S：Steel　U：Use　M：Machinability
	高炭素クロム軸受鋼鋼材		SUJ	S：Steel　U：Use　J：軸受
	ばね鋼鋼材		SUP	S：Steel　U：Use　P：Spring
	ばね用冷間圧延鋼帯		SxxC-CSP	SC：SC材　C：Cold　S：Strip　P：Spring
ステンレス鋼	ステンレス鋼棒		SUS-B	S：Steel　U：Use　S：Stainless　B：Bar
	冷間仕上ステンレス鋼棒		SUS-CB	S：Steel　U：Use　S：Stainless　C：Cold　B：Bar
	熱間圧延ステンレス鋼板及び鋼帯		SUS-HP	S：Steel　U：Use　S：Stainless　H：Hot　P：Plate
			SUS-HS	S：Steel　U：Use　S：Stainless　H：Hot　S：Strip
	冷間圧延ステンレス鋼板及び鋼帯		SUS-CP	S：Steel　U：Use　S：Stainless　C：Cold　P：Plate
			SUS-CS	S：Steel　U：Use　S：Stainless　C：Cold　S：Strip

分　類	規　格　名　称	記　号	
耐熱鋼	耐熱鋼棒	SUH-B	S：Steel　U：Use　H：Heat Resisting　B：Bar
		SUH-CB	S：Steel　U：Use　H：Heat Resisting　C：Cold　B：Bar
	耐熱鋼板	SUH-HP	S：Steel　U：Use　H：Heat Resisting　H：Hot　P：Plate
		SUH-CP	S：Steel　U：Use　H：Heat Resisting　C：Cold　P：Plate
		SUH-HS	S：Steel　U：Use　H：Heat Resisting　H：Hot　S：Strip
		SUH-CS	S：Steel　U：Use　H：Heat Resisting　C：Cold　S：Strip
鍛鋼	炭素鋼鍛鋼品	SF	S：Steel　F：Forging
	炭素鋼鍛鋼品用鋼片	SFB	S：Steel　F：Forging　B：Bloom
	圧力容器用炭素鋼鍛鋼品	SFVC	S：Steel　F：Forging　V：Vessel　C：Carbon
	圧力容器用ステンレス鋼鍛鋼品	SUSF	S：Steel　U：Use　S：Stainless　F：Forging
	クロムモリブデン鋼鍛鋼品	SFCM	S：Steel　F：Forging　C：Chromium　M：Molybdenum
	ニッケルクロムモリブデン鋼鍛鋼品	SFNCM	S：Steel　F：Forging　N：Nickel　C：Chromium　M：Molybdenum
鋳鉄	ねずみ鋳鉄品	FC	F：Ferrum　C：Casting
	球状黒鉛鋳鉄品	FCD	F：Ferrum　C：Casting　D：Ductile
	ダクタイル鋳鉄管	DPF	D：Ductile　P：Pipe　F：Fixed
		D-	D：Ductile　-：管圧の種類
	可鍛鋳鉄品	FCMB	F：Ferrum　C：Casting　M：Malleable　B：Black
		FCMW	F：Ferrum　C：Casting　M：Malleable　W：White
		FCMP	F：Ferrum　C：Casting　M：Malleable　P：Pearlite
鋳鋼	炭素鋼鋳鋼品	SC	S：Steel　C：Casting
	溶接構造用鋳鋼品	SCW	S：Steel　C：Casting　W：Weld
	構造用高張力炭素鋼および低合金鋼鋳鋼品	SCC	S：Steel　C：Casting　C：Carbon
		SCMn	S：Steel　C：Casting　Mn：Manganese
		SCSiMn	S：Steel　C：Casting　Si：Silicon　Mn：Manganese
		SCMnCr	S：Steel　C：Casting　Mn：Manganese　Cr：Chromium
		SCMnM	S：Steel　C：Casting　Mn：Manganese　M：Molybdenum
		SCNCrM	S：Steel　C：Casting　N：Nickel　Cr：Chromium　M：Molybdenum
	ステンレス鋼鋳鋼品	SCS	S：Steel　C：Casting　S：Stainless
	耐熱鋼鋳鋼品	SCH	S：Steel　C：Casting　H：Heat Resisting
磁気材料	永久磁石材料	MC	M：Magnet　C：Casting
		MP	M：Magnet　P：Powder
	電磁軟鉄	SUY	S：Steel　U：Use　Y：Yoke

付属書(参考) 図面の折りかた

この付属書(参考)は，本体に関連する事柄を補足するもので，規定の一部ではない．

1 適用範囲

この付属書は，JIS P 0138 に規定する A0 〜 A3 の大きさの複写した図面および関連文書(複写図)を，A4 の大きさに折りたたむときの標準的な折りかたについて示す．

長手方向に延長した図面(本体の 3.2 および 3.3 参照)についても，この折りかたに準じる．

なお，この付属書に対応する国際規格はない．

2 折りかたの種類・呼びかた

①折りかたの種類

折りかたの種類は，次の 3 種類とする(**図 1**)．

a 基本折り

複写図を普通に折りたたむ方法で，大きさは A4 サイズとする(**図 1 (a)**，**図 3 (a)** 参照)．

b ファイル折り

複写図を綴じしろを設けて折りたたむ方法で，大きさは A4 サイズとする(**図 1 (b)**，**図 3 (b)** 参照)．

c 図面袋折り

複写図を綴じ穴のある A4 サイズの袋の大きさに入るように折りたたむ方法で，大きさは A4 サイズ(幅は A4 − 40mm)とする(**図 1 (c)**，**図 3 (c)** 参照)．

②折りかたの呼びかた

折りかたの呼びかたは，"JIS" の文字，折りかたの種類，および用紙のサイズの呼びかたを用いて表わす．

> 例 この付属書に従った「基本折り」，「A0」の場合の呼びかた
>
> JIS　　　　　　　　基本折り　　　　　　A0
>
> └─ "JIS" の文字　　　　└─ 折りかたの種類　　　└─ 用紙のサイズの呼び

3 折りたたみの寸法許容差

最終的に折りたたんだときの寸法許容差は，**付属書 図 1** による．

(a) 基本折り

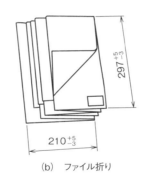

(b) ファイル折り

単位:mm

(c) 図面袋折り

付属書 図1　折りたたみの寸法許容差

4　綴じ穴

綴じ穴は，**付属書 図2**に示す3種類とする.

備考　とじ穴の寸法は，JIS Z 8303（帳票の設計基準）の10.2（とじ穴）（1）を参照.　　　　　　　単位:mm

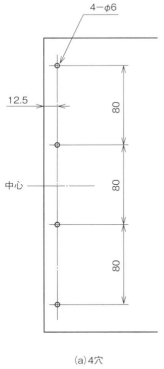

(a) 4穴

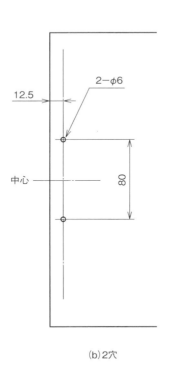

(b) 2穴

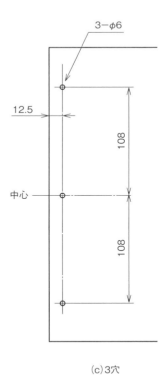

(c) 3穴

付属書 図2　とじ穴の寸法

5 注意事項

図面の折りかたについて，次のことに注意する必要がある．

a　図面の表題欄は，すべての折りかたについて最上面の右下に位置して読めるようにしなければならない．

b　折りの手順はとくに定めない．

単位：mm

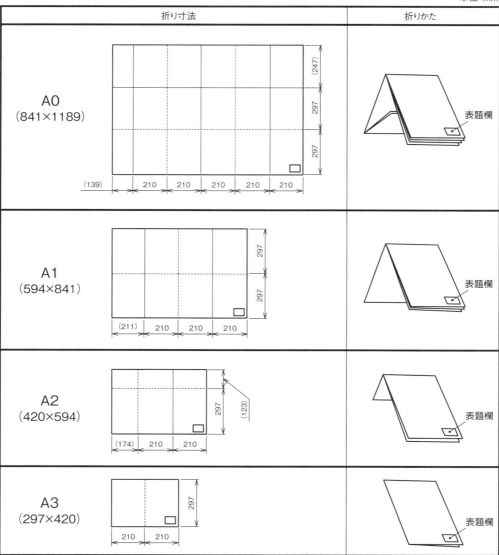

* 実線は山折り，破線は谷折りを示す．

付属書 図3(a)　基本折り

c 基本折りに綴じしろの部分（耳）を付け加える場合は，綴じしろの部分の幅を含み，最
大 230 × 297mm（A4 の幅＋ 20mm）とする.

原図は折りたたまないのが普通である．原図を巻いて保管する場合は，巻く内径を 40mm
以上とするのがよい.

付属書 図 3（a）〜（b）は，折り寸法と折りかたを示したものである.

単位：mm

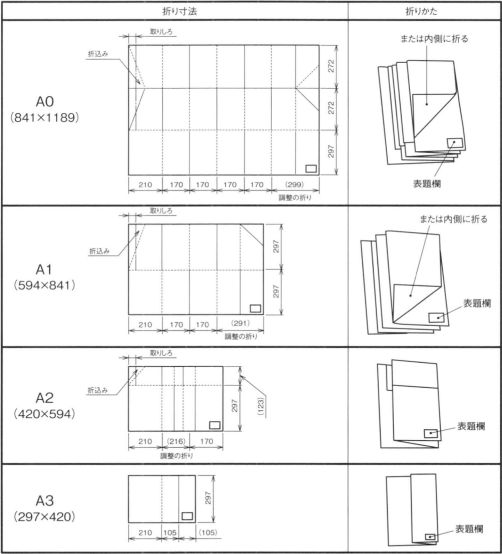

* 実線は山折り，破線は谷折りを示す.

**取りしろは一般に切り取るが，製本しない場合，または取りしろ部分を図面の一部として使用している場合は，
図中の"（折込み）"のように折り込んでもよい.

付属書 図3（b） ファイル折り

単位:mm

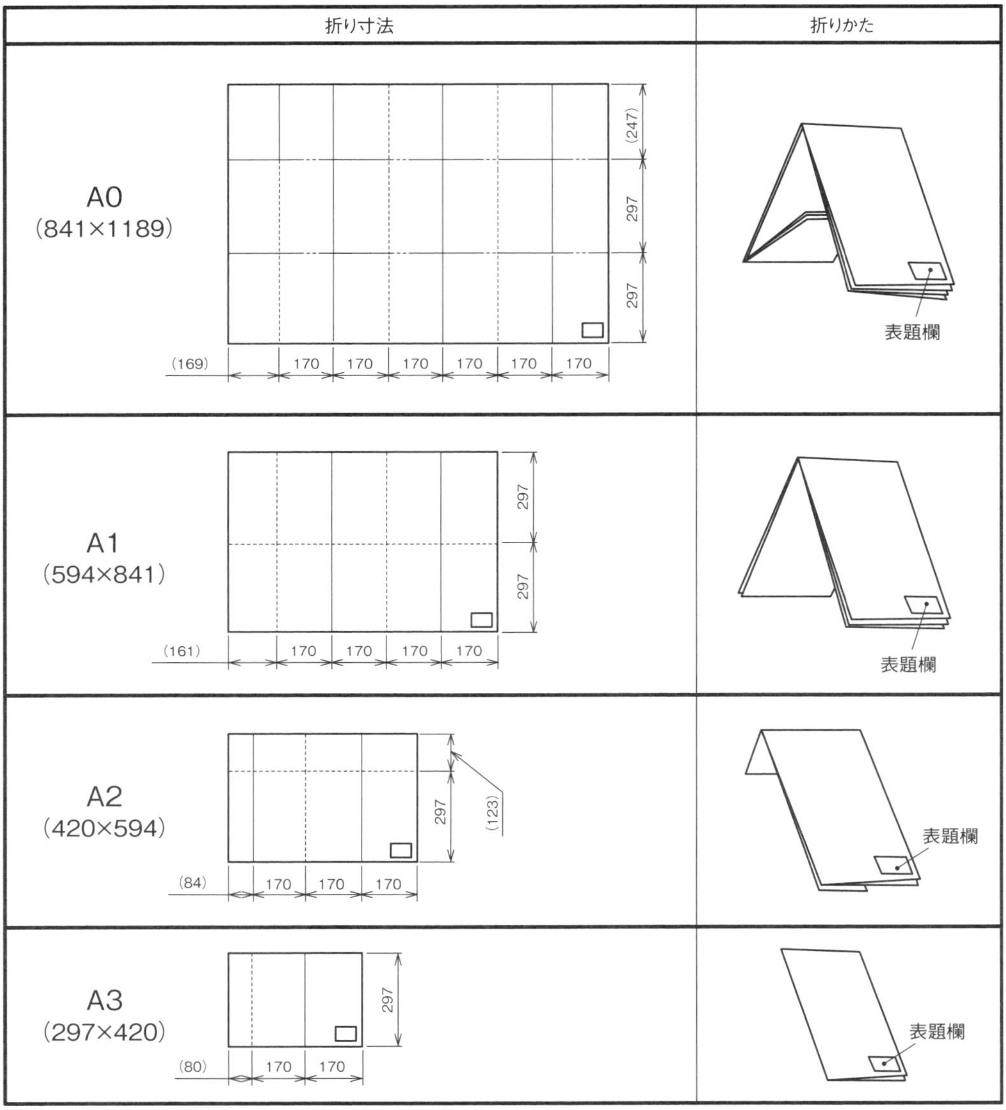
折り寸法
折りかた
A0
(841×1189)
(247)
297
297
(169)
170
170
170
170
170
170
表題欄
A1
(594×841)
297
297
(161)
170
170
170
170
表題欄
A2
(420×594)
297
(123)
(84)
170
170
170
表題欄
A3
(297×420)
297
(80)
170
170
表題欄

* 実線は山折り, 破線は谷折りを示す.

付属書 図3(c)　図面袋折り

演習課題

1　文字の練習

課題　グラフ用紙に，次の指示に従って文字を描く．

①高さを10mm，7mm，5mmと3段階変化させて，次の文字を描く．

図面設計国際化明治大学理工学部機械情報工学電気化学建築

②高さを10mm，7mm，5mmと3段階変化させて，次の文字を描く．

0123456789

③高さを10mm，7mm，5mmと3段階変化させて，次の文字を描く．

ABCDEFGHIJKLMNOPQRSTUVWXYZ

2　線の練習

①線の種類に注意して図面を作成すること．描く位置，配置に注意．

②コンパスの芯の濃さに注意すること．描く線の種類により，芯を交換して描くこと．

③太い線はFかHBにする．細い線は2HかHで描くこと（図2-1）．

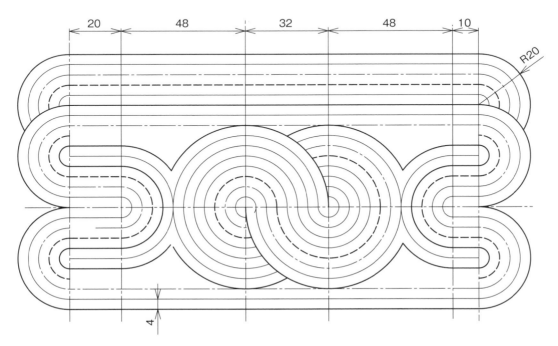

図2-1

3 図面の作成手順

機械図面の特徴は,線の種類・線の太さを変えることにより,部品形状などを表わすことである.したがって,線の種類・太さを明瞭に区別して描くことが重要である.

鉛筆を選ぶ場合,次の硬さを基準にすると,比較的きれいに図面を描くことができる.

a 細い線(0.3mm):H,2Hを用いる.

b 太い線(0.5mm):F,Hを用いる.

①図の配置を決める.

②中心線,基準となる線,輪郭を細線で描く.ただし,消すことになる部分もあるので,薄く描く(図3-1).

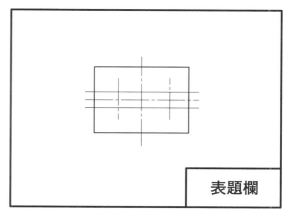

図3-1

③品物の輪郭を薄く描き,円・円弧,角丸め,面取りを描く(図3-2).

　CAD製図の場合は,矩形,直線部分を描き,次に円・円弧を描く.矩形などを描いた後に角丸め,面取りを描く(図3-3).

　CAD製図は,描いた後に編集機能で図面を編集する点が特徴である.

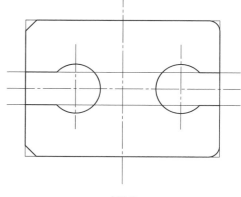

図3-2

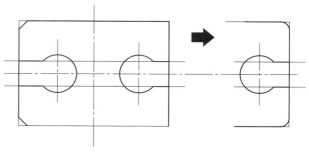

図3-3

④外形線の他，かくれ線を描く．切断線，想像線，破断線などを描く．

⑤不要な線を消し，図形を完成する．

⑥必要であれば，ハッチング（またはスマッジング）を施す．

⑦寸法補助線，寸法線，引出線を引く．

⑧寸法線の矢印（端末記号）を描く．

⑨寸法値を記入する（図3-4）．

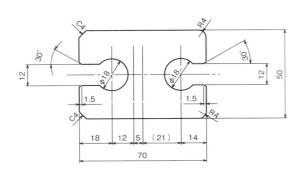
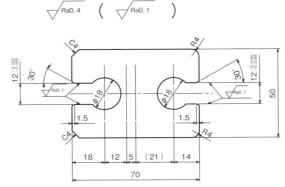

図3-4

⑩製品の幾何特性（表面性状記号，はめあい記号，幾何公差など），その他の指示記号，文字，照合番号（組立図）などを記入する．t4は，板厚が4mmを表わす．12h7の文字記入（このはさみゲージは12h7用ゲージである）（図3-5）．

⑪要目表（歯車，ばねなど），普通公差，注意書きなどを記入する．

⑫表題欄，部品欄に必要事項を記入する（名称：挟みゲージ，材料：SKS3，個数：1）．

⑬検図の手順を考慮して，誤りがないか確認する．

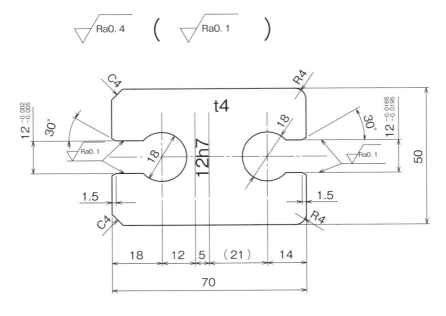

図3-5

146

課題 **ガイドを第三角法で描きなさい(用紙:A2).**

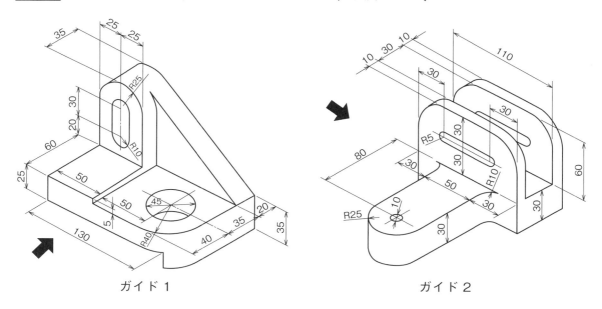

ガイド 1　　　　　　　　　　　　　　　　ガイド 2

課題 **ハンドルを第三角法で描きなさい(用紙:A3).**

・角部および隅部は R3 とする.平面部,キー溝部の表わし方に注意.
・正面図と平面図を描く.
・正面図は断面にして描く.
・断面部分はハッチングする.

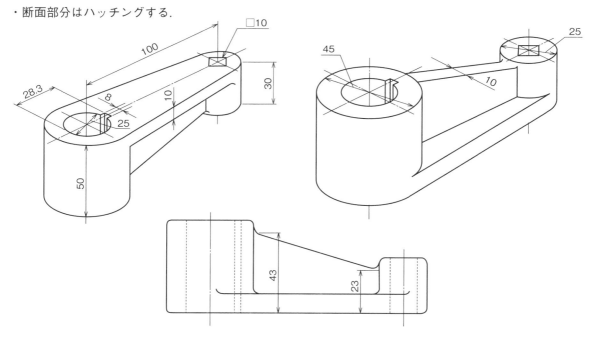

■ハンドル描画の注意事項

①中心線（一点鎖線）は，対象物から少し出る程度（3mm）で引く.

②線の重なる部分は，優先度に注意する.

③面と面の交わる部分の描きかたに注意する.

④平面部分は，細い実線を用いて対角線を記入する.

⑤寸法線，寸法補助線を規格の表わしかたに従って描く.

⑥キー溝の表わしかた，はめあいはJISで決まっている.

⑦断面図はハッチングする.

⑧注釈文を記入する.

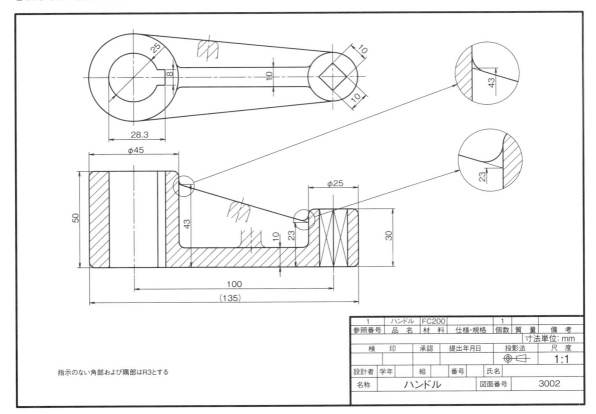

指示のない角部および隅部はR3とする

1	ハンドル	FC200		1			
参照番号	品　名	材　料	仕様・規格	個数	質　量	備　考	
						寸法単位: mm	
検　印		承認	提出年月日		投影法	尺　度	
					⊕◁	1:1	
設計者	学年		組		番号	氏名	
名称		ハンドル			図面番号	3002	

参考：製図のポイント

①中心線の引きかた（細い一点鎖線）
　長すぎない．適切な長さ．

②線の優先順．

③面と面の交線の描きかた．

④平面部の表わしかた．

⑤寸法線，寸法値の表わしかた．
　外形線からやや大きく離す．
　寸法線の上位に記入．

⑥キー溝の表わしかた．
　はめあい記号はJIS規格で決まっている．

⑦ハッチングの引きかた．
　基本中心線に対して45°に傾ける．
　字と重なる部分は中断する．
　断面の異なる部分はハッチングをずらす．
　回転図示断面の表わしかた．

⑧角部および隅部のコメント．

5 ハンドルの図面作成手順

①用紙はA3とし，図面の配置を考える．正面図と平面図を用いて図面を描く．
②中心線を描く．薄く外形線を描き，円・円弧を太線で描く（図5-1（a））
③小径円弧を太線で描く（図5-1（b））．

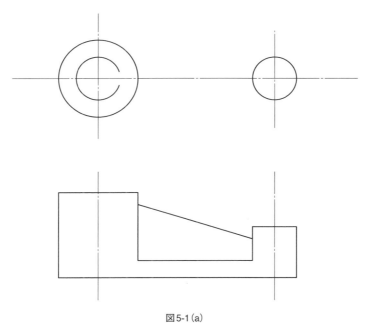

図5-1（a）

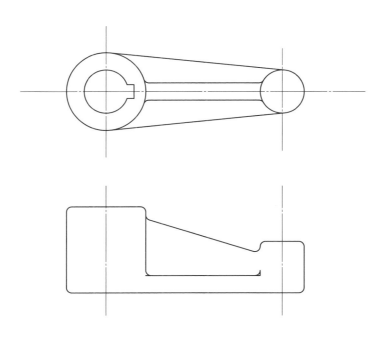

図5-1（b）

④外形を太線で描く（図5-1(c)）.
⑤回転図示断面部分を描く（図5-1(c)）.
⑥寸法を記入する. ハッチングを描く（図5-1(d)）.
⑦表題欄を完成する.

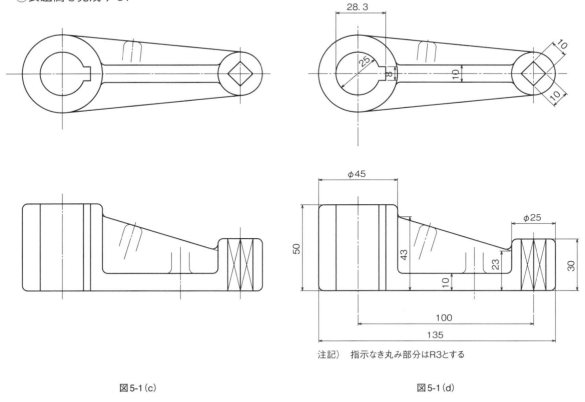

図5-1(c)   図5-1(d)

注記） 指示なき丸み部分はR3とする

面と面の交わり部の描きかたを図5-2に示す.
機械部品は，加工を考慮して部品を断面にすることが多いが，外側の形状を表わしたい場合は断面にしないで描いたり，半断面にして描くこともある.
図5-3は，断面にしないで描いた製図である. この場合，かくれ線により見えない部分を描くことになるが，線が交わる部分は形状をわかりやすくするため，接して描くようにすることが望ましい.

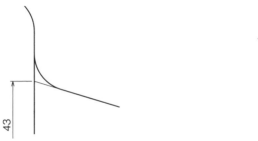
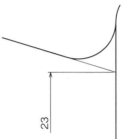

図5-2

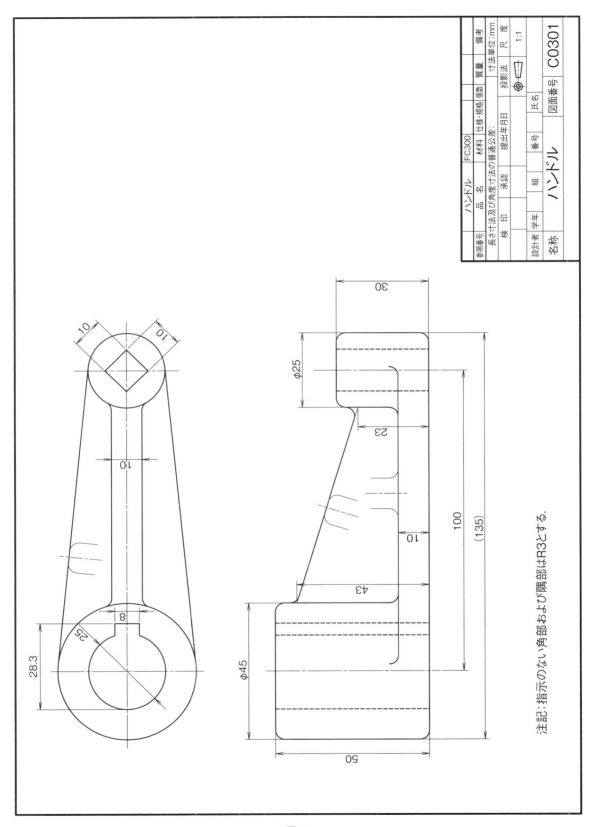

注記：指示のない角部および隅部はR3とする。

					品　名	ハンドル			参照番号

図5-3

6 断面部分のハッチング(スマッジング)演習

組立図の内容を理解するには，断面部分をハッチングするとわかりやすい．実際の図面では，ハッチングは手間と時間がかかるので，教科書の図面などは別としてハッチング(またはスマッジング)をすることはほとんどないが，ここでは図面を理解するために，転がり軸受装着部図面の断面部分をハッチングする(図6-1).

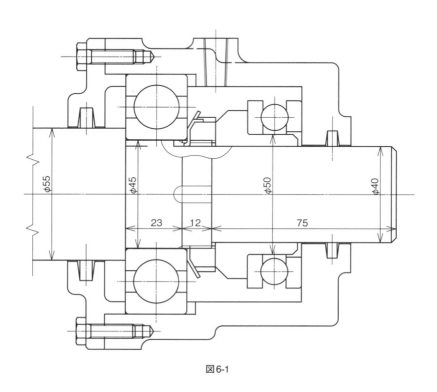

図6-1

図6-2の断面部分をハッチングする(図6-2(a)，図6-2(b)，図6-2(c)).

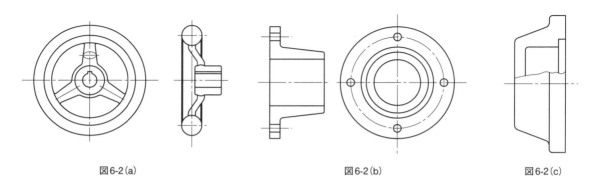

図6-2(a)   図6-2(b)   図6-2(c)

ここで，長手方向に切断しないものを次に示す．
リブ，アーム，歯車の歯，軸，ピン，ボルト，ナット，座金，小ねじ，リベット，キー，鋼球，円筒ころ.

7 フランジ（フランジ形管継手）の作図と断面法

「フランジ」は，「管継手」など部品の接続や部品強度を増すため用いる．

●課題の目的

① 図形の描きかたを習得する

② 正面図の選定

　・正面図を見れば品物の形状がわかる面

　・寸法が集中して記入できる面

　・複雑な形状の面

　・丸などの曲線が少ない面

　・その他，面積，形状が大きい面

③ 正面図の配置

　・加工時の取付け状態

　・使用状態

　・かくれ線が少なくなる状態

　・長手方向に配置

④ 必要な図の選定．不要な図は描かない

　・円筒状の部品，板物などは図形1個で描く

　・二面図で表わせる場合は二面図で，三面図を必要とする場合は三面図で描き，不要な図は描かない．
　　三面図だけで描けない複雑な図は，適宜補助投影図などを用いる

⑤ 断面図の描きかた

　・切断線の使いかた

　・断面部分の指示（AOBCDなどと記す）

　・断面部分は，ハッチング，スマッジングを施す場合もある

●課題図

　フランジの例を図7-1，図7-2に示す．上から見た図を正面図として図面を作成する（用紙A3，材料FC200）．

図の形状をわかりやすくする断面位置を検討して，断面にした位置を記入して描く（例：A-O-B-C-D，図7-3）．

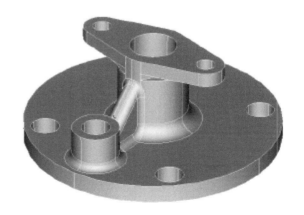

図7-1　フランジの外観

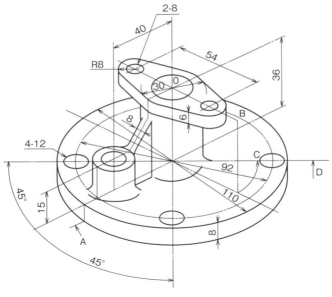

図7-2 フランジの製図例

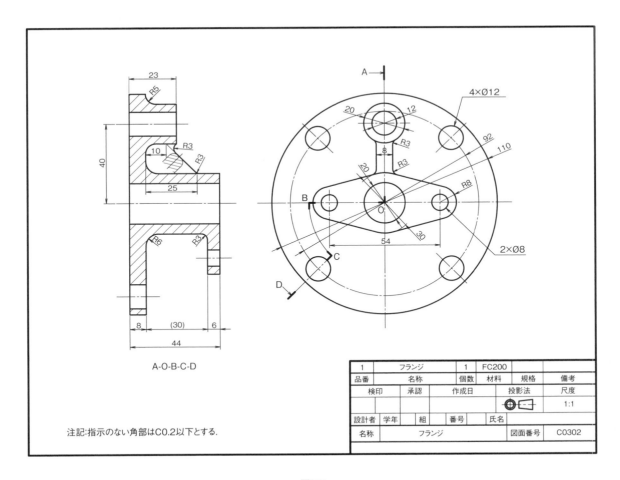

A-O-B-C-D

注記:指示のない角部はC0.2以下とする.

1		フランジ		1	FC200		
品番		名称		個数	材料	規格	備考
検印		承認	作成日		投影法		尺度
							1:1
設計者	学年		組		番号	氏名	
名称		フランジ				図面番号	C0302

図7-3

8 ボルト・ナットの製図

ボルトで締結される部品で構成されている図を描く（図は，ねじ部品を描くために考えたものである）．
①線の太さに注意して図面を描く．
②ねじ部に注意してハッチングを描く．
③ねじの種類，数に注意して部品表を描く．

課題1 （用紙：A3）

番号	名称	数量	備考
1	六角ボルト M8×40	2	JIS B 1180
2	平座金　M8	2	JIS B 1256
3	十字穴付き皿ねじ　M6×16	4	JIS B 1111
4	六角穴付きボルト　M10×20	4	JIS B 1176
5	植え込みボルト　M8×40	2	JIS B 1173
6	ばね座金　M8	2	JIS B 1251
7	六角低ナット M8	2	JIS B 1181
8	六角ナット M8	2	JIS B 1181

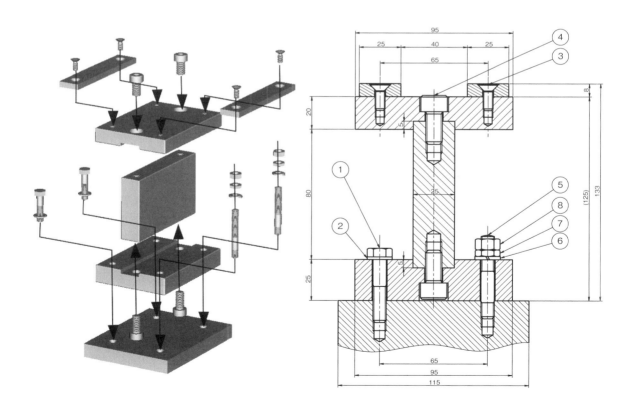

番号	名称	数量	備考
1	六角ボルト M12×45	1	JIS B 1180
2	平座金並形　M12（並形）	1	JIS B 1256
3	六角穴付きボルト　M8×25	2	JIS B 1176
4	植え込みボルト　M12×50	1	JIS B 1173
5	ばね座金　M12	1	JIS B 1251
6	六角低ナット　A M12	1	JIS B 1181
7	六角止めナットスタイル1　AM12	1	JIS B 1181

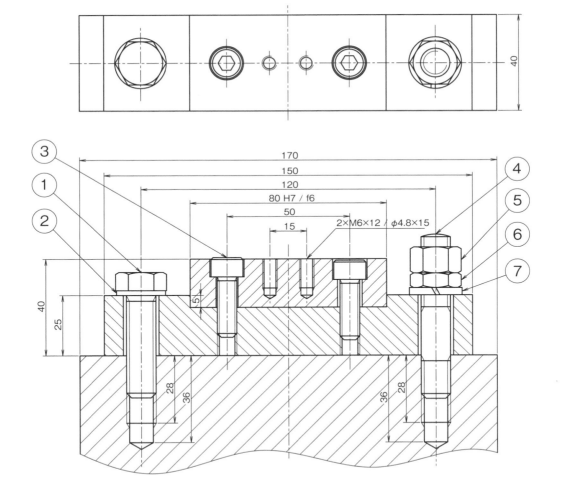

9 平歯車の製図

「歯車製図」(JIS B 0003)に規定されている事項を基に図面を描く(図9-1).

歯車と関係して, 各部の名称, 歯の大きさの表わしかた, モジュールについて理解する(表9-1).

関連規格となるキーおよびキー溝(JIS B 1301-1996)も図面作成では必要になる(用紙A3).

①キー溝部の寸法記入法に注意する
②歯底円の線の太さに注意する
③鋳造により製作されているので, 角丸めに注意する

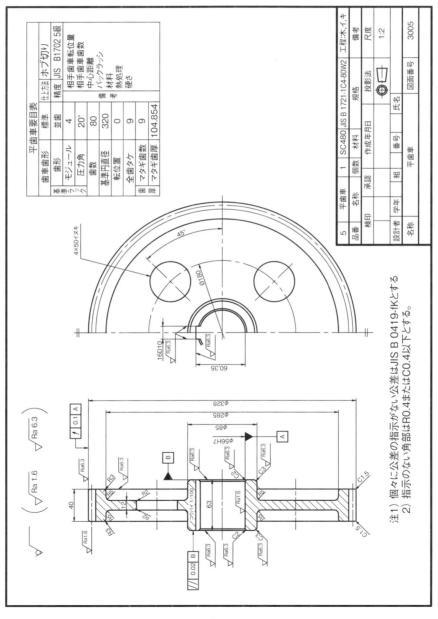

平歯車要目表		
歯車歯形	標準	
基準ラック 歯形	並歯	
基準ラック モジュール	4	
圧力角	20°	
歯数	80	
基準円直径	320	
転位量	0	
全歯たけ	9	
歯厚 マタギ歯数	9	
歯厚 マタギ歯厚	104.854	
仕上方法	ホブ切り	
精度	JIS B1702 5級	
相手歯車歯形		
相手歯車歯数		
中心距離	80	
バックラッシ		
備考 材料		
熱処理		
硬さ		

平歯車	1		SC480	JIS B 1721-1C4-80W2	工程木.1.キ
名称	個数		材料	規格	備考
承認		作成年月日		投影法	尺度 1:2
検印	学年	番号	氏名		
設計者		組			
品番 5				平歯車	図面番号 3005
名称					

注1) 個々に公差の指示がない公差はJIS B 0419-fKとする
2) 指示のない角部はR0.4またはC0.4以下とする。

図9-1

図9-2は，「歯車用語―幾何学的定義」（JIS B 0102-1999）である.

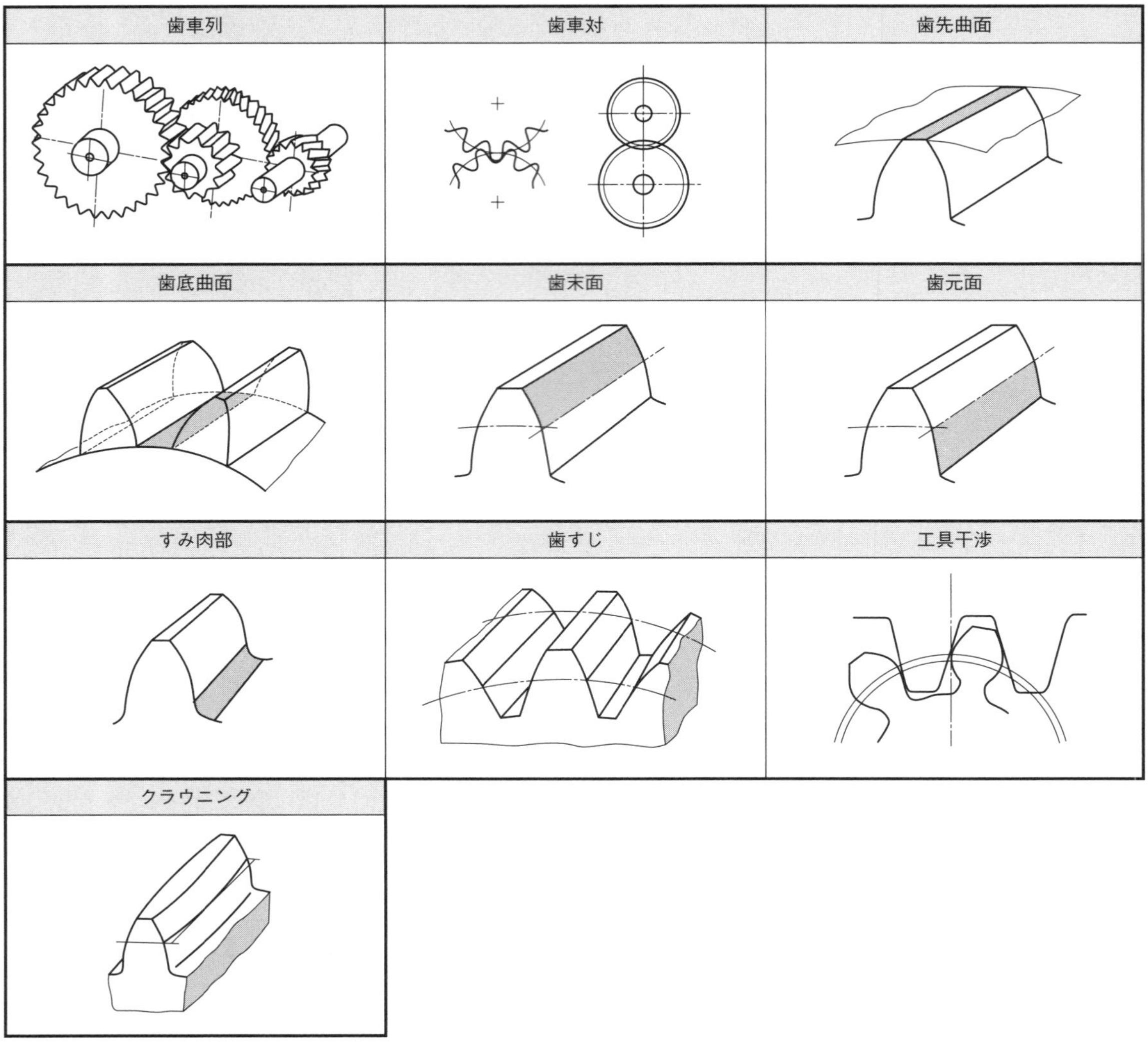

歯車列	歯車対	歯先曲面

歯底曲面	歯末面	歯元面

すみ肉部	歯すじ	工具干渉

クラウニング

図9-2　歯車用語―幾何学的定義（JIS B 0102-1999）

「モジュール」（m）は，「基準ピッチ」pを「円周率」πで除した値.または「基準円直径」dpを歯数zで除した値である（単位＝mm）.

表9-1　モジュールの標準値（JIS B 1701-2-1999）　単位：mm

Ⅰ	Ⅱ	Ⅰ	Ⅱ
1	1.125	10	7
1.25	1.375	12	9
2	1.75	16	11
2.5	2.25	20	14
3	2.75	25	18
4	3.5	32	22
5	4.5	40	28
6	5.5	50	36
8	(6.5)		45

できるだけⅠ列のモジュールを用いることが望ましい

$$m = \dfrac{d_p}{z} \qquad m = \dfrac{p}{\pi}$$

158

図9-3, 図9-4に, それぞれ平歯車, かさ歯車の噛み合った図例を示す.

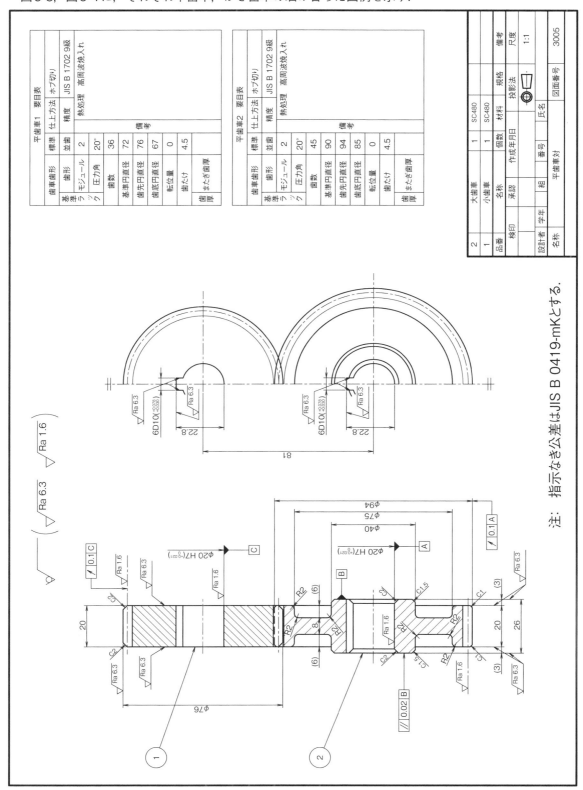

注: 指示なき公差はJIS B 0419-mKとする.

平歯車1 要目表

歯車歯形	標準		
歯形	並歯		
基準ラック モジュール	2		
圧力角	20°		
歯数	36		
基準円直径	72		
歯先円直径	76		
歯底円直径	67		
転位量	0		
歯たけ	4.5		
またぎ歯厚 歯厚			
仕上方法	ホブ切り		
精度	JIS B 1702 9級		
熱処理	高周波焼入れ		
備考			

平歯車2 要目表

歯車歯形	標準		
歯形	並歯		
基準ラック モジュール	2		
圧力角	20°		
歯数	45		
基準円直径	90		
歯先円直径	94		
歯底円直径	85		
転位量	0		
歯たけ	4.5		
またぎ歯厚 歯厚			
仕上方法	ホブ切り		
精度	JIS B 1702 9級		
熱処理	高周波焼入れ		
備考			

2	大歯車	1	SC480		備考
1	小歯車	1	SC480		尺度
品番	名称	個数	材料	規格	1:1
	承認	作成年月日		投影法	
検印	組	番号			図面番号
設計者	学年	氏名			3005
名称	平歯車対				

図9-3　平歯車のかみ合った図例

演習課題── 159

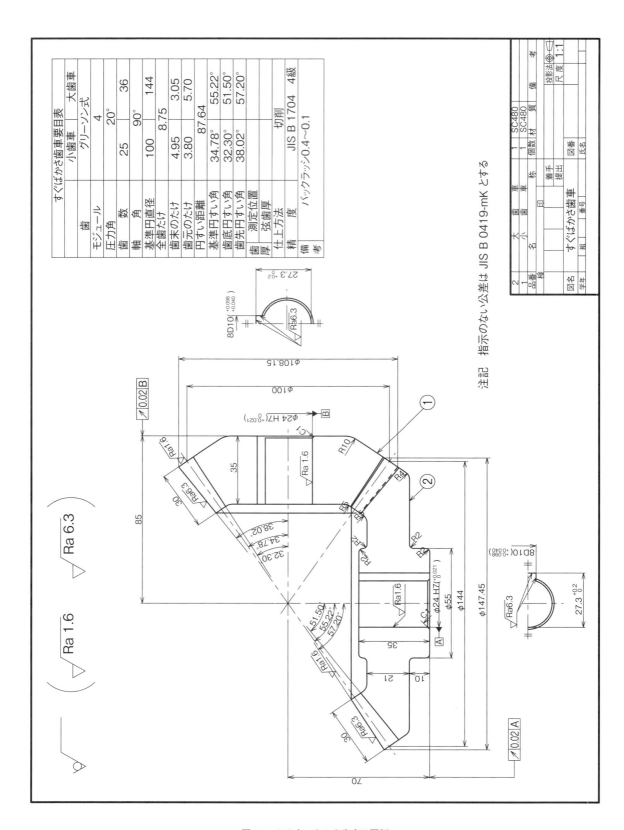

すぐばかさ歯車要目表

すぐばかさ歯車要目表		小歯車	大歯車
歯車形式		グリーソン式	
モジュール		4	
圧力角		20°	
歯数		25	36
軸角		90°	
基準円直径		100	144
全歯たけ		8.75	
歯末のたけ		4.95	3.05
歯元のたけ		3.80	5.70
円すい距離		87.64	
基準円すい角		34.78°	55.22°
歯底円すい角		32.30°	51.50°
歯先円すい角		38.02°	57.20°
測定位置			
歯厚 弦歯厚			
仕上方法		切削	
精度		JIS B 1704 4級	
備考		バックラッシ 0.4〜0.1	

注記 指示のない公差は JIS B 0419-mK とする

$\sqrt{}$ ($\sqrt[\triangledown]{Ra\,1.6}$ $\sqrt[\triangledown]{Ra\,6.3}$)

図9-4 かみ合ったかさ歯車の図例

160

10 フランジ形固定軸継手の製図

一般の機械に使われ，軸穴を加工して用いる．品質が次のように規定されている．

①軸穴中心に対する継手外径の振れ，および外径付近の継手面の振れの公差は0.03mmとする．

②継手を組み合わせた場合，一方の軸穴中心に対する他方の軸穴の公差は0.05mmとする．

③継手の外周には，組合わせ位置を示す合いマークを刻印する．

④継手の釣合いが良好で，振動の原因になってはならない．

表10-1は，継手各部の寸法公差である．また，図10-1は，フランジ形固定軸継手の継手本体を示している．

表10-2，図10-2〜図10-4に，継手本体および継手ボルトの仕様と製図の実際を示した．

表10-1 継手各部の寸法公差

継手軸穴	H7	—
継手外径	—	g7
はめ込み部	（H7	g7）
ボルト穴とボルト	H7	h7

フランジ形固定軸継手

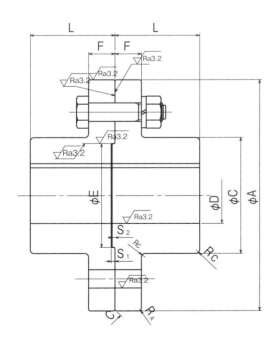

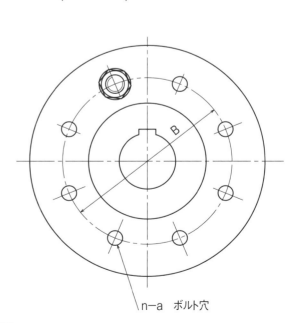

図10-1

| 継手外径 A | D | | L | C | B | F | n (個) | a | 参考 | | | | | | |
| | 最大軸穴直径 | (参考)最小軸穴直径 | | | | | | | はめ込み部 | | | Rc(約) | RA(約) | c(約) | ボルト抜きしろ |
									E	S2	S1				
112	28	16	40	50	75	16	4	10	40	2	3	2	1	1	70
125	32	18	45	56	85	18	4	14	45	2	3	2	1	1	81
140	38	20	50	71	100	18	6	14	56	2	3	2	1	1	81
160	45	25	56	80	115	18	8	14	71	2	3	3	1	1	81
180	50	28	63	90	132	18	8	14	80	2	3	3	1	1	81
200	56	32	71	100	145	22.4	8	16	90	3	4	3	2	1	103
224	63	35	80	112	170	22.4	8	16	100	3	4	3	2	1	103
250	71	40	90	125	180	28	8	20	112	3	4	4	2	1	126
280	80	50	100	140	200	28	8	20	125	3	4	4	2	1	126
315	90	63	112	160	236	28	10	20	140	3	4	4	2	1	126
355	100	71	125	180	260	35.5	8	25	160	3	4	5	2	1	157

備考1：ボルト抜きしろは，軸端からの寸法を示す．
2：継手を軸から抜きやすくするためのねじ穴は，適宜設けて差し支えない．

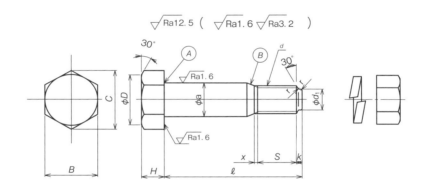

呼び $a \times \ell$	ねじの呼び d	a	d_1	s	k	ℓ	r (約)	H	B	C (約)	D (約)
10×46	M10	10	7	14	2	46	0.5	7	17	19.6	16.5
14×53	M12	14	9	16	3	53	0.6	8	19	21.9	18
16×67	M16	16	12	20	4	67	0.8	10	24	27.7	23
20.×82	M20	20	15	25	4	82	1	13	30	34.6	29
25×102	M24	25	18	27	5	102	1	15	36	41.6	34

備考
①六角ボルトは，JIS B 1181のスタイル1，強度区分は6，ねじ精度は6Hとする．
②ばね座金は，JIS B 1251の2号Sによる．
③ねじ先の形状・寸法は，JIS B 1003の平棒先によっている．
④ねじ部の精度は，JIS B 0209の6gによる．
⑤Ⓐ部には研削逃げを施してもよい．Ⓑ部はテーパでも段付きでもよい．
⑥xは，不完全ねじ部でもねじ切り用逃げでもよい．ただし，不完全ねじ部のときは，その長さを約2山とする．

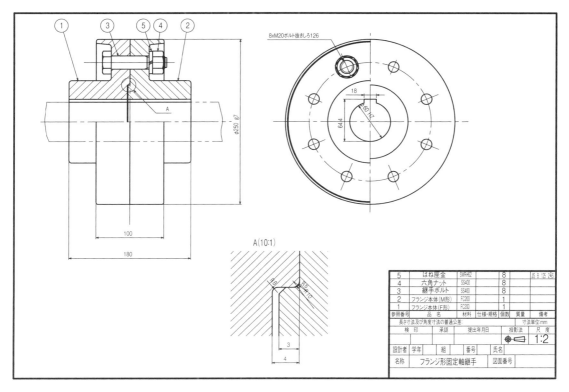

図10-2

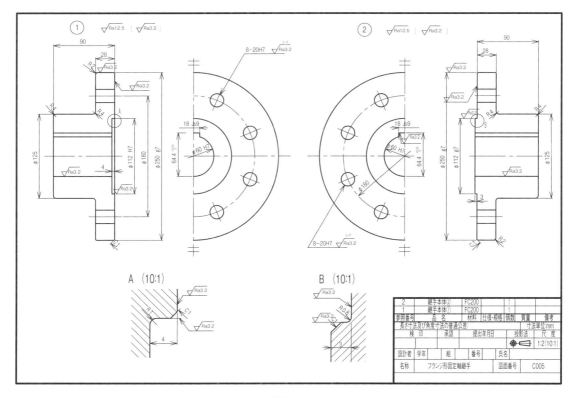

図10-3

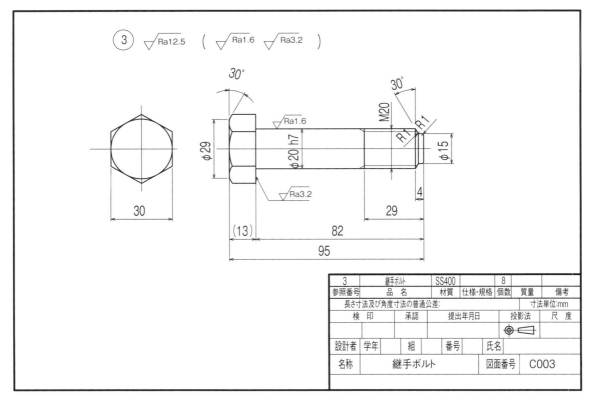

図 10-4

「ボルト抜きしろ」について

組立および分解に際し，ボルトを軸方向に移動して，取り付けまたは取り外すためのスペースが必要になる．

これを軸端からの距離で規定しているので，ボルトの頭の厚さH，ボルトの長さL，フランジの厚さFを足した長さが最低限必要となる．

（抜きしろ＝H＋L＋F＋α）

継手外径180の場合，81となっている．

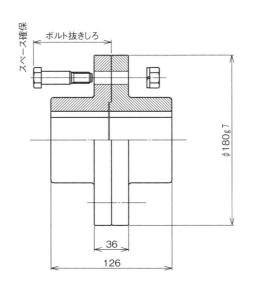

164

11 スパナの製図

「スパナ」は，ボルトやナットなどの締結に用いる作業工具で，この他に「モンキースパナ」，「パイプレンチ」，「めがねレンチ」などがJISに規定されている.

スパナの呼びかたは，「規格番号又は規格の名称」「種類」「等級及び呼び」による（表11-1）.

スパナはボルトなどを締めるため，頭部の二面幅部分には表11-2のように寸法許容差が与えられている.

「丸形片口スパナ」，「丸形両口スパナ」の形状を，それぞれ図11-1，図11-2に示した.

図11-3に，両口スパナの図面を示す.

表11-1　スパナの呼びかた

種類		等級	等級を表わす記号
頭部の形状による種類	口の数による種類		
丸形	片口	普通級	N
		強力級	H
	両口	普通級	N
		強力級	H
やり形	片口	―	S
	両口		

例：呼びかた（JIS B 4630）丸形両口スパナ
　　強力級　8×10

表11-2　スパナの二面幅の許容差（JIS B 463）

呼び	許容差（単位mm）	
	最小	最大
6	+0.02	+0.12
6, 7, 8, 9	+0.03	+0.15
10, 11	+0.04	+0.19
12, 13	+0.04	+0.24
14,16	+0.05	+0.27
17,18	+0.05	+0.30
19, 21, 22, 23, 24	+0.06	+0.36
26, 27, 29, 30, 32	+0.08	+0.48
35, 36, 38, 41, 46, 50	+0.10	+0.60
54, 55, 58, 60, 63, 65, 67, 70, 71	+0.12	+0.72
75, 77, 80	+0.16	+0.85

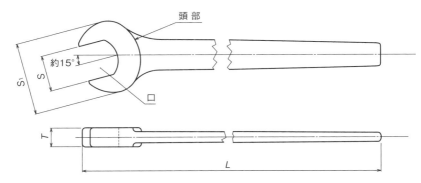

図11-1　丸形片口スパナ

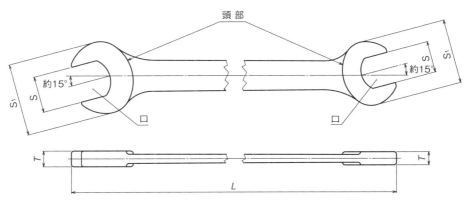

図11-2　丸形両口スパナ

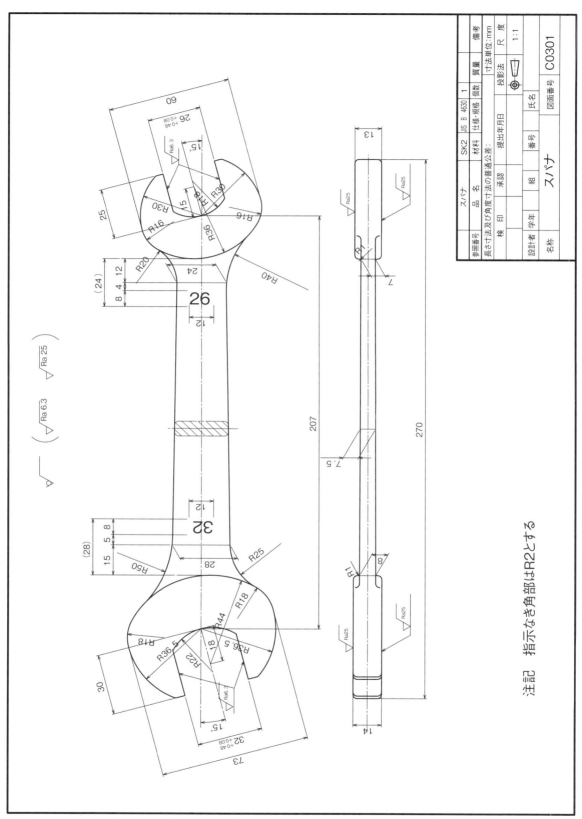

注記 指示なき角部はR2とする

図11-3

12 豆ジャッキの製図

「ジャッキ」は，物を持ち上げたり，レベル合わせをする道具である．豆ジャッキを3，4個を用いて加工物を支持することで，基準面のレベル合わせに使用する．

図12-1のように，①本体，②送りねじ，③先金，④ハンドル，⑤リングで構成されている．ハンドルを回転することで，ねじが上下する．

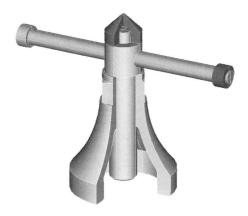

多品一葉で描く（用紙A3）．必ず，最初に図の配置を考える．

図12-2に，組立図と部品図を示す．
図面作成上の注意事項は，次のようである．
①部品は，加工法を考慮して配置する
②部品形状が小さい場合には倍尺で描く
③物体の移動範囲を表わす仮想線を利用する
④半断面，破断線を利用する
⑤対称図示記号を記入する゛
⑥はめあい記号を記入する
⑦幾何公差を記入する
⑧表面性状の指示記号を記入する
⑨普通寸法公差の注意書きを記入する

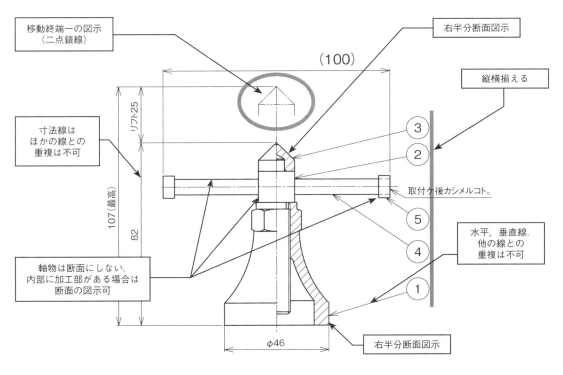

図12-1

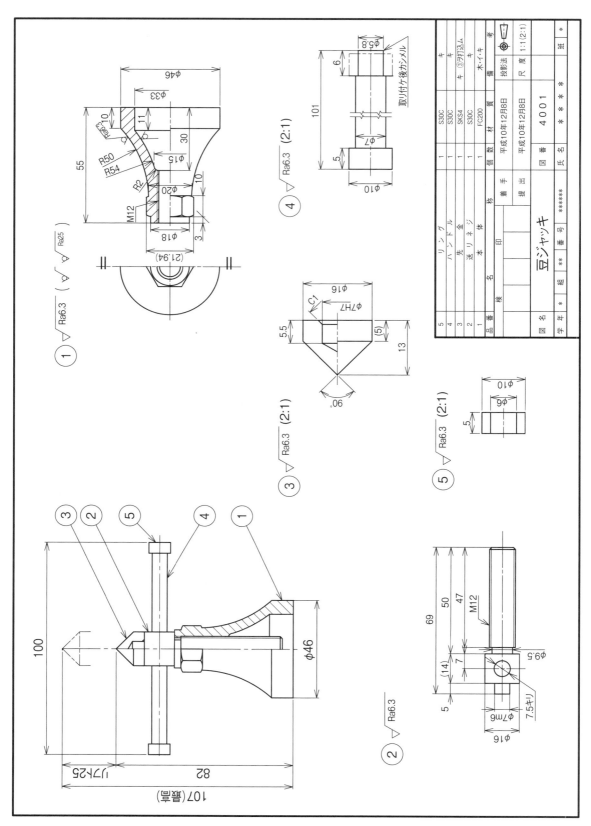

図 12-2

13 滑車（プーリ）の製図

(1)滑車について

滑車は，重量物を持ち上げる道具として広く利用されている．軸部分に円盤状の回転する索輪とその外周部にロープ，ベルト，チェーンなどを巻き，引き上げる構造になっている．

(2)課題の目的

滑車の構造ならびに各部の機能を理解するとともに，滑車組立図ならびに滑車本体の正面図と側面図，ブシュの部品図をA2サイズの用紙に多品一葉で描く．図13-1に，描く滑車の形状と各部名称を示す．

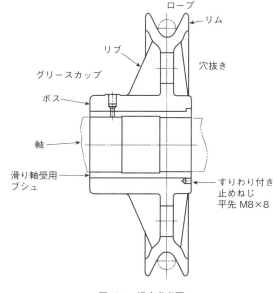

図13-1　滑車参考図

(3)特徴

①円盤部分の強度を持たせるためにリブが設けられている．
②グリースカップが取り付けられ，潤滑がされていることに注意する．
③軸にはまる部分に用いられる滑り軸受は，当たりを良くするために中央部分の肉を抜いていることに注意する．

以下の項目に注意して図面を完成させる．
①組立図と部品図の描きかたを習得する．
②はめあい記入する箇所を検討して記入する．
③幾何公差を記入する箇所を検討して記入する．
④表面性状の図示記号に注意し，記入する．
⑤部品組付け後加工する部分の指示方法（加工箇所，加工法，寸法など）．
⑥普通寸法差の意味を理解し，注記などで記入する．
⑦照合番号を記入する．縦方向・横方向に揃えて記入することに注意．

(4)組立図の描きかた

①組立図は，その部品の組立あるいは全体の構造・作用を知る上で必要なもので，機械装置や構造物全体の組立状態を表わし，その性質上多くは「断面図」あるいは「部分断面図」で描く．
②寸法は，主要寸法および組立に必要な寸法だけを記入するのが一般的である．
③図面中の各部品には照合番号を付け，部品図との関係を明確にしなければならない．
④組立図だけで全体の構造を表わすことができない複雑な品物では，部分組立図を用いる．
⑤品物が簡単な場合は組立図に各部品の寸法を記入し，部品図を省略することができる．

(5) 図面作成上の注意事項

図13-2に，丸み部分の描きかたを示す．直線と曲線の交点まで細線で描き，位置がわかるようにしておく．図13-3に滑り軸受を固定するためのすりわり付き止めねじ部分，図13-4にグリースカップを取り付けるねじ部分を示す．鋳造部品などの表面にねじを切るような場合，少し盛り上げて形状で鋳造加工し，その表面をフライス加工した後ねじを立てる．

図13-5に，市販されているグリースカップ，オイルカップの例を示す．

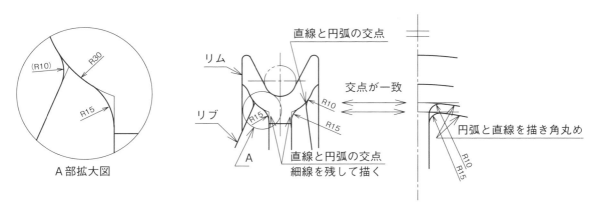

図13-2　直線と曲線の交点の描画

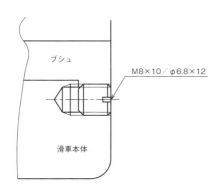

図13-3　すりわり付き止めねじ部分

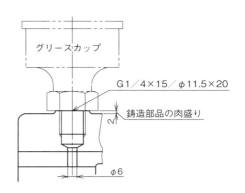

図13-4　グリースカップ固定ねじ部

図13-5　グリースカップ(左)とオイルカップ(右)の例
(栗田製作所)

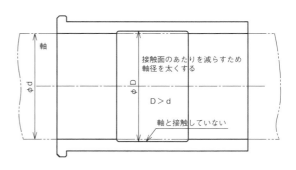

図13-6　ブシュと軸の接触面を少なくする例

滑り軸受の機能を持つブシュは軸との接触面積が大きいため，図13-6に示すように中心部分が接触しないような加工が施される．平面で滑り接触する案内面などでも見られることである．

図13-7，図13-8に，滑車組立図，滑車部品図をそれぞれ示す．

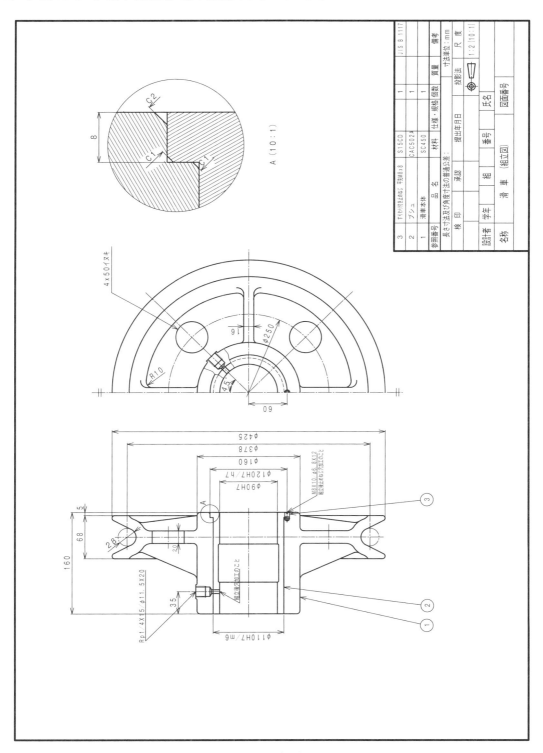

図13-7　滑車組立図

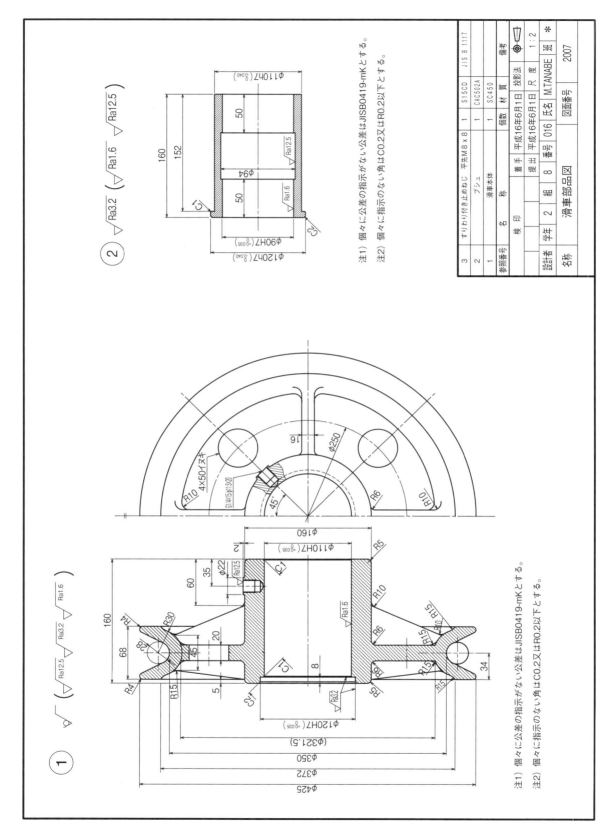

図13-8　滑車部品図

14 転がり軸受と歯車付き軸の製図

次の目標に従って，図面を作成する．

①転がり軸受の図示法を習得する．

②組立図，部品図の製図．組立図における照合番号の記入．

③表題欄の記入．部品番号の記入とその順序に注意する．

④公差，はめあいの理解と図示法を習得する．

⑤はめあいの種類を理解し，使用法を習得する．

図14-1に，課題図を示す．

各部の寸法は，次のようである．なお，部品表を表14-1に挙げておく．

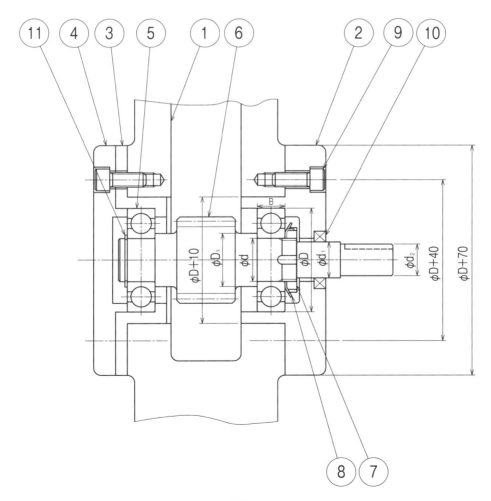

図14-1

表14-1　部品表

品番	名　称	個数	材料	備　考
1	玉軸受箱本体	1	FC200	
2	玉軸受箱（１）	1	FC200	
3	玉軸受箱（２）	1	FC200	
4	玉軸受押さえ	1	FC200	
5	深溝玉軸受 ＊1)	2	SUJ2	JIS B 1521
6	歯車軸	1	SF490A	
7	転がり軸受用ナット ＊2)	1	S25C	JIS B 1554
8	転がり軸受用座金 ＊3)	1	SS400	JIS B 1554
9	六角穴付きボルト M12x25	8	SS400	JIS B 1176
10	オイルシール	1		JIS B 2402
11	C形止め輪	1		JIS B 2804

①組立図には主要寸法と照合番号を記入する.

②記入していない寸法以外は, 各自でプロポーションを考慮して決める.

③玉軸受の製図は, 規格, 資料を参考に描く.

④円筒軸端（JIS B 0903）の寸法は, 規格で決められているので参考にする.

⑤オイルシールは, JIS B 2402（図14-2）を参考にする.

⑥キー溝の寸法は, JIS B 1301 を参考に描く.

＊1), ＊2), ＊3)は課題で指定された製品の型番を記入する

「オイルシール」（JIS B 2402-1）は, 構造により6タイプに分類されている. 図14-2は, その代表例である. また, オイルシールの呼び寸法を表14-2に示す. 軸端の面取りは, 表14-3に示した値以上の面取りを行なう.

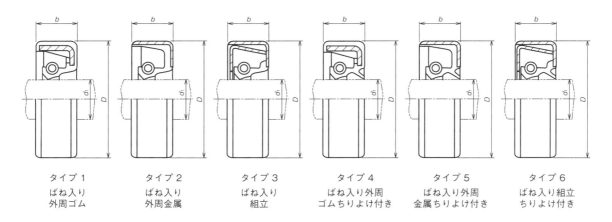

タイプ 1	タイプ 2	タイプ 3	タイプ 4	タイプ 5	タイプ 6
ばね入り 外周ゴム	ばね入り 外周金属	ばね入り 組立	ばね入り外周 ゴムちりよけ付き	ばね入り外周 金属ちりよけ付き	ばね入り組立 ちりよけ付き

図14-2　オイルシールの種類

表14-2 部オイルシールの呼び寸法

d_1	D	b	d_1	D	b	d_1	D	b	d_1	D	b
6	16	7	20	40	7	35	55	8	70	90	10
6	22	7	22	35	7	38	55	8	70	95	10
7	22	7	22	40	7	38	58	8	75	95	10
8	22	7	22	47	7	38	62	8	75	100	10
8	24	7	25	40	7	40	55	8	80	100	10
9	22	7	25	47	7	40	62	8	80	110	10
10	22	7	25	52	7	42	55	8	85	110	12
10	25	7	28	40	7	42	62	8	85	120	12
12	24	7	28	47	7	45	62	8	90	120	12
12	25	7	28	52	7	45	65	8	95	120	12
12	30	7	30	42	7	50	68	8	100	125	12
15	26	7	30	47	7	50	72	8	110	140	12
15	30	7	30	52	8	55	72	8	120	150	12
15	35	7	32	45	8	55	80	8	130	160	12
16	30	7	32	47	8	60	80	8	140	170	15
18	30	7	32	52	8	60	85	8	150	180	15
18	35	7	35	50	8	65	85	10	160	190	15
20	35	7	35	52	8	65	90	10	170	200	15

d_1	D	b	d_1	D	b	d_1	D	b	d_1	D	b
180	210	15	240	270	15	320	360	20	400	440	20
190	220	15	260	300	20	340	380	20	450	500	25
200	230	15	280	320	20	360	400	20	480	530	25
220	250	15	300	340	20	380	420	20	—	—	—

単位：mm

表14-3 軸端の面取り

軸径の呼び d_1	$d_1 - d_2$(1)	軸径の呼び d_1	$d_1 - d_2$(1)
$d_1 \leqq 10$	1.5	$50 < d_1 \leqq 70$	4.0
$10 < d_1 \leqq 20$	2.0	$70 < d_1 \leqq 95$	4.5
$20 < d_1 \leqq 30$	2.5	$95 < d_1 \leqq 130$	5.5
$30 < d_1 \leqq 40$	3.0	$130 < d_1 \leqq 240$	7.0
$40 < d_1 \leqq 50$	3.5	$240 < d_1 \leqq 480$	11.0

注(1) 軸端にR面取りを施す場合も，この値以上とする.

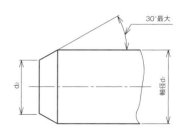

単位：mm

表14-4　ハウジングの寸法

オイルシールの呼び幅　b	最小ハウジング穴深さ	ハウジング面取り長さ	最大ハウジング穴隅の丸み
b≦10	b+1.2	0.70～1.00	0.50
bb	b+1.5	1.00～1.30	0.75

表14-5　幅の許容差

呼び幅　b	許容差
b≦10	±0.3
10＜b≦14	±0.4
14＜b≦18	±0.5
18＜b≦25	±0.6

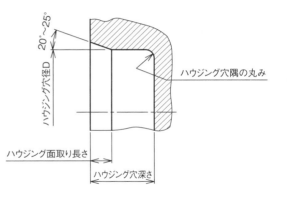

軸，ハウジングの形状，表面粗さ，寸法公差などがオイルシールの性能に大きく関係するため，材料や粗さの推奨値が，次のように与えられている（表14-4，表14-5）．

・ハウジング穴径の公差等級は，JIS B 0401-2のH8とする．

・ハウジングの表面粗さは，JIS B 0601およびJIS B 0633に規定されている（3.2～0.4）μmRa，または（12.5～1.6）μmRz，とする．

・軸の材料はS45Cが推奨され，粗さは0.32～0.1μmRa，または（2.5～0.8）μmRz，とする．

図14-3に，軸受部品図の参考例を示す．

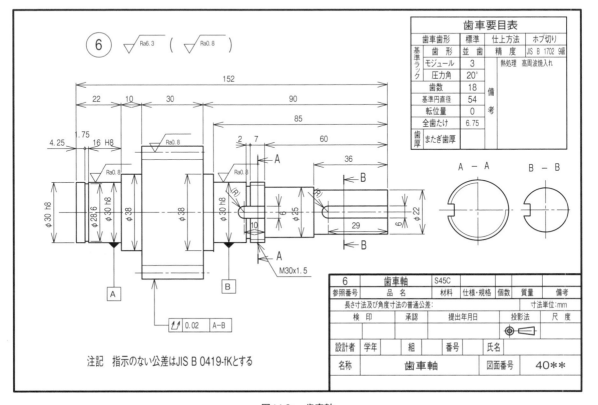

図14-3a　歯車軸

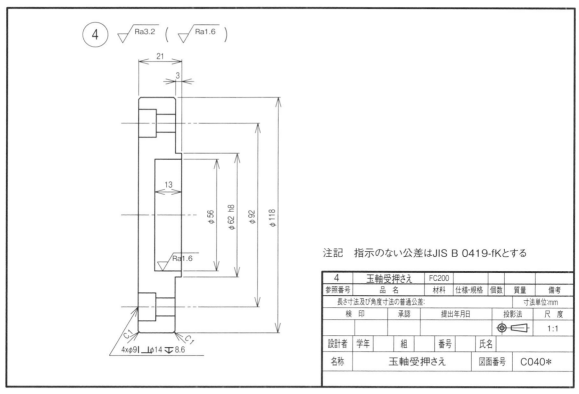

注記　指示のない公差はJIS B 0419-fKとする

4	玉軸受押さえ		FC200				
参照番号	品　名		材料	仕様・規格	個数	質量	備考
長さ寸法及び角度寸法の普通公差:						寸法単位:mm	
検　印		承認	提出年月日		投影法		尺　度
							1:1
設計者	学年		組		番号	氏名	
名称		玉軸受押さえ			図面番号		C040*

図14-3b　玉軸受押さえ

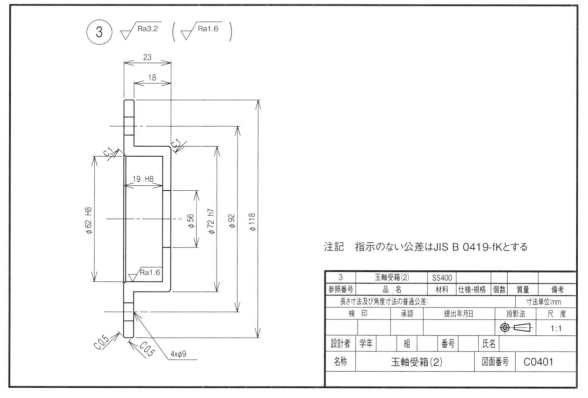

注記　指示のない公差はJIS B 0419-fKとする

3	玉軸受箱(2)		SS400				
参照番号	品　名		材料	仕様・規格	個数	質量	備考
長さ寸法及び角度寸法の普通公差:						寸法単位:mm	
検　印		承認	提出年月日		投影法		尺　度
							1:1
設計者	学年		組		番号	氏名	
名称		玉軸受箱(2)			図面番号		C0401

図14-3c　玉軸受箱(2)

15 軸の製図

「軸」は，機械要素部品のなかで最も多く用いられ，直径数mm～数mのものまで，さらに高い精度を要求されるもの，断面が円形でない「スプライン軸」，直線的でない「クランク軸」など種類も多く，重要な部品である．

軸を図面に描く場合，「短軸」，「長軸」，「段付き軸」などにより加工法が異なるため，図面に記入する場合は加工情報も重要な項目となる．

ここでの課題は，長軸（長物）の加工方法と関連する旋盤によるセンタ穴加工，軸に加工されているメートル台形ねじ，逃げ部の描きかた，幾何公差の記入法などを，軸の図面を描くことを通して習得する．

（1）軸の加工とセンタ穴

長物を普通旋盤で加工する場合，ヘッドストックに面板を取り付けてセンタをはめ込み，テールストック側にもセンタ（図15-1）を取り付けて軸を支持し，加工する．この場合，図15-2に示すように，軸の端面に規格で規定されているセンタ穴（JIS B 0041）を加工し，軸を両センタ加工する（図15-3）．ターニングセンタを用いた両端チャック加工も，長物の軸加工で用いられる（図15-4）．

図15-1　回転センタ

面板，ケレ　　振れ止め

図15-3　両センタ軸加工例
（提供：サカイマシンツール）

図15-2　センタ穴の加工（提供：西技術士事務所）

チャック本体　爪　　　　工作物　　　　　爪　チャック本体

図15-4　両端チャック加工（提供：伊東誼氏）

(2) 軸の製図

課題 参考図（図15-5）を基に，軸の図面を完成させる.

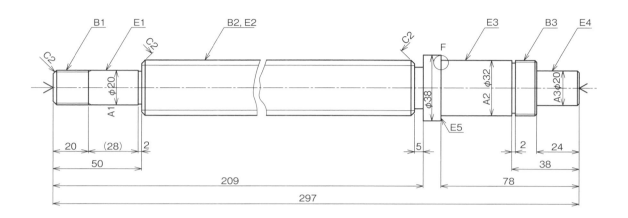

図15-5　軸の製図参考図

図面記入項目

①はめあいの記入

　図面の直径部分を記号A1，A2，A3と記入している．H7穴基準のすきまばめとしてはめあい記号ならびに対応する許容値を記入.

②ねじ表示の記入

　記号「B1，B2，B3」に，以下のような仕様となるねじを記入.

　・B1部分（メートル細目ねじ，呼び径20mm，ピッチ2mm）

　・B2部分（メートル台形ねじ，呼び径32mm，ピッチ6mm）

　・B3部分（メートル細目ねじ，呼び径32mm，ピッチ1.5mm）

③幾何公差の記入

　E1（A1 φ20円筒の軸線）とE3（A2 φ32円筒の軸線）を2つのデータムとしてE2，E4の円筒部分の同軸度を公差域0.01に規制するように幾何公差を記入.

　円筒側面E5部分の振れをE3，軸径φ32の円筒の軸線をデータムとして公差域0.005に規制するように幾何公差を記入.

④表面性状の図示

　表面性状がE1，E2，E3，E4部分ではRa＝0.8，これ以外はRa＝6.3となるように記入.

⑤センター穴の図示（両センター加工）　拡大詳細図を用いて描く.

⑥角部Fの拡大図を描く．（尺度5:1）

・部分拡大図の表示

英字の大文字と尺度を付記する（図15-6）.

例＝F（5:1）

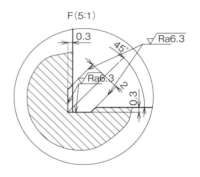

図15-6　部分拡大図

・切削加工品の面取りおよび丸み（JIS B 0701）

図15-7, 表15-1に, 面取りと丸みの指示と数値を示す.

表15-1

面取りCおよび丸みRの値		
0.1	1.0	10
―	1.2	12
―	1.6	16
0.2	2.0	20
―	2.5（2.4）	25
0.3	3（3.2）	32
0.4	4	40
0.5	5	50
0.6	6	―
0.8	8	―

単位：mm

備考：カッコ内の数値は, 切削工具チップを用いて隅の丸みを加工する場合にだけ使用してもよい.

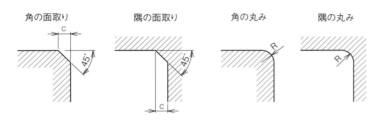

図15-7　切削加工部品の面取りと丸み

・段付き軸角部の逃げについて

丸軸・丸穴の研削逃げ部の形状と寸法は, 表15-2, 図15-8のようである.

①外径研削
　a　段付き部側面を研削する場合
　b　段付き分側面を研削しない場合

②内径研削
　a　段付き部側面を研削する場合
　b　段付き分側面を研削しない場合

表15-2

軸・穴径の区分	側面を研削する場合					側面を研削しない場合				
	r	b	b_1	t	h	r	b	t	h	h
3を超え18以下	0.6	2	1	0.2	2	0.6	2	0.2	2	0.4
18を超え50以下	1	3	1.5	0.3	3	0.6	3	0.3	3	0.5
50を超え85以下					3.5				3.5	
85を超えるもの	1.6	3	2.5	0.5	4.5	1	3	0.5	4.5	1

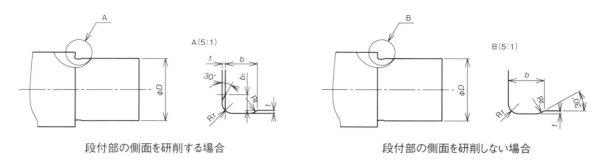

段付部の側面を研削する場合	段付部の側面を研削しない場合

図15-8

・センタ穴について

「センタ穴」(JIS B 1011) は，長い軸を加工する両センタ加工 (機械加工) の他，測定および検査に用いられ，表15-3に示す4種類が規定されている．センタ穴に関連する規格には，「センタ穴」(JIS B 1011)，「センタ穴ドリル」(JIS B 4304)，「製図—センタ穴の簡略図示方法」(JIS B 0041) の3つが関係している．
例として角度60°，形式A形，B形，C形の寸法と形状を図15-9に示す．
センタ穴の呼びかたは，「角度」，「名称」，「形式」および「呼び (d)」で表わし，次のように記する．

例 60°センタ穴　C形4

表15-3　センタ穴の種類

角度			形式
60°	75°	90°	A
			B
			C
		—	R

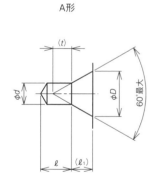

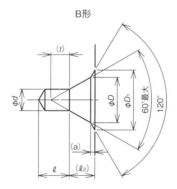

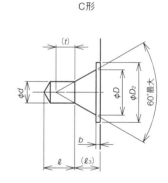

センタ穴 (JIS B 0041)

単位：mm

d 呼び	D	D_1	D_2 (最小)	ℓ* (最大)	b (約)	参考				
						ℓ_1	ℓ_2	ℓ_3	t	a
1	2.12	3.15	3.15	1.9	0.4	0.97	1.27	1.37	0.9	0.3
1.6	3.35	5	5	2.8	0.6	1.52	1.99	2.12	1.4	0.47
2	4.25	6.3	6.3	3.3	0.8	1.95	2.54	2.75	1.8	0.59
2.5	5.3	8	8	4.1	0.9	2.42	3.2	3.32	2.2	0.78
3.15	6.7	10	10	4.9	1	3.07	4.03	4.07	2.8	0.96
4	8.5	12.5	12.5	6.2	1.3	3.9	5.05	5.2	3.5	1.15
(5)	10.6	16	16	7.5	1.6	4.85	6.41	6.45	4.4	1.56
6.3	13.2	18	18	9.2	1.8	5.98	7.36	7.78	5.5	1.38
(8)	17	22.4	22.4	11.5	2	7.79	9.35	9.79	7	1.56
10	21.2	28	28	14.2	2.2	9.7	11.66	11.9	8.7	1.96

図15-9　センタ形状と寸法 (JIS B 1011　60°センタ穴の例　抜粋)

センタ穴を加工するためのセンタ穴ドリル（JIS B 4304）が規格化されており，センタ穴の形式によりA形，B形，C形，R形の形状があり，小径d，シャンク径Dの寸法と許容差が規定されている．A形，B形の形状を図15-10に示す．

製品の呼びかたは，「規格番号」または「規格名称」，「種類」，「呼び」および「材料記号」で表わす．

例 JIS B 4304 A形 2/5 SKH51，センタ穴ドリルB形 6.3/20 HSS

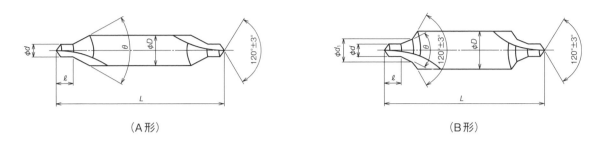

（A形）　　　　　　　　　　　　　（B形）

図15-10　センタ穴ドリルの形状の例（JIS B 4303）

・センタ穴の図示

センタ穴を図面に描く場合，「製図―センタ穴の簡略図示方法」（JISB0041）の規格があり，図示方法および呼びかたが規定されている．センタ穴の記号および呼びかたの図示方法と，具体的な形状を描いた例を図15-11に示す．

表15-4，表15-5に，センタ穴の呼びかたと推奨するセンタ穴の寸法を示す．

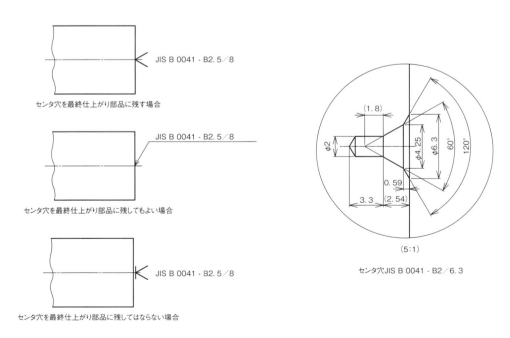

JIS B 0041 - B2.5／8

センタ穴を最終仕上がり部品に残す場合

JIS B 0041 - B2.5／8

センタ穴を最終仕上がり部品に残してもよい場合

JIS B 0041 - B2.5／8

センタ穴を最終仕上がり部品に残してはならない場合

（5:1）

センタ穴 JIS B 0041 - B2／6.3

図15-11　センタ穴の図示方法

表15-4　センタ穴の呼びかたの例

センタ穴の種類	呼びかた(例)	呼びかたの説明
R形 円弧形状を持つもの （JIS B 4304による センタ穴ドリル）	JIS B 0041-R3.15/6.7	d=3.15 D_1=6.7
A形 面取りを持たないもの （JIS B 4304による センタ穴ドリル）	JIS B 0041-A4/8.5	d=4 D_2=8.5
B形 面取りを持つもの （JIS B 4304による センタ穴ドリル）	JIS B 0041-B2.5/8	d=2.5 D_3=8

注)*　寸法tについては，表15-5を参照.
　**　寸法ℓは，センタ穴ドリルの長さに基づくが，tよりも小さい値となってはならない.

表15-5　推奨するセンタ穴の寸法

d 呼び	種類　（JIS B 4304による）					
	R形	A形			B形	
	D_1呼び	D_2呼び	t参考		D_3呼び	t参考
(0.5)		1.06	0.5			
(0.63)		1.32	0.6			
(0.8)		1.70	0.7			
1.0	2.12	2.12	0.9		3.15	0.9
(1.25)	2.65	2.65	1.1		4	1.1
1.6	3.35	3.35	1.4		5	1.4
2.0	4.25	4.25	1.8		6.3	1.8
2.5	5.3	5.30	2.2		8	2.2
3.15	6.7	6.70	2.8		10	2.8
4.0	8.5	8.50	3.5		12.5	3.5
(5.0)	10.6	10.60	4.4		16	4.4
6.3	13.2	13.20	5.5		18	5.5
(8.0)	17.0	17.00	7.0		22.4	7.0
10.0	21.2	21.20	8.7		28	8.7

備考　カッコを付けて示した呼びのものは，なるべく用いない.

・共通データム

AとBの中心を結んだ直線を基準としたデータムの例を図15-12に示す.

記号Aの円筒の軸線と，記号Bの円筒の軸線の2つのデータム（基準）を1つのデータム（A-B）として，指定部分の円筒部分の同軸度を公差域0.05，0.025，0.01に規制している例である.

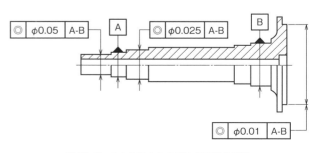

図15-12　AとBの中心を結んだ直線を基準

16 安全弁の製図

各種ガス，空気などの流体により過剰な圧力が発生した場合，破壊しないようにガスを逃がし，装置を保護するための弁である．

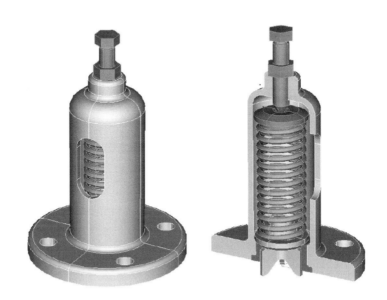

図16-1　CADで描いた安全弁

●課題の目的

①参考図を基に，安全弁の動作原理を理解し，描きかたを習得する．

②とくに安全弁を描くことを通して，組立図および部品図の描きかたを習得する．

③コイルばねの描きかたを習得する．

④はめあい部分の記入法を習得する．

⑤表面性状の図示方法，面取りの記入，拡大図の描きかたを習得する．

3次元CADで描いた安全弁を，図16-1に示す．図の下部から高い圧力が作用するとばねが押し上げられ，弁の側面にあけられた穴から気体や液体が外へ流れ出て，圧力を解放する機構となっている．

図16-2に組立図を示す．羽根の部分の形状を描くことと関係して，リブの描きかたを理解しておくことが重要である．

補強のためのリブや羽根などが放射状に位置している場合，そのままで描くと実際の寸法がわかりにくいため，図16-3，図16-4に示すように，羽根，リブを水平方向に移動して描く．羽根部分，調整ボルト受け部を図16-5に示す．

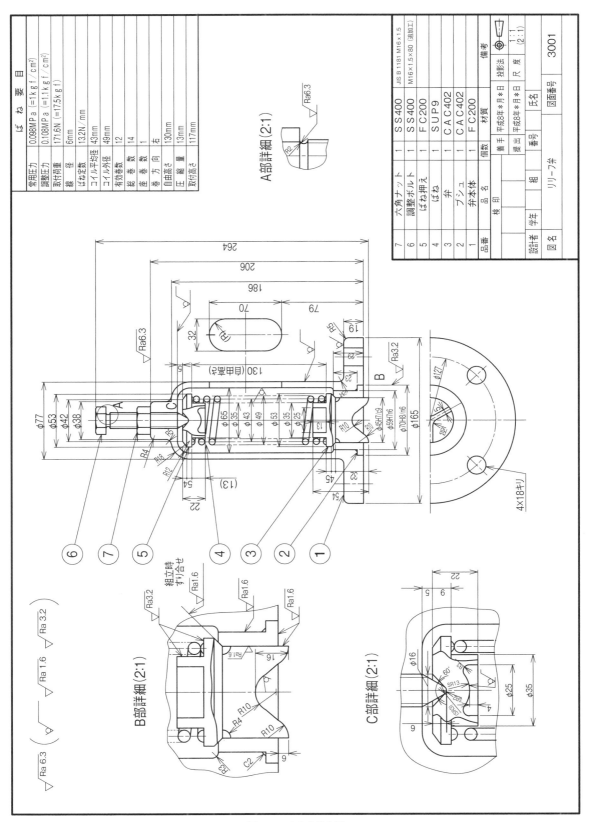

		ばね要目	
常用圧力	0.098MPa (=1kgf/cm²)
調整圧力	0.108MPa (=1.1kgf/cm²)
取付荷重	171.6N (=17.5kgf)
線径	6mm
ばね定数	132N/mm
コイル平均径	43mm
コイル外径	49mm
有効巻数	12
総巻数	14
座巻数	1
巻方向	右
自由高さ	130mm
圧縮量	13mm
取付高さ	117mm

A部詳細 (2:1)

品番	品 名	個数	材質	備考
7	六角ナット	1	SS400	JIS B 1181 M16×1.5
6	調整ボルト	1	SS400	M16×1.5×80 (追加工)
5	ばね押え	1	FC200	
4	ばね	1	SUP9	
3	弁	1	CAC402	
2	ブシュ	1	CAC402	
1	弁本体	1	FC200	

検印		着手	平成8年*月*日	投影法	
		提出	平成8年*月*日	尺度	1:1 (2:1)
設計者	学年	番号	氏名	図面番号	3001
図名		組	リリーフ弁		

B部詳細 (2:1)

組立時すり合せ

C部詳細 (2:1)

図16-2　安全弁組立図

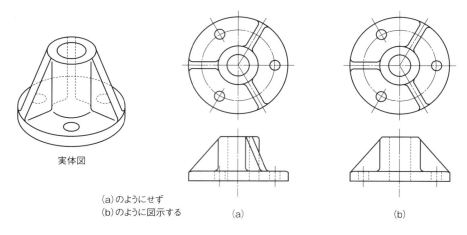

実体図

（a）のようにせず
（b）のように図示する

(a)

(b)

図16-3　リブの図示方法

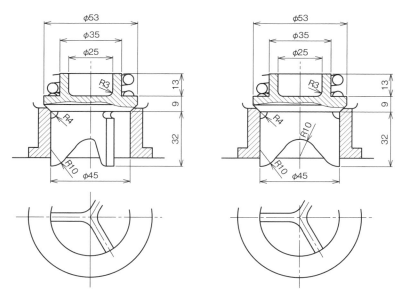

図16-4　羽根の図示方法

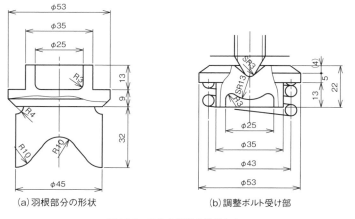

（a）羽根部分の形状

（b）調整ボルト受け部

図16-5　安全弁細部の描きかた

(1)組立図，部品図ともに A2 の用紙で描く．部品図は多品一葉で描く（図16-6）．

組立図（A3），正面図，下面図

部品図（A2）　・弁本体（正面図，下面図）　・ブシュ（正面図）

・弁　・ばね　・ばね押え　・調整ボルト　・六角ナット

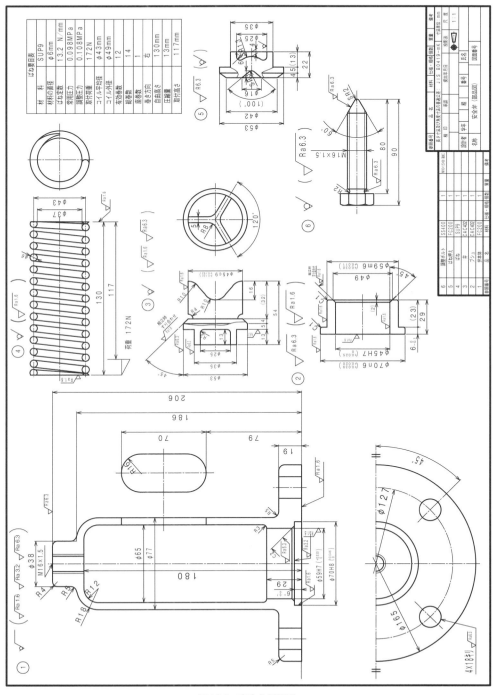

図16-6　安全弁部品図

(2) 部品図に記入する表面性状の指示記号の記入，はめあいの記号の記入，面取りの記入に注意する．

(3) 小さくてわかりにくい部分は，拡大図を用いて描く．

(4) 組立図には照合番号を記入する．
この場合，わかりやすいように並べて記入する．

品名と材料は表16-1に示す．
①組立図は主要寸法を記入する．
②ばね要目表を作成する．
要目表に記されている数値を基に，端面が研削されている場合の圧縮コイルばねの描きかたを図16-7に示す．

省略図は，次のように描いていく．
①自由高さとコイル平均径を一辺とする長方形を描く．端面から $d/4$（d：線径）離れた点を中心として $3/4$ 分円を描く．端面から $3d/4$ の位置に線を引き，$3/4$ 分円と反対側の位置に線径 d の円を描く（図 16.7(a)）．
②有効巻数の2倍で等分し，線径 d の円を描く（図16.7(b)）．
③つる巻線を描く（図16.7(c)）．
一方，簡略図の描きかたは次のようである．
①自由高さとコイル平均径を一辺とする長方形を描く（図16.7(d)）．
②有効巻数の2倍で等分する（図16.7(e)）．
③ばねの部分を太い直線で描く（図16.7(f)）．

ここで，有効巻き数が整数の場合と0.5の端数が付く場合では，端面の形状が異なる点に注意する．
図16-8に端面が研削されていない図例を参考に示しておく．

表16-1　品名と材料

品　名	材　料
弁本体	FC200
弁	CAC402
ばね押さえ	FC200
六角ナット	JIS B 1181
ブシュ	CAC402
ばね	SUP9
調整ボルト	SS400

<table>
<tr><td>省略図</td><td>簡略図
（太い実線で表わす）</td></tr>
</table>

（a）自由高さ, コイル平均径を辺とする長方形を描く

（d）自由高さ, コイル平均径を辺とする長方形を描く

（b）（総巻数−2巻）×2 に等分し, 素線径の円を描く

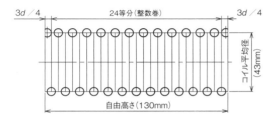

（e）有効巻数×2 に等分する

（c）つる巻線を描く

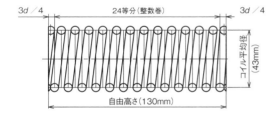

（f）ばね部を直線で太く描く

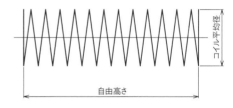

図16-7　コイルばねの描きかた（有効巻数が整数の場合）

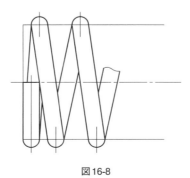

図16-8

転がり軸受を内蔵した取付脚付きの軸受箱で，二分割形と一体型があり，二分割形は作業性に優れ，一体型は剛性が高く高荷重に適する．軸の両端または2個以上の複数を配置して，回転軸を支持する．3次元CADで描いたものを図17-1aに，各部品を分解して描いたものを図17-1bに示す．

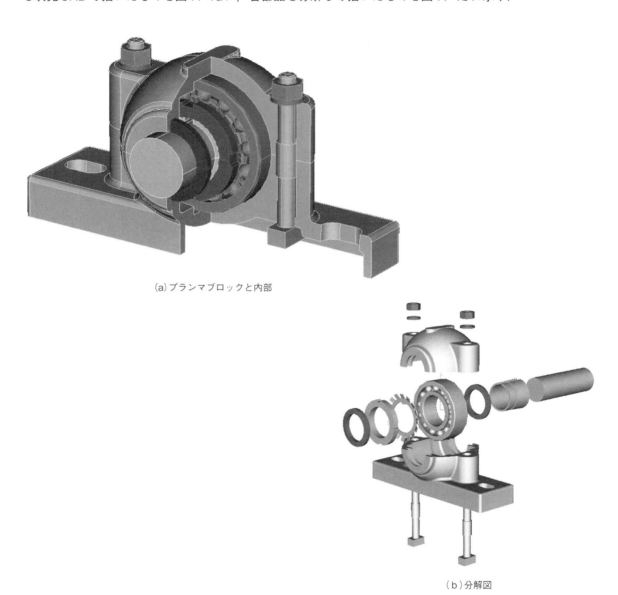

（a）プランマブロックと内部

（b）分解図

図17-1　プランマブロック（軸受箱）

（1）用紙と尺度

①用紙は，組立図はA3，部品図はA2を使用する．
②尺度は1:2または1:1（呼び番号によって大きさが異なるので，尺度を変える）．

(2)課題の目的

①JISに規定されている転がり軸受用プランマブロック軸受箱(JIS B 1551)を参考にして,製図法を習得する.寸法記号を図17-2に示す.

②多品一葉式で描くことに慣れる.

③鋳造部品は角が丸くなることに注意する(加工法と製図).

④はめあい部分にははめあい記号,寸法公差を記入する.

⑤締付けボルトの形状に注意する.

⑥照合番号の記入法に注意する.縦・横を揃えて記入する.

⑦組立図には軸を想像線で描く.

⑧主要寸法はJIS B 1551(表17-1)によることとし,細部の構造および寸法は,実物の参考品,規格の付表を参考にして決める.付表に示されていない寸法は,各自で判断して設計のうえ製図する.

⑨各部品には「表面性状を指示する図示記号」を記入する.

⑩正面図は,締付けボルトの形状を表わすために右側を断面にする.

表17-2は,軸受箱系列SN5の軸受箱許容差である.

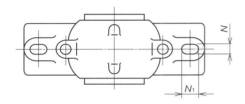

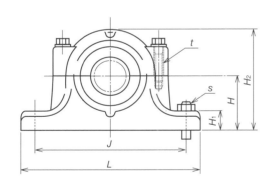
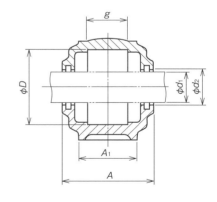

D：軸受箱の呼び内径
L：軸受箱底面の呼び長さ
A：軸受箱の呼び幅
A_1：軸受箱底面の呼び幅
J：取付けボルト穴の呼び中心間距離
H：呼び中心高さ
H_1：取付座の呼び高さ
H_2：軸受箱の高さ
N：取付けボルト穴の軸方向に直角な呼び寸法
N_1：取付けボルト穴の軸方向に平行な呼び寸法
d_2：口径部の穴の直径

g：軸受箱の呼び幅
t：締付けボルトのねじの呼び
d_1：適用する軸径
s：取付けボルトのねじの呼び
ΔD_s：軸受箱の内径の寸法差
ΔH_s：中心高さの寸法差
ΔJ_s：取付けボルト穴の中心間距離の寸法差
ΔN_{1s}：取付けボルト穴の寸法差
ΔA_{1s}：軸受箱底面の幅の寸法差
ΔD_{1s}：口径部の穴の直径の寸法差
Δg_{1s}：軸受箱の幅の寸法差

図17-2 寸法記号

表17-1　寸法表

呼び番号	寸法									参考										
										寸法						適用軸受		適用アダプタ		位置決め輪
	D	H	J	N_1	N(最小)	A(最大)	L(最大)	A_1	H_1(最大)	d_2	H_2	g	t	d_1	s	自動調心玉軸受	自動調心ころ軸受	呼び		個数
SN 504	47	35	115	12	12	66	155	45	19	18.5	70	24	M6	17	M10	1204K	—	H 204	SR 47×5	2
SN 505	52	40	130	15	15	67	170	46	22	21.5	75	25	M8	20	M12	1205K 2205K	— 22205K	H 205 H 305	SR 52×5 SR 52×7	2 1
SN 506	62	50	150	20	15	77	190	52	22	26.5	90	30	M8	25	M12	1206K 2206K	— 22206K	H 206 H 306	SR 62×7 SR 62×10	2 1
SN 507	72	50	150	20	15	82	190	52	22	31.5	95	33	M10	30	M12	1207K 2207K	— 22207K	H 207 H 307	SR 72×8 SR 72×10	2 1
SN 508	80	60	170	20	15	85	210	60	25	36.5	110	33	M10	35	M12	1208K 2208K	— 22208K	H 208 H 308	SR 80×7.5 SR 80×10	2 1
SN 509	85	60	170	20	15	85	210	60	25	41.5	112	31	M10	40	M12	1209K 2209K	— 22209K	H 209 H 309	SR 85×6 SR 85×8	2 1
SN 510	90	60	170	20	15	90	210	60	25	46.5	115	33	M10	45	M12	1210K 2210K	— 22210K	H 210 H 310	SR 90×6.5 SR 90×10	2 1
SN 511	100	70	210	23	18	95	270	70	28	51.5	130	33	M12	50	M16	1211K 2211K	— 22211K	H 211 H 311	SR 100×6 SR 100×8	2 1
SN 512	110	70	210	23	18	105	270	70	30	56.5	135	38	M12	55	M16	1212K 2212K	— 22212K	H 212 H 312	SR 110×8 SR 110×10	2 1
SN 513	120	80	230	23	18	110	290	80	30	62	150	43	M12	60	M16	1213K 2213K	— 22213K	H 213 H 313	SR 120×10 SR 120×12	2 1
SN 514	125	80	230	23	18	115	290	80	30	62	155	44	M12	60	M16	—	22214K	H 314	SR 125×13	1
SN 515	130	80	230	23	18	115	290	80	30	67	155	41	M12	65	M16	1215K 2215K	— 22215K	H 215 H 315	SR 130×8 SR 130×10	2 1
SN 516	140	95	260	27	22	120	330	90	32	72	175	43	M16	70	M20	1216K 2216K	— 22216K	H 216 H 316	SR 140×8.5 SR 140×10	2 1
SN 517	150	95	260	27	22	125	330	90	32	77	185	46	M16	75	M20	1217K 2217K	— 22217K	H 217 H 317	SR 150×9 SR 150×10	2 1
SN 518	160	100	290	27	22	145	360	100	35	82	195	62.4	M16	80	M20	1218K 2218K —	— 22218K 23218K	H 218 H 318 H2318	SR 160×16.2 SR 160×11.2 SR 160×10	2 2 1
SN 519	170	112	290	27	22	140	360	100	35	87	210	53	M16	85	M20	1219K 2219K	— 22219K	H 219 H 219	SR 170×10.5 SR 170×10	2 1
SN 520	180	112	320	32	26	160	400	110	40	92	218	70.3	M20	90	M24	1220K 2220K —	— 22220K 23220K	H 220 H 320 H2320	SR 180×18.1 SR 180×12.1 SR 180×10	2 2 1
SN 522	200	125	350	32	26	175	420	120	45	102	240	80	M20	100	M24	1222K 2222K —	— 22222K 23222K	H 222 H 322 H2322	SR 200×21 SR 200×13.5 SR 200×10	2 2 1
SN 524	215	140	350	32	26	185	420	120	45	113	270	86	M20	110	M24	— 	22224K 23224K	H3124 H2324	SR 215×14 SR 215×10	2 1
SN 526	230	150	380	36	28	190	450	130	50	118	290	90	M24	115	M24	— 	22226K 23226K	H3126 H2326	SR 230×13 SR 230×10	2 1
SN 528	250	150	420	42	33	205	510	150	50	128	305	98	M24	125	M30	— 	22228K 23228K	H3128 H2328	SR 250×15 SR 250×10	2 1
SN 530	270	160	450	42	33	220	540	160	60	138	325	106	M24	135	M30	— 	22230K 23230K	H3130 H2330	SR 270×16.5 SR 270×10	2 1
SN 532	290	170	470	42	33	235	560	160	60	143	345	114	M24	140	M30	— 	22232K 23232K	H3132 H2332	SR 290×17 SR 290×10	2 1

単位：mm

表17-2 軸受箱系列SN5の軸受箱許容差

| 呼び番号 | ΔDs(2) | | ΔHs(3) | | ΔJs(4) | | ΔN1s(4) | | ΔA1s(4) | | 参考 | | | |
| | | | | | | | | | | | Δd2s(5) | | Δgs(6) | |
	上	下	上	下	上	下	上	下	上	下	上	下	上	下
SN 504	+0.039	0	0	−0.39	+1.5	−1.5	+2.7	0	+1.5	−1.5	+0.21	0	+0.33	0
SN 505	+0.046	0	0	−0.39	+2	−2	+2.7	0	+1.5	−1.5	+0.21	0	+0.33	0
SN 506	+0.046	0	0	−0.39	+2	−2	+2.7	0	+1.5	−1.5	+0.21	0	+0.33	0
SN 507	+0.046	0	0	−0.39	+2	−2	+2.7	0	+1.5	−1.5	+0.25	0	+0.39	0
SN 508	+0.046	0	0	−0.46	+2	−2	+2.7	0	+1.5	−1.5	+0.25	0	+0.39	0
SN 509	+0.054	0	0	−0.46	+2	−2	+2.7	0	+1.5	−1.5	+0.25	0	+0.39	0
SN 510	+0.054	0	0	−0.46	+2	−2	+2.7	0	+1.5	−1.5	+0.25	0	+0.39	0
SN 511	+0.054	0	0	−0.46	+2	−2	+2.7	0	+1.5	−1.5	+0.3	0	+0.39	0
SN 512	+0.054	0	0	−0.46	+2	−2	+2.7	0	+1.5	−1.5	+0.3	0	+0.39	0
SN 513	+0.054	0	0	−0.46	+2	−2	+2.7	0	+1.5	−1.5	+0.3	0	+0.39	0
SN 514	+0.063	0	0	−0.46	+2	−2	+2.7	0	+1.5	−1.5	+0.3	0	+0.39	0
SN 515	+0.063	0	0	−0.46	+2	−2	+2.7	0	+1.5	−1.5	+0.3	0	+0.39	0
SN 516	+0.063	0	0	−0.54	+3	−3	+3.3	0	+1.5	−1.5	+0.3	0	+0.39	0
SN 517	+0.063	0	0	−0.54	+3	−3	+3.3	0	+1.5	−1.5	+0.3	0	+0.39	0
SN 518	+0.063	0	0	−0.54	+3	−3	+3.3	0	+1.5	−1.5	+0.35	0	+0.46	0
SN 519	+0.063	0	0	−0.54	+3	−3	+3.3	0	+1.5	−1.5	+0.35	0	+0.46	0
SN 520	+0.063	0	0	−0.54	+3	−3	+3.3	0	+1.5	−1.5	+0.35	0	+0.46	0
SN 522	+0.072	0	0	−0.63	+3	−3	+3.3	0	+1.5	−1.5	+0.35	0	+0.46	0
SN 524	+0.072	0	0	−0.63	+3	−3	+3.3	0	+1.5	−1.5	+0.35	0	+0.54	0
SN 526	+0.072	0	0	−0.63	+3	−3	+3.3	0	+2	−2	+0.35	0	+0.54	0
SN 528	+0.072	0	0	−0.63	+4	−4	+3.9	0	+2	−2	+0.4	0	+0.54	0
SN 530	+0.081	0	0	−0.63	+4	−4	+3.9	0	+2	−2	+0.4	0	+0.54	0
SN 532	+0.081	0	0	−0.63	+4	−4	+3.9	0	+2	−2	+0.4	0	+0.54	0

注）(2) JIS B 0401（寸法公差及びはめあい）のH8に相当する.
(3) JIS B 0401のh13に相当する.
(4) JIS B 0407（鋳鉄品普通許容差）の並級に相当する.
(5) JIS B 0401のH12に相当する.
(6) JIS B 0401のH13に相当する.

単位：mm

(3)作図上の注意事項

①三面図または二面図の各外形寸法を確認する.

②部品表のレイアウトを決め，場所を確保する.

③基準線，中心線を確認して，レイアウトに従って記入する.

④基準線，中心線から各寸法を取り，図形を描く.

⑤三面図または二面図を全部品について完成させる.

⑥寸法線を記入する.

⑦仕上げ記号，面粗さ（部品図のみ）および注記を記入する.

　ここまでで，図形は完成状態にする.

⑧紙を裏返して部品表罫線を記入し，ハッチングを行なう.

(4) 形状のつながりの描きかた

図17-3に,形状のつながりの描きかたの実際を示す.

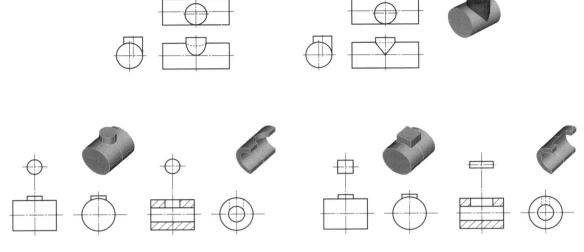

図17-3　形状のつながりの描きかた

(5) 鋳物のイメージ

図17-4〜図17-6は,ケーシング鋳物の各部の見えかたを表わしている.
図17-7〜図17-10に, プランマブロック製図の課題図面(組立図, 部品図) を示した.

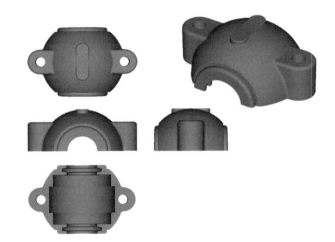

JIS B 1575	A形	B形	C形	ピンタイプ	ボタンヘッド
形式		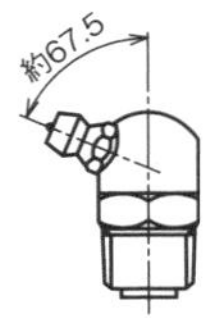 約67.5°	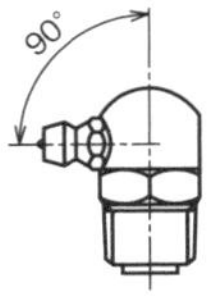 90°	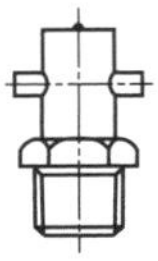	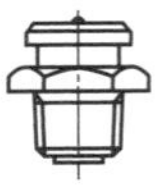

図17-4　球面にする場合の見えかた

(a)曲面にする場合の見えかた　　　　　　　　　　　　(b)円筒状にする場合の見えかた

図17-5　曲面，円筒の見えかた

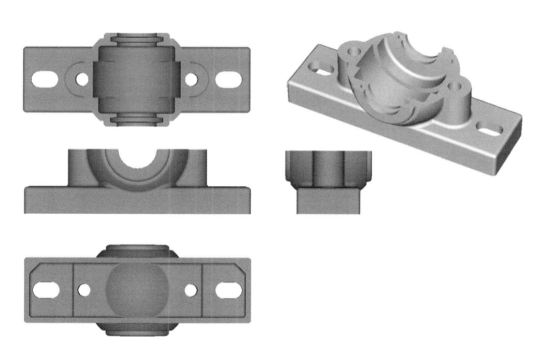

図17-6　下部の見えかた（曲面の場合）

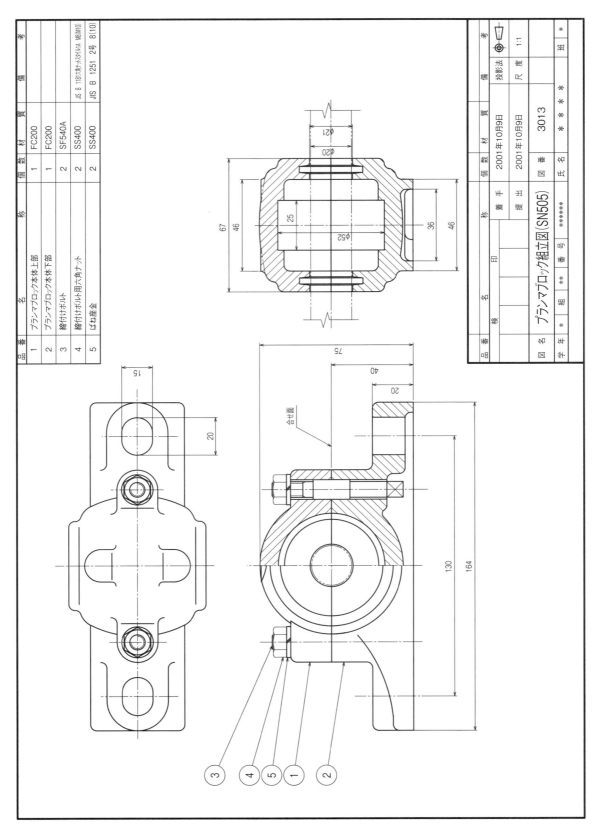

品番	名 称	個数	材 質	備 考
1	プランマブロック本体上部	1	FC200	
2	プランマブロック本体下部	1	FC200	
3	締付けボルト	2	SF540A	
4	締付けボルト用六角ナット	2	SS400	JIS B 1181六角ナットスタイル1A M8(M10)
5	ばね座金	2	SS400	JIS B 1251 2号 8(10)

合せ面

名 称	年月日	個数	材 質	備 考
着手	2001年10月9日			投影法 ⊕
提出	2001年10月9日			尺度 1:1

図 番 3013

氏 名 ********

図 名 プランマブロック組立図(SN505)

番 号 ********

品 名 組 **   * 班

検 学年 *

図17-7 プランマブロック組立図

196

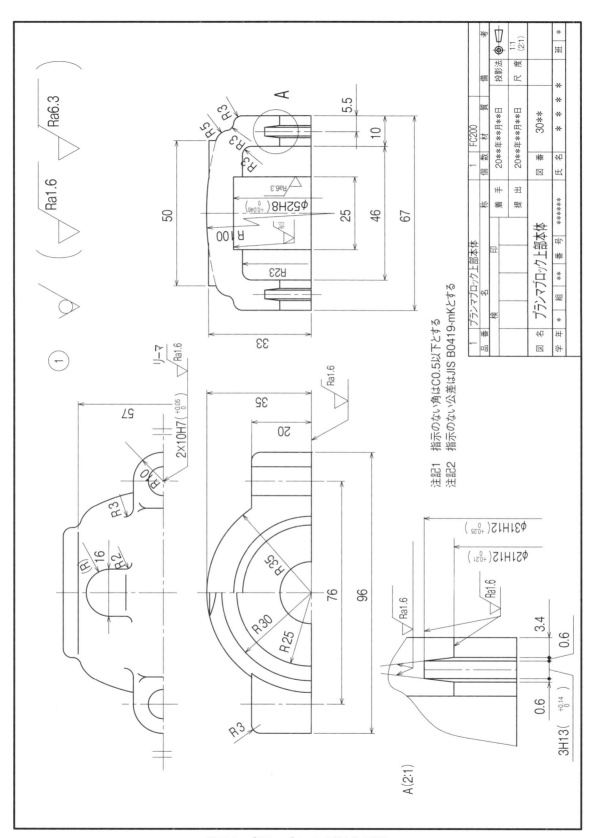

図17-8　プランマブロック上部本体の製図

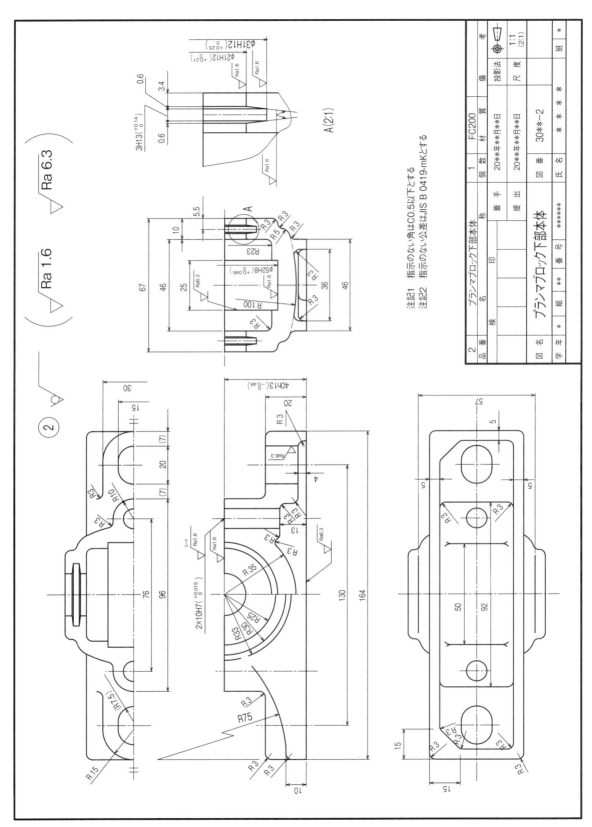

図17-9　プランマブロック下部本体の製図

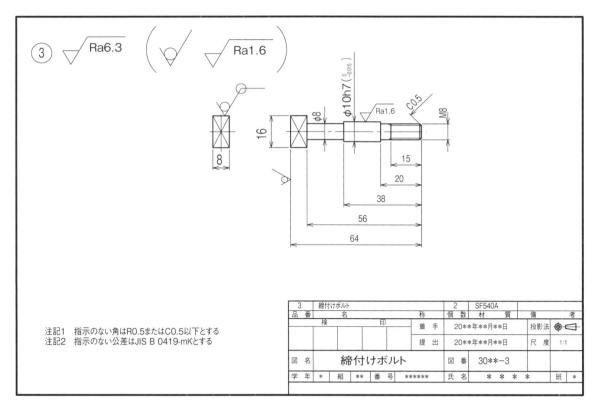

3	締付けボルト		2	SF540A		
品 番	名　　　称		個 数	材　質	備　考	
	検　　　印		着 手	20**年**月**日	投影法	
			提 出	20**年**月**日	尺　度	1:1
図　名	締付けボルト		図　番	30**−3		
学　年	*	組 **	番 号 ******	氏　名	＊＊＊＊	班 *

図17-10　締付けボルトの製図

18 精密機械万力の製図

(1) 精密機械万力について

「万力」（バイス）は，手仕上げや木工仕上げ時に工作物を作業台に据え付けて保持する道具で，「機械万力」（machine vice）は，とくに工作機械で部品を機械加工する場合に，工作機械のテーブルに工作物を固定する保持具である．

　ここで製図する「精密機械万力」（precision machine vice）は，部品を高精度に機械加工するためとくに高い形状・寸法精度が要求され，高精度仕上げ加工に用いる．

　課題の精密機械万力は，小さなセラミックス部品の長方形表面を研削加工するためのもので，薄い四角形断面の工作物をしっかり固定し，高い寸法精度，平行度，直角度で仕上げ加工する．図18-1にイメージ図を示す．そこで，部品を保持する「口金」に工夫を加えている．

　口金は，部品をセットする「テーブル面」，部品を保持する「当たり面」，テーブル面と当たり面が接触する隅部に丸みをつくらないための「逃げ部」で構成されている．

　左右2つの口金のテーブル面は，伸縮可能な1つのテーブル面として機能しなければならないため，組立後に仕上げ加工を行ない高い形状精度を実現している．

　この口金を取り付ける万力「本体」や「スライドブロック」も，高い寸法・形状精度を持たせることで，目的の加工を満足する精密機械万力としている．

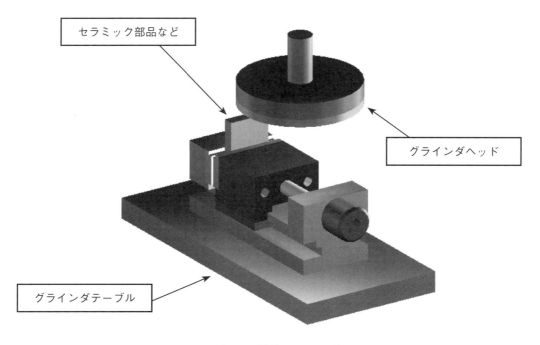

セラミック部品など

グラインダヘッド

グラインダテーブル

図18-1　研削加工のイメージ

(2)組立手順

ⓐ本体①とスライドブロック②にそれぞれ口金③を六角穴付きボルト(M4×20)⑨で固定する.

ⓑスライドブロック②に, シャフト⑤をねじ込む.

ⓒこれを本体①のベンチにまたがせる.

ⓓこの組み立てたものを注意深く裏返す.

ⓔ本体①裏面にある作業穴を利用して, 本体①に押さえ板④2枚を, 六角穴付きボルト(M4×10)で仮止めし, スライドブロック②が滑らかにスライドできるように固定する.

ⓕこの組立体を, 上向きに置き直す. シャフト⑤を移動させて, 本体①の横穴に差し込む.

ⓖ本体①上部のねじ穴の真下に, シャフト⑤のφ8軸径部がくるようにしてから, ねじ穴に六角穴付き止めねじ⑦を仮ねじ込みして, シャフトが横方向に移動せず, しかも軸が滑らかに回転するようにねじ込み量を調整する.

ⓗシャフト⑤六角部分に握り⑥をはめ込み, 六角穴付き止めねじ(M4×8)で固定する(図18-2).

(3)課題の目的

ⓐ形状, 寸法, その他の加工情報が書き込まれた見取図を基に, JISに従って図面を製図する(図18-4〜18-9).

ⓐ作図のために, 見取図のどの方向の面をそれぞれ正面図, 平面図, 側面図にするかを決める.

ⓒ見取図の形状を理解しやすくするには, 色鉛筆などで面別に着色するとよい.

各部品とも寸法・形状・表面などに関する情報が詳細に指定されており, 小さな図に多くの数値や文字を配置しなければならない. 小さな面積に, 形体の線, 数値, 補助線などが錯綜するが, 製図法で決められた規則に従って作図をする必要がある.

ⓓいろいろな参考資料を調べながら, これまで学んできた製図知識の集大成として, 正確で美しい図面に仕上げる.

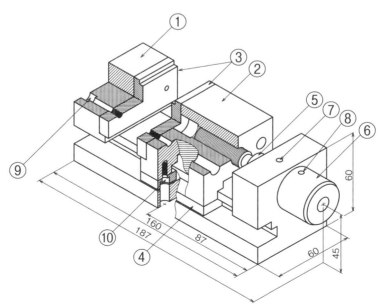

図18-2　精密機械万力の概略図

(4) 部品の名称とデータ

各種部品に用いられている材質について，どのような材質か，なぜ使用されているか，その理由をよく検討する（表18-1）.

表18-1　部品表

品番	名　称	個数	材　質	備　考
①	本体	1	SKS3	JIS G 4404　合金工具鋼
②	スライドブロック	1	SKS3	JIS G 4404　合金工具鋼
③	口金	2	SKS3	JIS G 4404　合金工具鋼
④	押さえ板	2	SKS3	JIS G 4404　合金工具鋼
⑤	シャフト	1	S45C	JIS G 4051　構造用炭素鋼
⑥	握り	1	SUM22	JIS G 4804　硫黄快削鋼
⑦	六角穴付き止めねじ(M4×10)	1	SUS305	JIS G 4303　ステンレス鋼
⑧	六角穴付き止めねじ(M4×8)	1	SUS305	JIS G 4303　ステンレス鋼
⑨	六角穴付きボルト(M4×20)	4	SUS305	JIS G 4303　ステンレス鋼
⑩	六角穴付きボルト(M4×10)	4	SUS305	JIS G 4303　ステンレス鋼

(5) 組立図の製図

①用紙A3(1枚)，表題欄＝尺度(1:1)，図名＝精密機械万力組立図，図番＝指示に従って記入する.

②正面図，平面図，右側面図を描く. 各図とも外からは見えない内部の構造を説明するには，必要最小限で部分断面図示などを併用して描く.

③組立図を描く際，スライドブロックの位置は，図18-2に示す位置とする. つまり，品番②の裏面にある2個の「めねじ」のうち，口金側めねじ，品番①(本体)裏面にあるねじ締付け作業用の穴，品番⑩(六角穴付きボルトM4×10)の各中心が一致した位置で描く. また，この一致状態を右側面図の左半分に断面(A-A断面)で描く.

④機能上必要とする可動部分の最大位置を表示する. つまり，開きが最大40となる位置に，口金を細い二点鎖線(想像線)で付け加えて描く(図18-3).

⑤ねじは正確に製図する. おねじ，めねじ，座ぐり，止めねじ頭部を描く.

⑥記入する寸法は，スライドブロック固定ボルト用アイドルホールの位置寸法「87」のを含む6か所と，④の可動部分の最大位置「40Max」である.

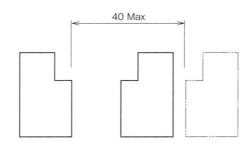

図18-3　可動部分の図示

202

(6)部品図の製図

①用紙A2の1枚に品番1〜6を多品一葉式で描く．表題欄＝尺度1:1（拡大部は5:1），図名＝精密機械万力部品図，図番＝指示に従って記入する．

②部品図は，機械加工のための図面である．加工時に，部品をどの方向に置くと加工者に説明しやすいかを考えて正面図を決める．正面図，平面図，右側面図を描く．各図とも外からは見えない内部の構造を説明するには，必要最小限で部分断面図などを併用して描く．

③品番①（本体）では，品番②（スライドブロック）がスライドするテーブル部の断面形状を，回転図示断面図として描く（図18-4，図18-5）．

④品番③（口金）では，逃げ部をCとし，Cの拡大図を付け加える（図18-6）．

　なお，図18-7は品番④（押さえ板）である．

⑤品番⑤（シャフト）では，右側面図として六角軸部のみを描く（図18-8）．

⑥品番⑥（握り）では，ローレット目は略図描画でよい．右側面図とし，六角穴部のみを描く（図18-9）．

間違いやすい事項を次に示す．

・幾何公差記号，データム記号の図示方法

　基準面は，グラインダテーブルに接する本体の下部面で，ここを基準に各部品の摺動面や部品取付面などに必要な直角度，平行度が決められる．

・加工方法記号が付く場合の，表面性状記号の図示方法

　これも基準面，摺動面や部品取付け面などが対象となる．

・各部品図上部中央に書く照合番号，全体の表面性状と指示部分の表面性状の記入方法

図18-10〜図18-16に，精密機械万力の組立図と部品図を参考に示す．

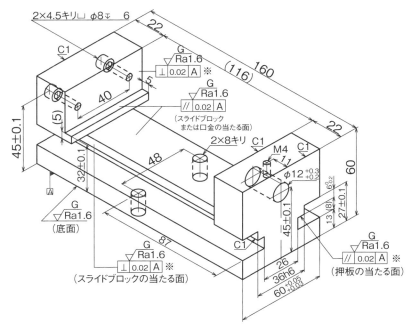

図18-4　精密機械万力本体の見取り図

② スライドブロック SKS3　√Ra6.3（√G Ra1.6）

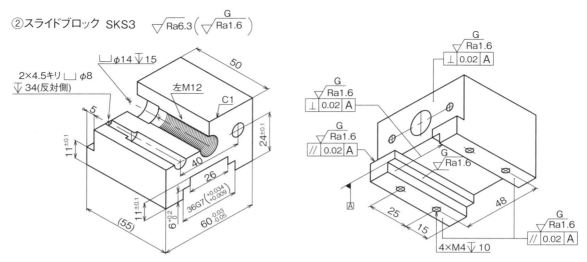

図18-5　スライドブロック（SKS3）の見取り図

③ 口　金　√Ra6.3（√G Ra1.6）
　　SKS3

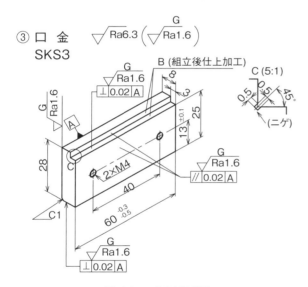

図18-6　口金の見取り図

④ 押さえ板　√Ra6.3（√G Ra1.6）
　　SKS3

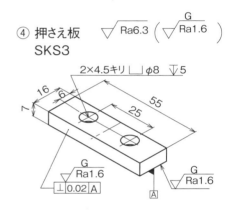

図18-7　押さえ板の見取り図

⑤ シャフト　　　　　√Ra25（√Ra6.3　√）
　　S45C

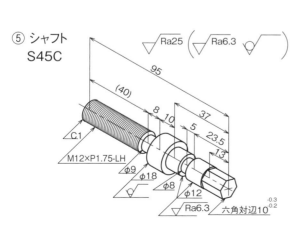

図18-8　シャフトの見取り図

⑥ 握り　　　√Ra25
　　SUM22

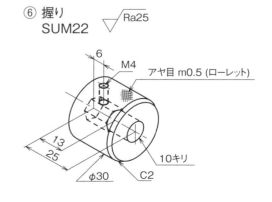

図18-9　握りの見取り図

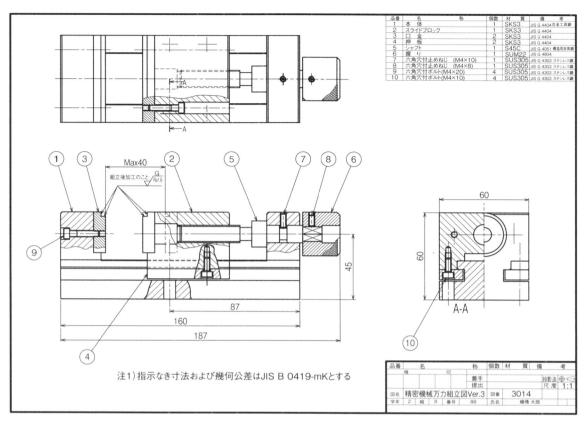

品番	名　　　　　称	個数	材　質	備　　考
1	本　体	1	SKS3	JIS G 4404 合金工具鋼
2	スライドブロック	1	SKS3	JIS G 4404
3	口　金	2	SKS3	JIS G 4404
4	押　板	1	SKS3	JIS G 4404
5	シャフト	1	S45C	JIS G 4051 構造用炭素鋼
6	握　り	1	SUM22	JIS G 4804
7	六角穴付止めねじ　（M4×10）	1	SUS305	JIS G 4303 ステンレス鋼
8	六角穴付止めねじ　（M4×8）	1	SUS305	JIS G 4303 ステンレス鋼
9	六角穴付ボルト(M4×20)	4	SUS305	JIS G 4303 ステンレス鋼
10	六角穴付ボルト(M4×10)	4	SUS305	JIS G 4303 ステンレス鋼

注1）指示なき寸法および幾何公差はJIS B 0419-mKとする

品番	名　　　　　称	個数	材　質	備　　考
	検　　　　　印		着手 提出	投影法 ⊕ 尺度 1:1
図名	精密機械万力組立図Ver.3	図番	3014	
学年	2　組　8　番号　88	氏名	機情 大郎	

図18-10　精密機械万力の組立図

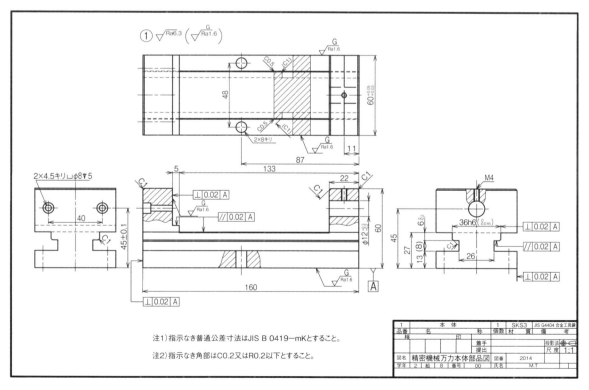

注1）指示なき普通公差寸法はJIS B 0419—mKとすること。

注2）指示なき角部はC0.2又はR0.2以下とすること。

1			本　　　体		1	SKS3	JIS G4404 合金工具鋼
品番	名		称	個数	材	質	備　　考
	検		印		着手 提出		投影法 ⊕ 尺度 1:1
図名	精密機械万力本体部品図			図番	2014		
学年	2　組　8　番号　00			氏名	M.T		

図18-11　精密機械万力本体の製図

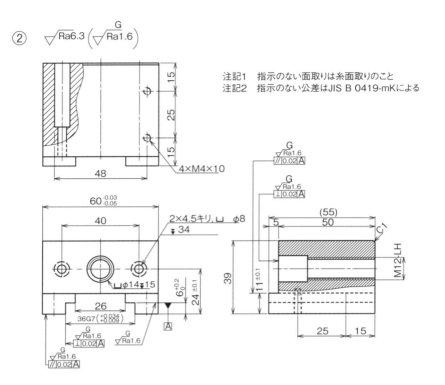

注記1　指示のない面取りは糸面取りのこと
注記2　指示のない公差はJIS B 0419-mKによる

図18-12　スライドブロックの製図

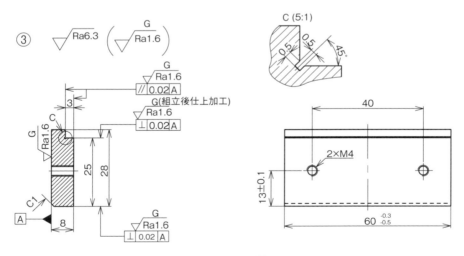

図18-13　口金の製図

④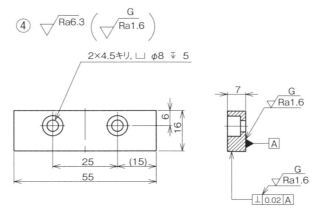

図18-14　押さえ金の製図

⑤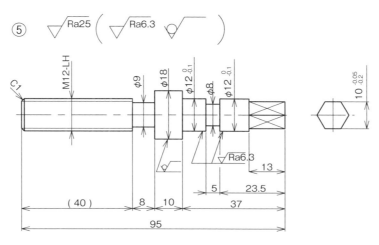

図18-15　シャフトの製図

⑥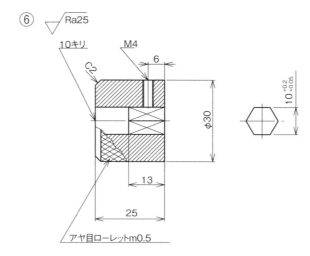

図18-16　握りの製図

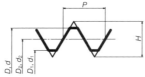

$D_2 = D - 2 \times \frac{3}{8} \cdot H = D - 0.6495P$
$D_1 = D - 2 \times \frac{5}{8} \cdot H = D - 1.0825P$

$d_2 = d - 2 \times \frac{3}{8} \cdot H = d - 0.6495P$
$d_1 = d - 2 \times \frac{5}{8} \cdot H = d - 1.0825P$

単位：mm

呼び径 = おねじ外径 d	ピッチ P	有効径 D_2, d_2	めねじ内径 D_1
1	0.25	0.838	0.729
	0.2	0.870	0.783
1.1	0.25	0.938	0.829
	0.2	0.970	0.883
1.2	0.25	1.038	0.929
	0.2	1.070	0.983
1.4	0.3	1.205	1.075
	0.2	1.270	1.183
1.6	0.35	1.373	1.221
	0.2	1.470	1.383
1.8	0.35	1.573	J.42l
	0.2	1.670	1.583
2	0.4	1.740	1.567
	0.25	1.838	1.729
2.2	0.45	1.908	1.713
	0.25	2.038	1.929
2.5	0.45	2.208	2.013
	0.35	2.273	2.121
3	0.5	2.67S	2.459
	0.35	2.773	2.621
3.5	0.6	3.110	2.850
	0.35	3.273	3.121
4	0.7	3.545	3.242
	0.5	3.675	3.459
4.5	0.75	4.013	3.688
	0.5	4.175	3.959
5	0.8	4.480	4.134
	0.5	4.675	4.459
5.5	0.5	5.175	4.959
6	1	5.350	4.917
	0.75	5.513	5.188
7	1	6.350	5.917
	0.75	6.513	6.188
8	1.25	7.188	6.647
	1	7.350	6.917
	0.75	7.513	7.188
9	1.25	8.188	7.647
	1	8.35	7.917
	0.75	8.513	8.188
10	1.5	9.026	8.376
	1.25	9.188	8.647
	1	9.350	8.917
	0.75	9.513	9.188
11	1.5	10.026	9.376
	1	10.350	9.917
	0.75	10.513	10.188
12	1.75	10.863	10.106
	1.5	11.026	10.376
	1.25	11.188	10.647
	1	11.350	10.917
14	2	12.701	11.835
	1.5	13.026	12.376
	1.25	13.188	12.647
	1	13.350	12.917
15	1.5	14.026	13.376
	1	14.350	13.917

呼び径 = おねじ外径 d	ピッチ P	有効径 D_2, d_2	めねじ内径 D_1
16	2	14.701	13.835
	1.5	15.026	14.376
	1	15.350	14.917
17	1.5	16.026	15.376
	1	16.350	15.917
18	2.5	16.376	15.294
	2	16.701	15.835
	1.5	17.020	16.376
	1	17.350	16.917
20	2.5	18.376	17.294
	2	18.701	17.835
	1.5	19.026	18.376
	1	19.350	18.917
22	2.5	20.376	19.294
	2	20.701	19.835
	1.5	21.026	20.376
	1	21.350	20.917
24	3	22.051	20.752
	2	22.701	21.835
	1.5	23.026	22.376
	1	23.350	22.917
25	2	23.701	22.835
	1.5	24.026	23.376
	1	24.350	23.917
26	1.5	25.026	24.376
27	3	25.051	23.752
	2	25.701	24.835
	1.5	26.026	25.376
	1	26.350	25.917
28	2	26.701	25.835
	1.5	27.026	26.376
	1	27.350	20.917

続きあり：呼び径300mmまで計算された表が掲載されている

単位：mm

太い実線は、基準山形を示す.
$P=25.4/n$
$H=0.960491P$
$h=0.640327P$
$r=0.137329P$
$d_2=d-h$　$D_2=d_2$
$d_1=d-2h$　$D_1=d_1$

ねじの呼び	ねじ山数(25.4mmにつき)n	ピッチ P(参考)	ねじ山の高さ h	山の頂および谷の丸み r	おねじ 外径d／めねじ 谷の径D	おねじ 有効径d2／めねじ 有効径D2	おねじ 谷の径d1／めねじ 内径D1	外径d 上の許容差	外径d 下の許容差	有効径d2 上の許容差	有効径d2 下の許容差 A級	有効径d2 下の許容差 B級	谷の径d1 上の許容差	谷の径d1 下の許容差
G1/16	28	0.9071	0.581	0.12	7.723	7.142	6.561	0	−0.214	0	−0.107	−0.214	0	規定しない
G1/8	28	0.9071	0.581	0.12	9.728	9.147	8.566	0	−0.214	0	−0.107	−0.214	0	
G1/4	19	1.3368	0.856	0.18	13.157	12.301	11.445	0	−0.250	0	−0.125	−0.250	0	
G3/8	19	1.3368	0.856	0.18	16.662	15.806	14.950	0	−0.250	0	−0.125	−0.250	0	
G1/2	14	1.8143	1.162	0.25	20.955	19.793	18.631	0	−0.284	0	−0.142	−0.284	0	
G5/8	14	1.8143	1.162	0.25	22.911	21.749	20.587	0	−0.284	0	−0.142	−0.284	0	
G3/4	14	1.8143	1.162	0.25	26.441	25.279	24.117	0	−0.284	0	−0.142	−0.284	0	
G7/8	14	1.8143	1.162	0.25	30.201	29.039	27.877	0	−0.284	0	−0.142	−0.284	0	
G1	11	2.3091	1.479	0.32	33.249	31.770	30.291	0	−0.360.	0	−0.180	−0.360	0	
G11/8	11	2.3091	1.479	0.32	37.897	36.418	34.939	0	−0.360.	0	−0.180	−0.360	0	
G11/4	11	2.3091	1.479	0.32	41.910	40.431	38.952	0	−0.360.	0	−0.180	−0.360	0	
G11/2	11	2.3091	1.479	0.32	47.803	46.324	44.845	0	−0.360.	0	−0.180	−0.360	0	
G13/4	11	2.3091	1.479	0.32	53.746	52.267	50.788	0	−0.360.	0	−0.180	−0.360	0	
G2	11	2.3091	1.479	0.32	59.614	58.135	56.656	0	−0.360.	0	−0.180	−0.360	0	
G21/4	11	2.3091	1.479	0.32	65.710	64.231	62.752	0	−0.434	0	−0.217	−0.434	0	
G21/2	11	2.3091	1.479	0.32	75.184	73.705	72.226	0	−0.434	0	−0.217	−0.434	0	
G23/4	11	2.3091	1.479	0.32	81.534	80.055	78.576	0	−0.434	0	−0.217	−0.434	0	
G3	11	2.3091	1.479	0.32	87.884	86.405	84.926	0	−0.434	0	−0.217	−0.434	0	
G31/2	11	2.3091	1.479	0.32	100.330	98.851	97.372	0	−0.434	0	−0.217	−0.434	0	
G4	11	2.3091	1.479	0.32	113.030	111.551	110.072	0	−0.434	0	−0.217	−0.434	0	
G41/2	11	2.3091	1.479	0.32	125.730	124.251	122.772	0	−0.434	0	−0.217	−0.434	0	
G5	11	2.3091	1.479	0.32	138.430	136.951	135.472	0	−0.434	0	−0.217	−0.434	0	
G51/2	11	2.3091	1.479	0.32	151.130	149.651	148.172	0	−0.434	0	−0.217	−0.434	0	
G6	11	2.3091	1.479	0.32	163.830	162.351	160.872	0	−0.434	0	−0.217	−0.434	0	

備考1　管用平行ねじの等級は、有効径の寸法許容差によって、A級とB級に区分されている。
備考2　表わしかた　おねじA級の場合：G1 1/2A　めねじの場合：G1 1/2

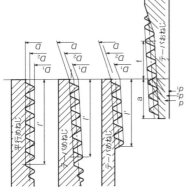

大い実線は、基準山形を示す。
P=25.4/n
H=0.960491P
h=0.640327P
r=0.137329P

大い実線は、基準山形を示す。　ねじの軸線

ねじの軸線

単位：mm

ねじの呼び (1)	ねじ山数 n (25.4mmにつき)	ピッチ P (参考)	山の高さ h	丸み r または r'	基準径 外径 d / 合の径 D	基準径 有効径 d2 / D2	基準径 谷の径 d1 / 内径 D1	基準径の位置 基準の長さ a	管端から おねじ 軸線方向の許容差 b	めねじ 管端部 軸線方向の許容差 c	平行めねじの d, d2 および d1 の許容差	有効ねじ部の長さ(最小) 不完全ねじ部がある場合 おねじ テーパめねじ f	有効ねじ部の長さ(最小) 不完全ねじ部がある場合 テーパめねじ (基準径の位置から小径側に向かって) l	有効ねじ部の長さ(最小) 不完全ねじ部がある場合 平行めねじ (管または管継手端から) l'	不完全ねじ部がない場合 テーパめねじ、平行めねじ t(2)	配管用炭素鋼鋼管の寸法(参考) 外径	厚さ
R 1/16	28	0.9071	0.581	0.12	7.723	7.142	6.561	3.97	±0.91	±1.13	±0.071	2.5	6.2	7.4	4.4	—	—
R 1/8	28	0.9071	0.581	0.12	9.728	9.147	8.566	3.97	±0.91	±1.13	±0.071	2.5	6.2	7.4	4.4	10.5	2.0
R 1/4	19	1.3368	0.856	0.18	13.157	12.301	11.445	6.01	±1.34	±1.67	±0.104	3.7	9.4	11.0	6.7	13.8	2.3
R 3/8	19	1.3368	0.856	0.18	16.662	15.806	14.950	6.35	±1.34	±1.67	±0.104	3.7	9.7	11.4	7.0	17.3	2.3
R 1/2	14	1.8143	1.162	0.25	20.955	19.793	18.631	8.16	±1.81	±2.27	±0.142	5.0	12.7	15.0	9.1	21.7	2.8
R 3/4	14	1.8143	1.162	0.25	26.441	25.279	24.117	9.53	±1.81	±2.27	±0.142	5.0	14.1	16.3	10.2	27.2	2.8
R1	11	2.3091	1.479	0.32	33.249	31.770	30.291	10.39	±2.31	±2.89	±0.181	6.4	16.2	19.1	11.6	34	3.2
R1 1/4	11	2.3091	1.479	0.32	41.910	40.431	38.952	12.70	±2.31	±2.89	±0.181	6.4	18.5	21.4	13.4	42.7	3.5
R1 1/2	11	2.3091	1.479	0.32	47.803	46.324	44.845	12.70	±2.31	±2.89	±0.181	6.4	18.5	21.4	13.4	48.6	3.5
R2	11	2.3091	1.479	0.32	59.614	58.135	56.656	15.88	±2.31	±2.89	±0.181	7.5	22.8	25.7	16.9	60.5	3.8
R2 1/2	11	2.3091	1.479	0.32	75.184	73.705	72.226	17.46	±3.46	±3.46	±0.216	9.2	26.7	30.1	18.6	76.3	4.2
R3	11	2.3091	1.479	0.32	87.884	86.405	84.926	20.64	±3.46	±3.46	±0.216	9.2	29.8	33.3	21.1	89.1	4.2
R4	11	2.3091	1.479	0.32	113.030	111.551	110.072	25.40	±3.46	±3.46	±0.216	10.4	35.8	39.3	25.9	114.3	4.5
R5	11	2.3091	1.479	0.32	138.430	136.951	135.472	28.58	±3.46	±3.46	±0.216	11.5	40.1	43.5	29.3	139.8	4.5
R6	11	2.3091	1.479	0.32	163.830	162.351	160.872	28.58	±3.46	±3.46	±0.216	11.5	40.1	43.5	29.3	165.2	5.0

注記1　この呼び及びは：テーパおねじに対するもので、テーパめねじおよび平行めねじの場合は、Rの記号をRcまたはRpとする。
注記2　テーパめねじは基準径の位置から小径側に向かって、平行めねじは、管または管継手端からの長さ。
備考　ねじ山は中心軸線に直角に測り、ピッチは中心軸線に沿って測る。有効ねじ部の長さとは、完全なねじ山の切られたねじ部の長さで、最後の数山だけは、その頂に管または管継手の面が残っていてもよい。また、管または管継手の末端に面取りがしてあっても、この部分が有効ねじ部長さに含める。fまたはf'がこの表の数値によりがたい場合は、別に定める部品の規格による。

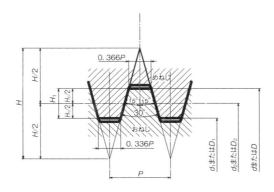

太い実線は, 基準山形を示す.
$P=25.4/n$
$H=0.960491P$
$h=0.640327P$
$r=0.137329P$
$d_2=d-h$　$D_2=d_2$
$d_1=d-2h$　$D_1=d_1$

単位：mm

ねじの呼び[1]	ピッチ[2] P	ひっかかりの高さ H_1	めねじ 谷の径 D / おねじ 外径 d	めねじ 有効径 D_2 / おねじ 有効径 d_2	めねじ 内径 D_1 / おねじ 谷の径 d_1
Tr 11×3	3	1.5	11,000	9.500	8.000
Tr 11×2	2	1	11.000	10.000	9.000
Tr 12×3	3	1.5	12.000	10.500	9.000
Tr 12×2	2	1	12.000	11.000	10.000
Tr 14×3	3	1.5	14.000	12.500	11.000
Tr 14×2	2	1	14.000	13.000	12.000
Tr 16×4	4	2	16.000	14.000	12.000
Tr 16×2	2	1	16.000	15.000	14.000
Tr 18×4	4	2	18.000	16.000	14.000
Tr 18×2	2	1	18.000	17.000	16.000
Tr 20×4	4	2	20.000	18.000	16.000
Tr 20×2	2	1	20.000	19.000	18.000
Tr 22×8	8	4	22.000	18.000	14.000
Tr 22×5	5	2.5	22.000	19.500	17.000
Tr 22×3	3	1.5	22.000	20.500	19.000
Tr 24×8	8	4	24.000	20.000	16.000
Tr 24×5	5	2.5	24.000	21.500	19.000
Tr 24×3	3	1.5	24.000	22.500	21.000
Tr 26×8	8	4	26.000	22.000	18.000
Tr 26×5	5	2.5	26.000	23.500	21.000
Tr 26×3	3	1.5	26.000	24.500	23.000
Tr 28×8	8	4	28.000	24.000	20.000
Tr 28×5	5	2.5	28.000	25.500	23.000
Tr 28×3	3	1.5	28.000	26.500	25.000
Tr 30×10	10	5	30.000	25.000	20.000
Tr 30×6	6	3	30.000	27.000	24.000
Tr 30×3	3	1.5	30.000	28.500	27.000
Tr 32×10	10	5	32.000	27.000	22.000
Tr 32×6	6	3	32.000	29.000	26.000
Tr 32×3	3	1.5	32.000	30.500	29.000
Tr 34×10	10	5	34.000	29.000	24.000
Tr 34×6	6	3	34.000	31.000	28.000
Tr 34×3	3	1.5	34.000	32.500	31.000

注記1　ねじは太字の呼び径のものを優先的に用いる.
注記2　ピッチは太字のものを優先的に用いる.

呼び径六角ボルト（並目ねじ）部品等級A及びB（第1選択）の寸法（JIS B 1180）

単位：mm

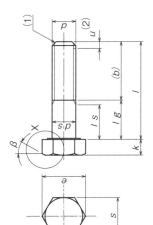

X部拡大図

六角ボルトの種類

種類		ピッチ	部品等級
呼び径六角ボルト	並目ねじ		A
			B
			C
	細目ねじ		A
			B
全ねじ六角ボルト	並目ねじ		A
			B
			C
	細目ねじ		A
			B

項目	区分	M1.6	M2	M2.5	M3	M4	M5	M6	M8	M10	M12	M16	M20	M24	M30	M36	M42
ピッチ P		0.35	0.4	0.45	0.5	0.7	0.8	1	1.25	1.5	1.75	2	2.5	3	3.5	4	4.5
b（参考）	(5)	9	10	11	12	14	16	18	22	26	30	38	46	54	66	—	—
	(6)	15	16	17	18	20	22	24	28	32	36	44	52	60	72	84	96
	(7)	28	29	30	31	33	35	37	41	45	49	57	65	73	85	97	109
C	最大	0.25	0.25	0.25	0.40	0.40	0.50	0.50	0.60	0.60	0.60	0.8	0.8	0.8	0.8	0.8	1.0
	最小	0.1	0.1	0.1	0.15	0.15	0.15	0.15	0.15	0.15	0.15	0.2	0.2	0.2	0.2	0.2	0.3
d_a	最大	2	2.6	3.1	3.6	4.7	5.7	6.8	9.2	11.2	13.7	17.7	22.4	26.4	33.4	39.4	45.6
d_s	基準寸法=最大	1.6	2	2.5	3	4	5	6	8	10	12	16	20	24	30	36	42
	部品等級A 最小	1.46	1.86	2.36	2.86	3.82	4.82	5.82	7.78	9.78	11.73	15.73	19.67	23.67	—	—	—
	部品等級B 最小	1.35	1.75	2.25	2.75	3.7	4.7	5.7	7.64	9.64	11.57	15.57	19.48	23.48	29.48	35.38	41.38
d_w	部品等級A 最小	2.27	3.07	4.07	4.57	5.88	6.88	8.88	11.63	14.63	16.63	22.49	28.19	33.61	—	—	—
	部品等級B 最小	2.3	2.95	3.95	4.45	5.74	6.74	8.74	11.47	14.47	16.47	22	27.7	33.25	42.75	51.11	59.95
e	部品等級A 最小	3.41	4.32	5.45	6.01	7.66	8.79	11.05	14.38	17.77	20.03	26.75	33.53	39.98	—	—	—
	部品等級B 最小	3.28	4.18	5.31	5.88	7.5	8.63	10.89	14.20	17.59	19.85	26.17	32.95	39.55	50.85	60.79	71.3
l_f	最大	0.6	0.8	1	1	1.2	1.2	1.4	2	2	3	3	4	4	6	6	8
k	基準寸法	1.1	1.4	1.7	2	2.8	3.5	4	5.3	6.4	7.5	10	12.5	15	18.7	22.5	26
	部品等級A 最大	1.225	1.525	1.825	2.125	2.925	3.65	4.15	5.45	6.58	7.68	10.18	12.715	15.215	—	—	—
	部品等級A 最小	0.975	1.275	1.575	1.875	2.675	3.35	3.85	5.15	6.22	7.32	9.82	12.285	14.785	—	—	—
	部品等級B 最大	1.3	1.6	1.9	2.2	3	3.74	4.24	5.54	6.69	7.79	10.29	12.85	15.35	19.12	22.92	26.42
	部品等級B 最小	0.9	1.2	1.5	1.8	2.6	3.26	3.76	5.06	6.11	7.21	9.71	12.15	14.65	18.28	22.08	25.58
k_w	部品等級A 最小	0.68	0.89	1.1	1.31	1.87	2.35	2.7	3.61	4.35	5.12	6.87	8.6	10.35	—	—	—
	部品等級B 最小	0.63	0.84	1.05	1.26	1.82	2.28	2.63	3.54	4.28	5.05	6.8	8.51	10.26	12.8	15.46	17.91
r	最小	0.1	0.1	0.1	0.1	0.2	0.2	0.25	0.4	0.4	0.6	0.6	0.8	0.8	1	1	1.2
s	基準寸法=最大	3.2	4	5	5.5	7	8	10	13	16	18	24	30	36	46	55	65
	部品等級A 最小	3.02	3.82	4.82	5.32	6.78	7.78	9.78	12.73	15.73	17.73	23.67	29.67	35.38	—	—	—
	部品等級B 最小	2.9	3.7	4.7	5.2	6.64	7.64	9.64	12.57	15.57	17.57	23.16	29.16	35	45	53.8	63.1

注記1 ねじ先は、面取り先とする。ただし、M4以下はあら先でもよい。　注記2 首下丸み部最大　注記3 d_wに対する基準位置　注記4 首下丸み部最小　注記5 l呼び≦125mmに対して。

注記6 125mm<l呼び≦200mmに対して。　注記7 l呼び>200mmに対して。　備考 l, l_s, l_gの寸法は規格JIS B 1180に詳細が表示されている。

スタイル1（並目ねじ）

単位：mm

ねじの呼び d		M1.6	M2	M2.5	M3	M4	M5	M6	M8	M10	M12	M16	M20	M24	M30	M36	M42	M48	M56	M64
ピッチ P		0.35	0.4	0.45	0.5	0.7	0.8	1	1.25	1.5	1.75	2	2.5	3	3.5	4	4.5	5	5.5	6
C	最大	0.2	0.2	0.3	0.4	0.4	0.5	0.5	0.6	0.6	0.6	0.8	0.8	0.8	0.8	0.8	1	1	1	1
	最小	0.1	0.1	0.1	0.15	0.15	0.15	0.15	0.15	0.15	0.15	0.2	0.2	0.2	0.2	0.2	0.3	0.3	0.3	0.3
d_a	最大	1.84	2.3	2.9	3.45	4.6	5.75	6.75	8.75	10.8	13	17.3	21.6	25.9	32.4	38.9	45.4	51.8	60.5	69.1
	最小	1.6	2	2.5	3	4	5	6	8	10	12	16	20	24	30	36	42	48	56	64
d_w	最小	2.4	3.1	4.1	4.6	5.9	6.9	8.9	11.6	14.6	16.6	22.5	27.7	33.3	42.8	51.1	60	69.5	78.7	88.2
e	最小	3.41	4.32	5.45	6.01	7.66	8.79	11.05	14.38	17.77	20.03	26.75	32.95	39.55	50.85	60.79	71.3	82.6	93.56	104.86
m	最大	1.3	1.6	2	2.4	3.2	4.7	5.2	6.8	8.4	10.8	14.8	18	21.5	25.6	31	34	38	45	51
	最小	1.05	1.35	1.75	2.15	2.9	4.4	4.9	6.44	8.04	10.37	14.1	16.9	20.2	24.3	29.4	32.4	36.4	43.4	49.1
m_w	最小	0.8	1.1	1.4	1.7	2.3	3.5	3.9	5.2	6.4	8.3	11.3	13.5	16.2	19.4	23.5	25.9	29.1	34.7	39.3
s	基準寸法=最大	3.2	4	5	5.5	7	8	10	13	16	18	24	30	36	46	55	65	75	85	95
	最小	3.02	3.82	4.82	5.32	6.78	7.78	9.78	12.73	15.73	17.73	23.67	29.16	35	45	53.8	63.1	73.1	82.8	92.8

スタイル2（並目ねじ）

単位：mm

ねじの呼び d		M5	M6	M8	M10	M12	(M14)	M16	M20	M24	M30	M36
ピッチ P		0.8	1	1.25	1.5	1.75	2	2	2.5	3	3.5	4
C	最大	0.5	0.5	0.6	0.6	0.6	0.6	0.8	0.8	0.8	0.8	0.8
	最小	0.15	0.15	0.15	0.15	0.15	0.15	0.2	0.2	0.2	0.2	0.2
d_a	最大	5.75	6.75	8.75	10.8	13	15.1	17.3	21.6	25.9	32.4	38.9
	最小	5	6	8	10	12	14	16	20	24	30	36
d_w	最小	6.9	8.9	11.6	14.6	16.6	19.6	22.5	27.7	33.3	42.8	51.1
e	最小	8.79	11.05	14.38	17.77	20.03	23.36	26.75	32.95	39.55	50.85	60.79
m	最大	5.1	5.7	7.5	9.3	12	14.1	16.4	19	23.9	28.6	34.7
	最小	4.8	5.4	7.14	8.94	11.57	13.4	15.7	18.1	22.6	27.3	33.1
m_w	最小	3.84	4.32	5.71	7.15	9.26	10.7	12.6	15.2	18.1	21.8	26.5
s	基準寸法=最大	8	10	13	16	18	21	24	30	36	46	55
	最小	7.78	9.78	12.73	15.73	17.73	20.67	23.67	29.16	35	45	53.8

六角ナット C

単位：mm

ねじの呼び d		M5	M6	M8	M10	M12	M16	M20	M24	M30	M36	M42	M48	M56	M64
ピッチ P		0.8	1	1.25	1.5	1.75	2	2.5	3	3.5	4	4.5	5	5.5	6
d_a	最大	6.7	8.7	11.5	14.5	16.5	22	27.7	33.3	42.8	51.1	60	69.5	78.7	88.2
	最小	5	6	8	10	12	16	20	24	30	36	42	48	56	64
e	最小	8.63	10.89	14.2	17.59	19.85	26.17	32.95	39.55	50.85	60.79	71.3	82.6	93.56	104.86
m	最大	5.6	6.4	7.9	9.5	12.2	15.9	19	22.3	26.4	31.9	34.9	38.9	45.9	52.4
	最小	4.4	4.9	6.4	8	10.4	14.1	16.9	20.2	24.3	29.4	32.4	36.4	43.4	49.4
m_w	最小	3.5	3.7	5.1	6.4	8.3	11.3	13.5	16.2	19.4	23.2	25.9	29.1	34.7	39.5
s	基準寸法=最大	8	10	13	16	18	24	30	36	46	55	65	75	85	95
	最小	7.64	9.64	12.57	15.57	17.57	23.16	29.16	35	45	53.8	63.1	73.1	82.8	92.8

六角低ナット（両面取り）

単位：mm

ねじの呼び d		M1.6	M2	M2.5	M3	M4	M5	M6	M8	M10	M12	M16	M20	M24	M30	M36	M42	M48	M56	M64
ピッチ P		0.35	0.4	0.45	0.5	0.7	0.8	1	1.25	1.5	1.75	2	2.5	3	3.5	4	4.5	5	5.5	6
d_a	最大	1.84	2.3	2.9	3.45	4.6	5.75	6.75	8.75	10.8	13	17.3	21.6	25.9	32.4	38.9	45.4	51.8	60.5	69.1
	最小	1.6	2	2.5	3	4	5	6	8	10	12	16	20	24	30	36	42	48	56	64
d_w	最小	2.4	3.1	4.1	4.6	5.9	6.9	8.9	11.6	14.6	16.6	22.5	27.7	33.2	42.8	51.1	60	69.5	78.7	88.2
e	最小	3.41	4.32	5.45	6.01	7.66	8.79	11.05	14.38	17.77	20.03	26.75	32.95	39.55	50.85	60.79	71.3	82.6	93.56	104.86
m	最大	1	1.2	1.6	1.8	2.2	2.7	3.2	4	5	6	8	10	12	15	18	21	24	28	32
	最小	0.75	0.95	1.35	1.55	1.95	2.45	2.9	3.7	4.7	5.7	7.42	9.1	10.9	13.9	16.9	19.7	22.7	26.7	30.4
m_w	最小	0.6	0.8	1.1	1.2	1.6	2	2.3	3	3.8	4.6	5.9	7.3	8.7	11.1	13.5	15.8	18.2	21.4	24.3
s	基準寸法=最大	3.2	4	5	5.5	7	8	10	13	16	18	24	30	36	46	55	65	75	85	95
	最小	3.02	3.82	4.82	5.32	6.78	7.78	9.78	12.73	15.73	17.73	23.67	29.16	35	45	53.8	63.1	73.1	82.8	92.8

六角ナットの種類

ナット	ピッチ	部品等級
六角ナット スタイル1	並目ねじ	A
	並目ねじ	B
	細目ねじ	A
	細目ねじ	B
六角ナット スタイル2	並目ねじ	A
	並目ねじ	B
六角ナット C	並目ねじ	C
六角低ナット 両面取り	並目ねじ	A
	並目ねじ	B
	細目ねじ	B
六角低ナット 面取りなし	並目ねじ	B

注記　座付きは、注文者の指定による。　備考　寸法の呼びおよび記号は JIS B 0143による。

参考規格7　六角穴付きボルト（並目ねじ）の寸法（JIS B 1176）抜粋

 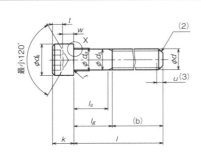 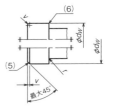

X部拡大図

首下丸みの最大値
l_f 最大 = 1.7r最大
r 最大 = $(d_a$最大$-d_s$最大$)/2$

頭部頂面及び座面の角部

単位：mm

ねじの呼び d		M8	M10	M12	(M14)	M16	M20	M24
ピッチ P		1.25	1.5	1.75	2	2	2.5	3
ねじ部長さ b		28	32	36	40	44	52	60
頭部直径 d_k	最大：ローレット無	13	16	18	21	24	30	36
	最大：ローレット有	13.27	16.27	18.27	21.33	24.33	30.33	36.39
	最小	12.73	15.73	17.73	20.67	23.67	29.67	35.61
首下部径 d_a	最大	9.2	11.2	13.7	15.7	17.7	22.4	26.4
首下部径 d_s	最大	8	10	12	14	16	20	24
	最小	7.78	9.78	11.73	13.73	15.73	19.67	23.67
六角穴長さ e	最小	6.863	9.149	11.429	13.716	15.996	19.437	21.734
首下から不完全ねじまでの距離 l_f	最大	1.02	1.02	1.45	1.45	1.45	2.04	2.04
ねじ頭部高さ k	最大	8	10	12	14	16	20	24
	最小	7.64	9.64	11.57	13.57	15.57	19.48	23.48
首下丸み r	最小	0.4	0.4	0.6	0.6	0.6	0.8	0.8
六角穴二面幅 s	呼び	6	8	10	12	14	17	19
	最大	6.14	8.175	10.175	12.212	14.212	17.23	19.275
	最小	6.02	8.025	10.025	12.032	14.032	17.05	19.065
六角穴深さ t	最小	4	5	6	7	8	10	12
頭部面取り v	最大	0.8	1	1.2	1.4	1.6	2	2.4
座面直径 d_w	最小	12.33	15.33	17.23	20.17	23.17	28.87	34.81
頭部厚さ w	最小	3.3	4	4.8	5.8	6.8	8.6	10.4

＜ボルト長さ，ねじ部長さについて＞抜粋　　　　　単位：mm

呼び長さ l(13)			ls及びlg（ねじ部長さ）														
呼び長さ	最小	最大	l_s	l_g	l_s	l_g	l_s	l_g	l_s	l_g	l_s	l_g	l_s	l_g	l_s	l_g
12	11.65	12.35	全ねじ	全ねじ													
16	15.65	16.35	全ねじ	全ねじ	全ねじ	全ねじ											
20	19.58	20.42	全ねじ	全ねじ	全ねじ	全ねじ	全ねじ	全ねじ									
25	24.58	25.42	全ねじ	全ねじ	全ねじ	全ねじ	全ねじ	全ねじ	全ねじ	全ねじ	全ねじ	全ねじ					
30	29.58	30.42	全ねじ	全ねじ	全ねじ	全ねじ	全ねじ	全ねじ	全ねじ	全ねじ	全ねじ	全ねじ	全ねじ	全ねじ			
35	34.5	35.5	全ねじ	全ねじ	全ねじ	全ねじ	全ねじ	全ねじ	全ねじ	全ねじ	全ねじ	全ねじ	全ねじ	全ねじ			
40	39.5	40.5	5.75	12	全ねじ	全ねじ	全ねじ	全ねじ	全ねじ	全ねじ	全ねじ	全ねじ	全ねじ	全ねじ	全ねじ	全ねじ
45	44.5	45.5	10.75	17	5.5	13	全ねじ	全ねじ	全ねじ	全ねじ	全ねじ	全ねじ	全ねじ	全ねじ	全ねじ	全ねじ
50	49.5	50.5	15.75	22	10.5	18	全ねじ	全ねじ	全ねじ	全ねじ	全ねじ	全ねじ	全ねじ	全ねじ	全ねじ	全ねじ
55	54.4	55.6	20.75	27	15.5	23	10.25	19	全ねじ	全ねじ	全ねじ	全ねじ	全ねじ	全ねじ	全ねじ	全ねじ
60	59.4	60.6	25.75	32	20.5	28	15.25	24	10	20	全ねじ	全ねじ	全ねじ	全ねじ	全ねじ	全ねじ
65	64.4	65.6	30.75	37	25.5	33	20.25	29	15	25	11	21	全ねじ	全ねじ	全ねじ	全ねじ
70	69.4	70.6	35.75	42	30.5	38	25.25	34	20	30	16	26	全ねじ	全ねじ	全ねじ	全ねじ
80	79.4	80.6	45.75	52	40.5	48	35.25	44	30	40	26	36	15.5	28	全ねじ	全ねじ
90	89.3	90.7			50.5	58	45.25	54	40	50	36	46	25.5	38	15	30
100	99.3	100.7			60.5	68	55.25	64	50	60	46	56	35.5	48	25	40
110	109.3	110.7					65.25	74	60	70	56	66	45.5	58	35	50
120	119.3	120.7					75.25	84	70	80	66	76	55.5	68	45	60
130	129.2	130.8							80	90	76	86	65.5	78	55	70
140	139.2	140.8							90	100	86	96	75.5	88	65	80
150	149.2	150.8									96	106	85.5	98	75	90
160	159.2	160.8									106	116	95.5	108	85	100
180	179.2	180.8											115.5	128	105	120
200	199.1	200.9											135.5	148	125	140

注記1　六角穴の口元には，わずかな丸みまたは面取りがあってもよい．　注記2　ねじ先は，JIS B 1003に規定する面取り先とする．ただし，M4以下は，あら先でもよい．　注記3　不完全ねじ部　u≦2P　注記4　dsは，ls（最小）が規定されているものに適用する．　注記5　頭部頂面の角部は，丸みまたは面取りとし，製造業者側の任意とする．　注記6　頭部座面の角部は，丸みまたは面取りとし，ばりおよび／またはかえりなどがあってはならない．　注記7　ねじの呼びに（）を付けたものは，なるべく用いない．

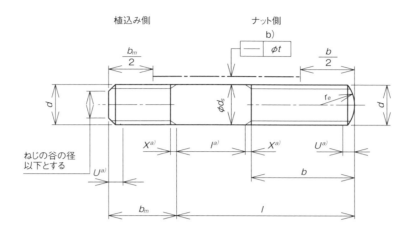

植込み側　　　　　　　ナット側

単位：mm

ねじの呼び径　d			4	5	6	8	10	12	(14)	16	(18)	20
ピッチ P	並目ねじ		0.7	0.8	1	1.25	1.5	1.75	2	2	2.5	2.5
	細目ねじ		—	—	—	—	1.25	1.25	1.5	1.5	1.5	1.5
d_s	最大(基準寸法)		4	5	6	8	10	12	14	16	18	20
	最小		3.82	4.82	5.82	7.78	9.78	11.73	13.73	15.73	17.73	19.67
b	$l ≦$ 125mm のもの	最小(基準寸法)	14	16	18	22	26	30	34	38	42	46
		最大 並目ねじ	15.4	17.6	20	24.5	29	33.5	38	42	47	51
		最大 細目ねじ	—	—	—	—	28.5	32.5	37	41	45	49
	$l >$ 125mm のもの	最小(基準寸法)	—	—	—	—	—	—	—	—	48	52
		最大 並目ねじ	—	—	—	—	—	—	—	—	53	57
		最大 細目ねじ	—	—	—	—	—	—	—	—	51	55
b_m	1種	最小	—	—	—	—	12	15	18	20	22	25
		最大	—	—	—	—	13.1	16.1	19.1	21.3	23.3	26.3
	2種	最小	6	7	8	11	15	18	21	24	27	30
		最大	6.75	7.9	8.9	12.1	16.1	19.1	22.3	25.3	28.3	31.3
	3種	最小	8	10	12	16	20	24	28	32	36	40
		最大	8.9	10.9	13.1	17.1	21.3	25.3	29.3	33.6	37.6	41.6
re(約)			5.6	7	8.4	11	14	17	20	22	25	28

呼び長さ l		最小	推奨する呼び長さを○で示す.＊印については規格を参照									
12	11.65	12.35	○＊	○＊	○＊							
14	13.65	14.35	○＊	○＊	○＊							
16	15.65	16.35	○＊	○＊	○＊	○＊						
18	17.65	18.35	○	○＊	○＊	○＊						
20	19.58	20.42	○	○	○＊	○＊	○＊					
22	21.58	22.42	○	○	○	○＊	○＊	○＊				
25	24.58	25.42	○	○	○	○＊	○＊	○＊	○＊			
28	27.58	28.42	○	○	○	○	○＊	○＊	○＊			
30	29.58	30.42	○	○	○	○	○＊	○＊	○＊	○＊		
32	31.5	32.5	○	○	○	○	○＊	○＊	○＊	○＊	○＊	○＊

以下呼び長さとして，35, 38, 40, 45, 50, 55, 60, 65, 70, 80, 90, 100, 110, 120, 140, 160 が規定されている.

注記1　ねじの呼びに（ ）を付けたものは，なるべく用いない.　　注記2　ナット側のねじ部長さ b は，JIS B 1009 を参照.　注記3　植込み側のねじ部長さ bm は，1種，2種，3種のうち，いずれかを注文者が指定. bm=1.25d（1種），=1.5d（2種），=2d（3種）に等しいか，これに近い値とする.　注記4　植込み側のねじ先は面取り先，ナット側のねじ先は丸先とする.
注(a)　xおよびuは，不完全ねじ部の長さで，2ピッチ以下とする.　　注(b)　真直度は，表で示されている. 詳細は JIS B 1173参照.

すりわり付き止めねじ（JIS B 1117）
四角止めねじ（JIS B 1118）
六角穴付き止めねじ（JIS B 1177）

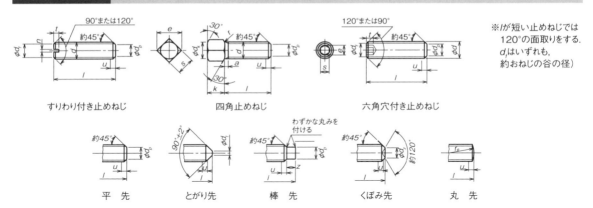

※lが短い止めねじでは
120°の面取りをする.
d₁はいずれも,
約おねじの谷の径）

すりわり付き止めねじ　　　　四角止めねじ　　　　六角穴付き止めねじ

平　先　　　とがり先　　　棒　先　　　くぼみ先　　　丸　先

備考　ねじ先の形状は5種類ある. すりわり付き止めねじと六角穴付き止めねじの場合は丸先はない.
備考　uは2P（ピッチ）以下とする.

すりわり付き止めねじ・四角止めねじ・六角穴付き止めねじ寸法(抜粋)　　　　　　　　　　　　　単位：mm

ねじの呼び (d)	ピッチ P	すりわり付き止めねじ		四角止めねじ					六角穴付き止めねじ			
		nの呼び	t	s	e (最少)	k (基準)	d_1' (約)	r (最大)	e (最少)	s (基準)	t(最少) 1欄	t(最少) 2欄
M3	0.5	0.4	0.8～1.05	—	—	—	—	—	1.73	1.5	1.2	2.0
M4	0.7	0.6	1.12～1.42	4	4.97	4	3.8	0.5	2.3	2.0	1.5	2.5
M5	0.8	0.8	1.28～1.63	5	6.27	5	4.8	0.6	2.5	2.5	2.0	3.0
M6	1	1	1.6～2.0	6	7.57	6	5.8	0.7	3.0	3.0	2.0	3.5
M8	1.25	1.2	2.0～2.5	8	10.1	8	7.8	0.9	4.0	4.0	3.0	5.0
M10	1.5	1.6	2.4～3	10	12.7	10	9.8	1.2	5.0	5.0	4.0	6.0
M12	1.75	2	2.8～3.6	12	15.2	12	11.5	1.2	6.0	6.0	4.8	8.0
M16	2	—	—	—	—	—	—	—	8.0	8.0	6.4	10.0
M20	2.5	—	—	—	—	—	—	—	10.0	10.0	8.0	12.0

止めねじの先端部形状・寸法　　　　　　　　　　　　　　　　　　　　　　　　　　　　　　　単位：mm

ねじの呼び (d)	先端部							l① (推奨する呼び長さ)		
	平先 d_p (最大)	とがり先 d_t (最大)	棒先 d_p (最大)	棒先 z_2 (最大) 短い棒先	棒先 z_2 (最大) 長い棒先	くぼみ先 d_z (最大)	丸先 r_e (約)	すりわり付き止めねじ	四角止めねじ	六角穴付き止めねじ
M3	2.0	0.3	2.0	0.8	1.5	1.4	4.2	3*, 4**～16	—	2 *, 2.5*, 3**～16
M4	2.5	0.4	2.5	1.0	2.0	2.0	5.6	4*, 5**～20	6*～16	2.5*, 3**, 4**～20
M5	3.5	0.5	3.5	1.5	2.5	2.5	7.0	5*, 6**～25	8**～20	3*, 4**, 5**～25
M6	4.0	1.5	4.0	1.5	3.0	3.0	8.4	6*～30	10**～25	4*, 5**, 6**～30
M8	5.5	2.0	5.5	2.0	4.0	5.0	11.0	8*～40	12**～30	5*, 6**～40
M10	7.0	2.5	7.0	2.5	5.0	6.0	14.0	10*～50	14**～40	6*, 8**～50
M12	8.5	3.0	8.5	3.0	6.0	7.0	17.0	12*～16	16*～50	8*, 10**～60
M16	12.0	4.0	12.0	4.0	7.0	10.0	22.0	—	—	10*, 12**～60
M20	15.0	5.0	15.0	5.0	10.0	13.0	28.0	—	—	12*, 16**～60

注記1　lの数値は次のなかから表の範囲内のものを選ぶ.
　　　　2, 2.5, 3, 4, 5, 6, 8, 10, 12,（14）, 16, 20, 22, 25, 30, 35, 40, 45, 50, 55, 60
注記2　六角穴付き止めねじでは, とがり先, くぼみ先の数値が違うので注意すること.
注記3　短い棒先があるのは, 六角穴付きねじのみである.
*印の付いたl寸法は, とがり先, 棒先には用いない. **印の付いたl寸法は, 棒先には用いない.
備考　すりわり付き止めねじのM1～M2.5, 六角穴付き止めねじのM1.6～M2.5とM24は省略.

止めねじの呼びかた

［例］

規格番号または規格名称	種類	d×l	強度区分	材料	指定事項
JIS B 1117	とがり先	M6×12	-22Ⅱ		A2K
四角止めねじ	棒先	M8×20	-A1-50		

（JIS　B 1117-1995, JIS B1118-1995, JIS B 1177-1997, JIS B 1003-1985より抜粋）

平行キー用のキー溝の形状及び寸法（JIS B 1301）

キー溝の断面

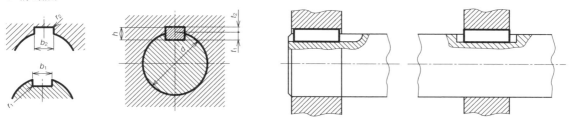

単位：mm

キーの呼び寸法 b×h	b1及びb2の基準寸法	滑動形 b1 許容差(H9)	滑動形 b2 許容差(D10)	普通形 b1 許容差(N9)	普通形 b2 許容差(JS9)	締込み形 b1及びb2 許容差(P9)	r1及びr2	t1の基準寸法	t2の基準寸法	t1及びt2の許容差	参考 適応する軸径(3) d
2×2	2	+0.025 / 0	+0.060 / +0.020	−0.004 / −0.029	±0.0125	−0.006 / −0.031	0.08 ~0.16	1.2	1.0	+0.1 / 0	6~8
3×3	3							1.8	1.4		8~10
4×4	4	+0.030 / 0	+0.078 / +0.030	0 / −0.030	±0.0150	−0.012 / −0.042	0.16 ~0.25	2.5	1.8		10~12
5×5	5							3.0	2.3		12~17
6×6	6							3.5	2.8		17~22
(7×7)	7	+0.036 / 0	+0.098 / +0.040	0 / −0.036	±0.0180	−0.015 / −0.051	0.16 ~0.25	4.0	3.3	+0.2 / 0	20~25
8×7	8							4.0	3.3		22~30
10×8	10						0.25 ~0.40	5.0	3.3		30~38
12×8	12	+0.043 / 0	+0.120 / +0.050	0 / −0.043	±0.0215	−0.018 / −0.061		5.0	3.3		38~44
14×9	14							5.5	3.8		44~50
(15×10)	15							5.0	5.3		50~55
16×10	16							6.0	4.3		50~58
18×11	18							7.0	4.4		58~65
20×12	20	+0.052 / 0	+0.149 / +0.065	0 / −0.052	±0.0260	−0.022 / −0.074	0.40 ~0.60	7.5	4.9		65~75
22×14	22							9.0	5.4		75~85
(24×16)	24							8.0	8.4		80~90
25×14	25							9.0	5.4		85~95
28×16	28							10.0	6.4		95~110
32×18	32	+0.062 / 0	+0.180 / +0.080	0 / −0.062	±0.0310	−0.026 / −0.088	0.70 ~1.00	11.0	7.4	+0.3 / 0	110~130
(35×22)	35							11.0	11.4		125~140
36×20	36							12.0	8.4		130~150
(38×24)	38							12.0	12.4		140~160
40×22	40							13.0	9.4		150~170
(42×26)	42							13.0	13.4		160~180
45×25	45							15.0	10.4		170~200
50×28	50							17.0	11.4		200~230
56×32	56	+0.074 / 0	+0.220 / +0.100	0 / −0.074	±0.0370	−0.032 / −0.106	1.20 ~1.60	20.0	12.4		230~260
63×32	63							20.0	12.4		260~290
70×36	70							22.0	14.4		290~330
80×40	80							25.0	15.4		330~380
90×45	90	+0.087 / 0	+0.260 / +0.120	0 / −0.087	±0.0435	−0.037 / −0.124	2.00 ~2.50	28.0	17.4		380~440
100×50	100							31.0	19.5		440~500

注記　適応する軸径は，キーの強さに対応するトルクから求められるものであって，一般用途の目安として示す．キーの大きさが伝達するトルクに対して適切な場合には，適応する軸径より太い軸を用いてもよい．その場合には，キーの側面が，軸及びハブに均等に当たるようにt_1及びt_2を修正するのがよい．適応する軸径より細い軸には用いないほうがよい．

備考　（）を付けた呼び寸法のものは，対応国際規格には規定されていないので，新設計には使用しない．

参考規格11　軸の直径（JIS B 0901）

単位：mm

軸径	標準数 R5	標準数 R10	標準数 R20	円筒軸端	転がり軸受
4	○	○	○		○
4.5			○		
5		○	○		○
5.6			○		
6				○	○
6.3	○	○	○		
7				○	○
7.1			○		
8		○	○		○
9			○		
10	○	○	○		○
11				○	
11.2			○		
12				○	○
12.5		○	○		
14			○	○	○
15					○
16	○	○	○		○
17					○
18			○	○	
19				○	
20		○	○	○	○
22.0				○	○
22.4			○		
24.0				○	
25.0	○	○	○	○	○
28.0			○	○	○
30.0				○	○
31.5		○	○		
32.0				○	○
35.0				○	○
35.5			○		
38				○	
40	○	○	○	○	○
42				○	
45			○	○	○
48				○	
50		○	○	○	○
55				○	○
56			○		
60				○	○
63	○	○	○		
65				○	○
70				○	○
71			○	○	
75				○	○
80		○	○	○	○
85				○	○
90			○	○	○
95				○	○
100	○	○	○	○	○
105					○
110				○	○
112			○		
120				○	○
125		○	○	○	
130				○	○
140			○	○	○
150				○	○
160	○	○	○	○	○
170				○	○
180			○	○	○
190				○	○
200		○	○	○	○
220				○	○
224			○		
240				○	○
250	○	○	○	○	○
260				○	○
280			○	○	○
300				○	○
315		○	○		
320				○	○
340				○	○
355			○		
360				○	○
380				○	○
400	○	○	○	○	○
420				○	○
440				○	○
450			○	○	○
460				○	○
480				○	○
500		○	○	○	○
530				○	○
560			○	○	○
600				○	○

標準数は等比数列で表され，公比が「JIS Z 8610」で次の5種類が定められている.
$\sqrt[5]{10}$，　$\sqrt[10]{10}$，　$\sqrt[20]{10}$，　$\sqrt[40]{10}$，　$\sqrt[80]{10}$，

転がり軸受用ナット（JIS B 1554）

座金を用いるナット
（ANまたはANL40以下）

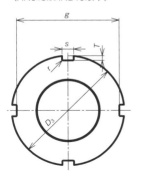
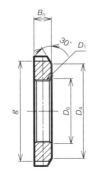

止め金を用いるナット
（ANまたはANL44以上）

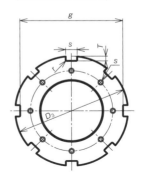
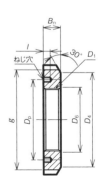

単位：mm

呼び番号	ねじの呼び G	基準寸法								アダプタスリーブ(1)の呼び番号	座金の呼び番号	軸径（軸用）
		D_3	D_4	g	D_6	S	T	Bn	r(最大)			
AN02	M 15X1	25	21	21	15.5	4	2	5	0.4	−	AW02	15
AN03	M 17X1	28	24	24	17.5	4	2	5	0.4	−	AW03	17
AN04	M 20X1	32	26	28	20.5	4	2	6	0.4	0.4	AW04	20
AN05	M 25X1.5	38	32	34	25.8	5	2	7	0.4	0.5	AW05	25
AN06	M 30X1.5	45	38	41	30.8	5	2	7	0.4	0.6	AW06	30
AN07	M 35X1.5	52	44	48	35.8	5	2	8	0.4	0.7	AW07	35
AN08	M 40X1.5	58	50	53	40.8	6	2.5	9	0.5	0.8	AW08	40
AN09	M 45X1.5	65	56	60	45.8	6	2.5	10	0.5	0.9	AW09	45
AN10	M 50X1.5	70	61	65	50.8	6	2.5	11	0.5	1	AW10	50
AN11	M 55X2	75	67	69	56	7	3	11	0.5	1.1	AW11	55
AN12	M 60X2	80	73	74	61	7	3	11	0.5	1.2	AW12	60
AN13	M 65X2	85	79	79	66	7	3	12	0.5	1.3	AW13	65
AN14	M 70X2	92	85	85	71	8	3.5	12	0.5	1.4	AW14	70
AN15	M 75X2	98	90	91	76	8	3.5	13	0.5	1.5	AW15	75
AN16	M 80X2	105	95	98	81	8	3.5	15	0.6	1.6	AW16	80
AN17	M 85X2	110	102	103	86	8	3.5	16	0.6	1.7	AW17	85
AN18	M 90X2	120	108	112	91	10	4	16	0.6	1.8	AW18	90
AN19	M 95X2	125	113	117	96	10	4	17	0.6	1.9	AW19	95
AN20	M100X2	130	120	122	101	10	4	18	0.6	2	AW20	100
AN21	M105X2	140	126	130	106	12	5	18	0.7	2.1	AW21	105
AN22	M110X2	145	133	135	111	12	5	19	0.7	2.2	AW22	110
AN23	M115X2	150	137	140	116	12	5	19	0.7	−	AW23	115
AN24	M120X2	155	138	145	121	12	5	20	0.7	24	AW24	120
AN25	M125X2	160	148	150	126	12	5	21	0.7	−	AW25	125

注記　アダプタスリーブ系列A31，A2，A3およびA23に適用する.
備考　ねじの基準山形および基準寸法は，JIS B 0205 による.

舌を曲げた形式

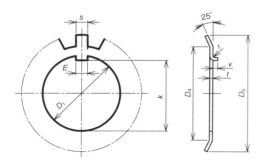

舌を曲げない形式

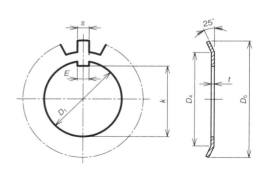

単位：mm

呼び番号		基準寸法									歯の数	アダプタスリーブ(1)の内径番号	ナットの呼び番号	軸径（軸用）
舌を曲げた	舌を曲げない	D_1	k	E	t	S	D_4	D_5	舌を曲げた形式 r	v				
AW02	AW02 X	15	13.5	4	1	4	21	28	1	2.5	13	—	AN02	15
AW03	AW03 X	17	15.5	4	1	4	24	32	1	2.5	13	—	AN03	17
AW04	AW04 X	20	18.5	4	1	4	26	36	1	2.5	13	04	AN04	20
AW05	AW05 X	25	23	5	1.2	5	32	42	1	2.5	13	05	AN05	25
AW06	AW06 X	30	27.5	5	1.2	5	38	49	1	2.5	13	06	AN06	30
AW07	AW07 X	35	32.5	6	1.2	5	44	57	1	2.5	15	07	AN07	35
AW08	AW08 X	40	37.5	6	1.2	6	50	62	1	2.5	15	08	AN08	40
AW09	AW09 X	45	42.5	6	1.2	6	56	69	1	2.5	17	09	AN09	45
AW10	AW10 X	50	47.5	6	1.2	6	61	74	1	2.5	17	10	AN10	50
AW11	AW11 X	55	52.5	8	1.2	7	67	81	1	4	17	11	AN11	55
AW12	AW12 X	60	57.5	8	1.5	7	73	86	1.2	4	17	12	AN12	60
AW13	AW13 X	65	62.5	8	1.5	7	79	92	1.2	4	19	13	AN13	65
AW14	AW14 X	70	66.5	8	1.5	8	85	98	1.2	4	19	14	AN14	70
AW15	AW15 X	75	71.5	8	1.5	8	90	104	1.2	4	19	15	AN15	75
AW16	AW16 X	80	76.5	10	1.8	8	95	112	1.2	4	19	16	AN16	80
AW17	AW17 X	85	81.5	10	1.8	8	102	119	1.2	4	19	17	AN17	85
AW18	AW18 X	90	86.5	10	1.8	10	108	126	1.2	4	19	18	AN18	90
AW19	AW19 X	95	91.5	10	1.8	10	113	133	1.2	4	19	19	AN19	95
AW20	AW20 X	100	96.5	12	1.8	10	120	142	1.2	6	19	20	AN20	100
AW21	AW21 X	105	100.5	12	1.8	12	126	145	1.2	6	19	21	AN21	105
AW22	AW22 X	110	105.5	12	1.8	12	133	154	1.2	6	19	22	AN22	110
AW23	AW23 X	115	110.5	12	2	12	137	159	1.5	6	19	—	AN23	115
AW24	AW24 X	120	115	14	2	12	138	164	1.5	6	19	24	AN24	120
AW25	AW25 X	125	120	14	2	12	148	170	1.5	6	19	—	AN25	125

注記　アダプタスリーブ系列A31，A2，A3およびA23に適用する．
備考　切割り幅の狭いアダプタスリーブには，舌を曲げない座金を用い，切割り幅の広いアダプタスリーブには，どちらの座金を用いてもよい．

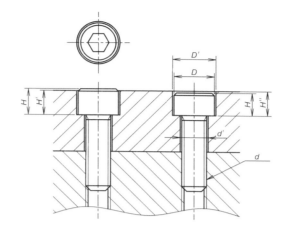

単位：mm

ねじの呼び(d)	d'	D	D'	H	H'①	H"②
M3	3.4	5.5	6.5	3	2.7	3.3
M4	4.5	7	8	4	3.6	4.4
M5	5.5	8.5	9.5	5	4.6	5.4
M6	6.6	10	11	6	5.5	6.5
M8	9	13	14	8	7.4	8.6
M10	11	16	17.5	10	9.2	10.8
M12	14	18	20	12	11	13
(M14)	16	21	23	14	12.8	15.2
M16	18	24	26	16	14.5	17.5
(M18)	20	27	29	18	16.5	19.5
M20	22	30	32	20	18.5	21.5
(M22)	24	33	35	22	20.5	23.5
M24	26	36	39	24	22.5	25.5
(M27)	30	40	43	27	25	29
M30	33	45	48	30	28	32
(M33)	36	50	54	33	31	35
M36	39	54	58	36	34	38
(M39)	42	58	62	39	37	41
M42	45	63	67	42	39	44
(M45)	48	68	72	45	42	47
M48	52	72	76	48	45	50
(M52)	56	78	82	52	49	54

注記　①はボルト頭が少し部材より出る場合，②はボルト頭が完全に穴のなかに入る場合.

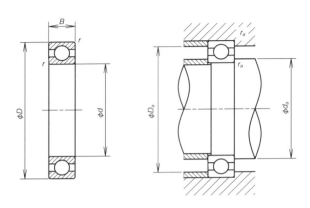

主要寸法 (mm)				基本定格荷重 (N)		係数	許容回転数 (min⁻¹)	呼び番号	取付関係寸法 (mm)			
									d_a*		D_a*	r_a
d	D	B	r	C_r	C_{0r}	f_0	開放形	開放形	最小	最大	最大	最大
30	42	7	0.3	4700	3650	16.4	18000	6806	32	32	40	0.3
	47	9	0.3	7250	5000	15.8	17000	6906	32	34	45	0.3
	55	9	0.3	11200	7350	15.2	15000	16006	32	—	53	0.3
	55	13	1	13200	8300	14.7	15000	6006	35	36.5	50	1
	62	16	1	19500	11300	13.8	13000	6206	35	38.5	57	1
	72	19	1.1	26700	15000	13.3	12000	6306	36.5	42.5	65.5	1
32	58	13	1	15100	9150	14.5	14000	60/32	37	38.5	53	1
	65	17	1	20700	11600	13.6	12000	62/32	37	40	60	1
	75	20	1.1	29900	17000	13.2	11000	63/32	38.5	44.5	68.5	1
35	47	7	0.3	4900	4100	16.7	16000	6807	37	37	45	0.3
	55	10	0.6	10600	7250	15.5	15000	6907	39	39	51	0.6
	62	9	0.3	11700	8200	15.6	13000	16007	37	—	60	0.3
	62	14	1	16000	10300	14.8	13000	6007	40	41.5	57	1
	72	17	1.1	25700	15300	13.8	11000	6207	41.5	44.5	65.5	1
	80	21	1.5	33500	19200	13.2	10000	6307	43	47	72	1.5
40	52	7	0.3	6350	5550	17.0	14000	6808	42	42	50	0.3
	62	12	0.6	13700	10000	15.7	13000	6908	44	46	58	0.6
	68	9	0.3	12600	9650	16.0	12000	16008	42	—	66	0.3
	68	15	1	16800	11500	15.3	12000	6008	45	47.5	63	1
	80	18	1.1	29100	17900	14.0	10000	6208	46.5	50.5	73.5	1
	90	23	1.5	40500	24000	13.2	9000	6308	48	53	82	1.5

注記　大きなアキシアル荷重がかかる場合には，d_a, D_a は内輪および外輪の口元径と同一寸法まで採ることができる.

索引

224

著者紹介

小泉忠由
（こいずみ・ただよし）

明治大学名誉教授．柏崎市育ち．新潟大学大学院研究科修了．東京工業大学講師を経て，明治大学理工学部機械情報工学科専任教授を歴任．機械設計，工作機械，トライボロジー，カオス振動，免震などを研究．
好きな曲は「皇帝」（ベートーヴェン），「序奏とロンドカプリチオーソ」（サンサーンス）

田辺　実
（たなべ・まこと）

元・明治大学理工学部准教授．1969年近畿大学理工学部卒業．1970年明治大学工学部実験助手．2016年同大学理工学部准教授．博士（工学）．製図・設計製図教育歴34年．研究分野は超砥粒ホイール研削加工，超精密切削加工．精密工学会「超砥粒の研削性能に関する研究専門委員会」委員長歴任．

大関　浩
（おおぜき・ひろし）

明治大学大学院博士後期課程修了．工学博士．千葉工業大学工学部機械工学科准教授．工作機械，自動車メーカーで機械設計および加工技術開発を担当後，千葉工業大学にて工作機械および転がり機械要素の研究中．

飛田春雄
（とびた・はるお）

明治大学工学部機械工学科卒業，博士（工学），技術士（金属部門）．日本ステンレス㈱（現・日鉄ステンレス㈱）入社後，東京工業専門学校，明治大学，千葉工業大学の兼任・非常勤講師を経て，現在，明治大学理工学部客員研究員．著書（編著）に『わかりやすい機械要素の設計』（明現社，2008年），『再生可能エネルギー概説』（オフィスHANS，2020年）他．

大八木亮太郎
（おおやぎ・りょうたろう）

1945年生まれ．川崎市育ち．東京工業大学生産機械科卒業，住友金属工業㈱に入社，鉄づくり，チタンの製造，建築用への需要開拓に従事．川崎市民ミュージアム屋根，水戸シンボルタワー外装などを手がける．元・明治大学兼任講師．響コーポレーション㈱のものづくり設計として協力．

井上全人
（いのうえ・まさと）

慶應義塾大学理工学部機械工学科卒業．慶應義塾大学大学院理工学研究科修士・博士課程修了（総合デザイン工学専攻），博士（工学）．慶應義塾大学助手，電気通信大学助手，助教を経て，明治大学理工学部機械情報工学科専任准教授（設計システム研究室主宰）．
著書（共著）に「現代設計工学」（コロナ社，2012年）他．

舘野寿丈
（たての・としたけ）

早稲田大学理工学部機械工学科卒業．早稲田大学理工学研究科修士課程修了，博士（工学）．東京都立大学助手，首都大学東京助教，産業技術大学院大学准教授を経て，2017年より明治大学理工学部機械情報工学科教授．開発設計工学，生産システム工学，Additive Manufacturing を研究．

山田周歩
（やまだ・しゅうほ）

明治大学理工学部機械情報工学科卒業．明治大学大学院理工学研究科博士後期課程修了，博士（工学）．2019年より明治大学理工学部機械情報工学科助教（設計システム研究室所属）．

イントロ製図学 Introduction to Mechanical Drawing

2012年4月29日　初版発行　　2020年4月24日　改訂第4版発行

著　者：小泉忠由・田辺　実・大関　浩・飛田春雄・大八木亮太郎・井上全人・舘野寿丈・山田周歩
編　纂：明治大学理工学部機械情報工学科製図室
発行者：辻　修二
発行所：オフィスHANS
　　　　〒150-0012　東京都渋谷区広尾2-9-39　TEL（03）3400-9611　FAX（03）3400-9610
　　　　E-Mail：ofc5hans@m09.alpha-net.ne.jp
印刷所：シナノ書籍印刷株式会社
制　作：㈱カヴァーチ（大谷孝久）

ISBN978-4-901794-25-1 C3053 2020 Printed in Japan
定価は表紙に表示してあります．※本書の無断転載を禁じます．